Modern Generativ
ChatGPT and OpenA

拥抱AIGC

[美] 瓦伦蒂娜 · 阿尔托 (Valentina Alto) 著

郭涛 李静 译

人 民 邮 电 出 版 社

北 京

图书在版编目（CIP）数据

拥抱AIGC / (美) 瓦伦蒂娜·阿尔托
(Valentina Alto) 著 ; 郭涛, 李静译. -- 北京 : 人民
邮电出版社, 2024.2
ISBN 978-7-115-62733-9

Ⅰ. ①拥… Ⅱ. ①瓦… ②郭… ③李… Ⅲ. ①人工智
能 Ⅳ. ①TP18

中国国家版本馆CIP数据核字(2023)第182777号

◆ 著　　　[美] 瓦伦蒂娜·阿尔托（Valentina Alto）
译　　　郭 涛 李 静
责任编辑　吴晋瑜
责任印制　王 郁 焦志炜
◆ 人民邮电出版社出版发行　北京市丰台区成寿寺路 11 号
邮编 100164　电子邮件 315@ptpress.com.cn
网址 https://www.ptpress.com.cn
北京富诚彩色印刷有限公司印刷
◆ 开本：720×960 1/16
印张：14.25　　2024 年 2 月第 1 版
字数：263 千字　　2024 年 2 月北京第 1 次印刷
著作权合同登记号 图字：01-2023-4379 号

定价：79.80 元

读者服务热线：(010)81055410 印装质量热线：(010)81055316
反盗版热线：(010)81055315
广告经营许可证：京东市监广登字 20170147 号

内容提要

本书先概述生成式人工智能所涉及的技术和工具，帮助你了解如何训练模型以生成新数据；接着展示如何用 ChatGPT 提高营销、科研和软件开发等相关工作的生产力和创造力；随后介绍如何通过改进提示设计从与 ChatGPT 的交互中获得最佳效果，以及如何在企业级场景中使用 OpenAI 模型。

通过阅读本书，你可以了解生成式人工智能的相关概念，以及如何通过有效的提示设计最大化ChatGPT的价值，如何基于Python语言构建和部署生成式人工智能系统，如何利用 Azure OpenAI 服务实现企业级应用。

本书适合想用生成式人工智能提升工作效率的所有人阅读，包括但不限于商务人士、数据科学家、软件开发人员、营销人员和科研人员。

译者简介

郭涛，主要从事人工智能、软件工程、智能空间信息处理与时空大数据挖掘分析等前沿交叉研究。出版多部译作，包括《Kaggle 竞赛官方指南》《机器学习图解》和《深度强化学习图解》。

李静，长期从事 IT 出版业、IT 行业、教育行业及石油技术服务行业，擅长计算机和人工智能等引进版图书的翻译和书稿审校工作。早期从事图形图像、网页设计、三维动画类和人文类等图书的出版工作，崇尚终身学习。

译者序

大语言模型（Large Language Model，LLM）是继深度学习技术之后出现的颠覆性技术，也是实现新一代人工智能的主要途径。从技术角度来讲，语言模型（LM）是提高机器语言智能的主要方法之一。语言模型的发展主要经历了四个阶段，相应的模型如下：① 统计语言模型（Statistical Language Model，SLM），主要有 bigram 和 trigram 等；② 神经语言模型（Neural Language Model，NLM），主要有循环神经网络（RNN）、word2vec 等；③ 预训练语言模型（Pretraining Language Model，PLM），主要有 Transformer 和 BERT 等；④ 大语言模型，基于 PLM 模型扩展而来。近年来最广为人知的语言模型就是 OpenAI 从 2018 年开始陆续发布的 GPT，这也是本书主要讨论的内容。

数据、算力、算法是大模型有效发挥作用的主要要素。所谓数据，是指存储在分布式数据库中的海量文本、语言、视频和图像等结构化、非结构化数据，大模型通过对其进行预处理实现知识的跨模型融合，进而为应用场景提供新的解决方案。算力主要从两方面予以保障：一是硬件加速方式，采用GPU/TPU硬件加速算法实现；二是在软件层面采用并行计算策略，为训练万亿参数大模型提供有力保障。算法的突破是大模型的一大创新之处，采用生成式预训练范式，使得模型具有较高的准确率和泛化能力，可有效应用于自然语言处理、图像识别、语音识别等领域。此外，应用场景也可以算作大模型的主要要素，即以业务场景驱动，明确解决方案数据来源和采用的技术架构。

除了大模型，生成式人工智能也是本书的一大亮点。本书先介绍了生成式人工智能的基础知识、发展历程和最新发展，阐释了生成式人工智能典型模型和 OpenAI 发布的 GPT 系列模型及产品 ChatGPT 背后的设计思想；随后逐步教你使用 ChatGPT，包括注册、提示工程和应用案例；最后讨论了 ChatGPT 涉及的伦理道德问题。本书力求让你能基于所学知识实现举一反三，找到更高效、更适合自己的 AI 应用方式。

在翻译本书的过程中，我们对书稿进行了交叉审校工作，以期尽可能准确地体现原书内容。同时感谢人民邮电出版社吴晋瑜编辑为本书所做的大量编辑与审校工作。

由于本书涉及的领域较广，技术有一定深度，加上译者翻译水平有限，书中难免存在不足之处，若读者在阅读过程中发现问题，敬请批评指正。

AIGC

作者简介

感谢我的父母、朋友和同事，一直以来，他们给予我真诚的陪伴，并支持我完成了这段奇妙的写作之旅。感谢为本书顺利付梓给予支持和帮助的编辑部成员，感谢你们的支持！

瓦伦蒂娜·阿尔托（Valentina Alto）于2020年进入微软公司，任Azure解决方案专家，并于2022年后转至制造业和制药业的数据分析及人工智能树算法负载均衡研究。长期以来，她与客户项目的系统集成商密切合作，共同部署云架构，主要关注现代数据平台、数据Mesh网格框架、物联网和实时分析、Azure机器学习、Azure认知服务（包括Azure OpenAI服务），以及Power BI。她发表了多篇关于统计、机器学习、深度学习和人工智能的技术文章，并撰写了一本关于用Python进行机器学习的入门类图书。

审阅者简介

斯普瑞特·考尔（Supreet Kaur）就职于摩根士丹利，是一名颇有建树的人工智能产品经理，曾担任多个人工智能产品的产品负责人，并牵头开发数据驱动创新的解决方案。她还曾担任过技术和数据科学顾问，为医药客户提供卓有成效的数据科学使用案例和启发性策略。

斯普瑞特还是一位高产作家，且热衷于分享，已做过有关数据科学和人工智能主题的 50 多次演讲。作为技术领域有影响力的女性，她曾入选“谷歌女性开发者大使”，获评“金融界人工智能领域的 25 位顶尖女性”之一。

前言

本书旨在让你深入了解生成式人工智能的相关内容，以及如何在自己的项目中使用 ChatGPT 和 OpenAI 模型 API。

全书共三部分内容。第一部分简要介绍生成式人工智能的相关概念，重点介绍如何使用机器学习（Machine Learning，ML）算法创建新的、独特的数据或内容。这部分主要介绍生成式人工智能模型的基础知识，并诠释如何训练这些模型以用其生成新的内容。

第二部分重点介绍如何使用 ChatGPT 提高生产力和增强创造力，同时探讨如何利用零样本学习（Zero-Shot Learning）、一次样本学习（One-Shot Learning）、少样本学习（Few-Shot Learning）等方法改进提示词设计，以充分利用与 ChatGPT 的交互结果，随后从软件开发、营销、科学研究等领域的视角出发，深入探讨具体的应用。每个领域涵盖 4 个具体的用例，供你借鉴和参考。

第三部分着重介绍 OpenAI 模型在企业级场景中的应用，给出了多个用例，最后还总结了全书讨论的内容，并探讨了生成式人工智能领域的发展趋势。

读者对象

本书适合对生成式人工智能、ChatGPT 感兴趣的所有读者阅读。通过阅读本书，普通读者可以了解如何使用 ChatGPT 和 OpenAI 提升生产力，并深入了解 ChatGPT 背后的技术和模型架构；来自商业领域的读者可以深入了解 ChatGPT 和 OpenAI 模型在实际场景中的作用，并学习如何使用其为组织（企业 / 公司）赋能；来自数据科学和开发领域的读者可以深入了解 ChatGPT 和 OpenAI 模型提升机器学习模型和编码的方式；来自营销和科研领域的读者可以深入了解各自领域中的 OpenAI 和 ChatGPT 用例。

本书涵盖了生成式人工智能的概念、OpenAI 模型的技术原理等相关内容，并给出了多个用例，以及端到端解决方案、用 Python 语言编写的代码和具体实现。注意，读者无须按照特定顺序阅读本书。

章节概述

第 1 章　生成式人工智能概述。本章简要介绍了生成式人工智能的含义及研究历程和新发展。生成式人工智能主要使用机器学习算法生成新的数据或内容。本章还阐释了如何通过训练生成式人工智能模型来生成新数据，以及生成式人工智能的各种应用，如图像合成、文本生成和音乐创作，并对生成式人工智能有望在各行各业引发的革新予以了肯定。

第 2 章　与 OpenAI 和 ChatGPT 面对面。本章概述了 OpenAI 及其最引人注目的发展——ChatGPT，着重讲述其发展历史、技术和功能，介绍了如何在不同行业和应用中使用 ChatGPT，以优化沟通和自动化流程，并探讨了 ChatGPT 对科技及其他领域的影响。

第 3 章　熟悉 ChatGPT。本章旨在引导你设置 ChatGPT 账户并着手使用该程序，介绍了如何与 Web 界面交互，如何根据主题开展交互以及如何组织对话。

第 4 章　了解提示设计。提示设计是提高模型准确性的重要技术。实际上，提示对模型生成输出影响很大。设计良好的提示有助于引导模型生成相关和准确的输出，设计不良的提示则可能会让模型生成无关或令人疑惑的输出。本章最后提到，应将伦理及道德考量纳入提示设计，以避免模型生成有害内容。

第 5 章　ChatGPT 助力生产力提升。本章主要介绍普通用户在日常工作中可以使用 ChatGPT 高效完成哪些事情，例如辅助写作、决策制订、创意启示等，并给出了可供践行的示例。

第 6 章　ChatGPT 助力软件开发。本章主要介绍开发人员如何使用 ChatGPT 解决或优化相关流程，例如代码审查和优化、文档生成和代码生成，并给出了可供践行的示例。

第 7 章　ChatGPT 助力营销。本章主要介绍市场营销人员如何使用 ChatGPT 优化相关工作，例如 A/B 测试、关键词定位建议和社交媒体情绪分析，并给出了可供践行的示例。

第 8 章　ChatGPT 助力科学研究。本章主要介绍研究人员如何使用 ChatGPT 提升工作效能，例如辅助文献综述的整理、实验设计以及生成参考文献，并给出了可供践行的示例。

第 9 章　企业 OpenAI 和 ChatGPT——Azure OpenAI。本章主要介绍 OpenAI 模型的企业级应用，以及 Azure OpenAI 服务。首先，概述 Azure OpenAI 服务的模型 API 以及如何将其嵌入自定义代码中；其次，介绍如何设置模型参数、如何微调及其相关配置；最后，围绕“负责任的 AI”这一话题及如何确保 AI 系统符合道德标准展开讨论。

第 10 章　企业用例。本章旨在探讨目前开发市场上热门的企业级服务 Azure OpenAI 及一些具体示例，如智能搜索引擎、AI 助手和报告生成器，并重点关注特定行业中的端到端生产项目。

第 11 章　结语及后记。本章简要回顾了前几章讨论的热门用例，探讨了生成式人工智能对各行各业和日常生活的影响，介绍了道德伦理思考和负责任的 AI 在项目设计阶段的作用，并对基于 GPT-4 等新技术快速迭代背景下的生成式人工智能发展趋势进行了探索。

如何充分利用本书

要充分理解本书内容并顺利付诸实践，请满足如下要求。

软、硬件要求及其他	计算机系统要求及其他
Python 3.7.1 或更高版本的 Python	Windows、macOS 或 Linux
Streamlit	Windows、macOS 或 Linux
LangChain	Windows、macOS 或 Linux
OpenAI 模型的 API	OpenAI 账户
Azure OpenAI 服务	启用 Azure 订阅

下载示例代码文件

你可以访问 GitHub 仓库 Modern Generative AI with ChatGPT and OpenAI Models 项目，下载本书的示例代码文件。

体例约定

本书内容遵循如下体例约定。

- 代码段以如下体例显示。

```
query = st.text_area("Ask a question about the document")
if query:

    docs = faiss_index.similarity_search(query, k=1)
    button = st.button("Submit")
    if button:
        st.write(get_answer(faiss_index, query))
```

- 命令行输入或输出都将按以下方式编写。

```
pip install --upgrade openai
```

- **粗体**：术语、重要的词或显示在屏幕上的内容（菜单或对话框中的单词）均以粗体形式给出。例如，你可以选择**本地文件**或 Azure blob 或**其他共享 Web 位置**来上传文件。”

- 提示或重要说明以如下方式显示。

> 2023 年 3 月，OpenAI 公司宣布停止对 Codex 模型的支持。这是因为新的对话模型（包括 ChatGPT 背后的模型 GPT-3.5-turbo）具有令人难以置信的能力，不仅可以完成编码任务，其结果也足以与 Codex 模型的结果相媲美，甚至优于 Codex 模型。

AIGC

目录

第一部分

生成式人工智能与 GPT 模型基础

这一部分将介绍生成式人工智能和 GPT 模型的基础知识，包括 OpenAI 的发展历史及其代表性 GPT 系列模型。

我们会先介绍什么是生成式人工智能及其所涉及的基础知识，包括其研究历程和新进展；然后展示生成式人工智能的应用，包括文本生成、图像生成等。

最后，我们还会聊一聊把生成式人工智能引入公众视野的 OpenAI 公司，介绍其最受欢迎的产品——ChatGPT，以及他们从人工神经网络（Artificial Neural Network，ANN）到大语言模型（Large Language Model，LLM）的研究历程。

第 1 章 生成式人工智能概述

本章主要内容

- 什么是生成式人工智能
- 生成式人 工智能的应用领域
- 生成式人工智能的研究历程和最新进展

欢迎阅读本书！我们将带你探索生成式**人工智能**（Artificial Intelligence，AI）这一迷人的领域及其开创性应用。生成式人工智能颠覆了人们与机器交互的方式，赋予了计算机脱离人类明确指令自行创建、预测和学习的能力。得益于 ChatGPT 和 OpenAI 的出现，我们在自然语言处理、图像和视频生成以及许多其他领域取得了前所未有的进展。无论你是心怀好奇的初学者还是经验丰富的从业者，都可以从本书中一窥生成式人工智能领域所涉及的知识和技能。在开启生成式人工智能之旅前，我们先介绍一些相关的定义。

本章先简要介绍生成式人工智能——使用**机器学习**（Machine Learning，ML）算法创建新的、独特的数据或内容；然后介绍生成式人工智能在各个领域的应用，如图像生成、文本生成和音乐生成，着重介绍生成式人工智能有望在各行业引发的极具潜力的革新。这些内容涉及生成式人工智能技术和实现背景，以及将其与人工智能、机器学习和**深度学习**（Deep Learning，DL）加以综合应用所需的知识。最后，我们会结合具体示例展示生成式人工智能主要应用于哪些领域，帮助你了解生成式人工智能可能为企业乃至社会带来的影响。

此外，了解生成式人工智能的研究历程，也可以帮助你更好地理解新进展和先进模型的基础。

读完本章，你能了解生成式人工智能的定义、应用、研究历程及其新进展——正在（或者可能会）对企业产生颠覆性影响。

1.1 什么是生成式人工智能

近年来，人工智能取得了重大进展，其中发展迅速的领域之一就是生成式人工智能。生成式人工智能是人工智能和深度学习的一个子领域，主要使用机器学习技术根据现有数据训练算法和模型，生成诸如图像、文本、音乐、视频等新内容。

要更好地理解人工智能、机器学习、深度学习和生成式人工智能之间的关系，如果我们将人工智能视为基础，那么机器学习、深度学习和生成式人工智能就代表着日益专业化和聚焦的研究与应用领域。

- 人工智能代表着广阔的领域创意生产系统——这些系统可以执行任务，表现出与人类相当的智力和能力，并能与生态系统交互。
- 机器学习是人工智能领域一个专注于创建算法和模型的分支，这些模型和算法使得上述系统能够随着训练学习实现自我改进。机器学习模型从现有数据中学习，并会随着数据的增长自动更新参数。
- 深度学习是机器学习的一个子分支。深度机器学习模型指的是**神经网络**（Neural Network），尤其适用于**计算机视觉**（Computer Vision，CV）或**自然语言处理**（Natural Language Processing，NLP）等领域。本书提到的机器学习模型和深度学习模型一般是指判别式模型，可根据数据进行预测或推理。
- 生成式人工智能是深度学习的一个子分支，不使用深度神经网络来聚类、分类或对现有数据进行预测，而使用强大的神经网络模型生成图像、文字表述、音乐和视频等新的内容。

图 1.1 形象地展示了这些概念之间的关系。

人工智能
机器表现出类似于人类的推理、学习能力，例如创造性
机器学习
使智能机器能够随着时间和经验的积累而不断改进的算法集合
深度学习
一种基于深度神经网络的机器学习类型，由多层流程组成
生成式人工智能

图 1.1 人工智能、机器学习、深度学习和生成式人工智能之间的关系

你可以通过大量数据训练生成式人工智能模型，再利用这些数据中的模式生成全新样本。这一生成过程不同于判别式模型，因为后者旨在预测给定样本的类别或标签。

1.1.1 生成式人工智能的应用

近年来，生成式人工智能取得了显著的进展，并广泛应用于艺术、音乐、时尚、建筑等多个领域。在某些领域中，生成式人工智能逐渐改变着原创者创造、设计甚至理解世界的方式；而在另一些领域中，其正在现有流程和操作的优化和效率的提升方面大显身手。

生成式人工智能的广泛应用，还意味着其模型可以处理不同类型的数据，例如文本、音频或图像。接下来，我们会介绍如何使用生成式人工智能模型处理不同类型的数据。

1.1.2 文本生成

生成式人工智能的伟大应用之一是根据自然语言生成新内容，这也是本书重点介绍的应用。事实上，生成式人工智能算法可以用于生成新的文本，如文章、诗歌和产品描述。例如，OpenAI 开发的 GPT-3 语言模型在经过大量文本数据训练后，可以生成以不同语言表述的连贯且符合语法规则的新文本（无论是输入还是输出），并能从文本中提取出相关特征（例如关键词、主题或完整摘要）。

图 1.2 所示的是 ChatGPT 答复用户提示并补充了参考材料的示例。

V
Explain to a 5-year-old what a proton is with examples. Share also some references to existing documentation.
Okay, let's imagine that you have an apple. An apple is made up of tiny, tiny pieces called atoms. And in each atom, there is something called a proton. Protons are like the boss of the atom and they help to keep the atom together.
Think of the protons as little balls that stick together to make the apple. Without them, the apple wouldn't exist! And that's why protons are so important.
If you want to learn more about protons and atoms, you can check out this website called Kids Konnect. It has lots of information and pictures to help you understand:
You can also check out a video on YouTube called "The Incredible World of Atoms and Molecules for Kids" to learn about protons and other parts of an atom:
Regenerate response

图 1.2 ChatGPT 答复用户提示并补充了参考材料的示例

接下来，我们介绍生成式人工智能在图像生成领域的应用。

1.1.3 图像生成

就生成式人工智能在图像生成领域的应用来说，最早且最著名的示例之一是由 Ian Goodfellow 等人在 2014 年发表的文章“Generative Adversarial Networks”中介绍的**生成对抗网络**（Generative Adversarial Network，GAN）架构，这一架构能生成难以与真实图像区分的逼真图像。GAN 有一些有趣的应用，例如为训练计算机视觉模型生成合成数据集、生成逼真的产品图像，以及生成用于虚拟现实和增强现实应用的逼真图像。

图 1.3 所示的虚构人脸图像均由人工智能（生成对抗网络）生成。

图 1.3　由 GAN StyleGAN2 生成的虚构人脸图像（引自 Random Face Generator 官网）

2021 年，OpenAI 在图像生成领域引入了一个名为 **DALL-E** 的生成式人工智能模型。与 GAN 不同，DALL-E 模型旨在根据自然语言描述生成图像（GAN 则以随机噪声向量为输入），这些图像可能看起来没那么逼真，但足以表达所述内容。

DALL-E 可以生成独特而富有创造力的图像，在广告、产品设计、时尚等创意产业中具有巨大的应用潜力。

图 1.4 展示了 DALL-E 根据自然语言描述生成的 4 张图像。

DALL·E History Collections
Surprise me
Upload
A picture of the philosopher Socrates as he had lived at the present time. He rides an electric scooter while messaging on his iPhone
Generate
Soogce
Sors,

图 1.4　DALL-E 使用自然语言提示作为输入所生成的图像

注意，文本生成可以与图像生成相结合，以产生全新的素材。近年来，将二者结合的新型人工智能工具得到了广泛的应用。

Tome AI 就是一个例子。这是一款基于人工智能的自动生成 PPT 的在线应用，除了基础功能，Tome AI 还能利用 DALL-E 和 GPT-3 等模型从零开始创建幻灯片，如图 1.5 所示。

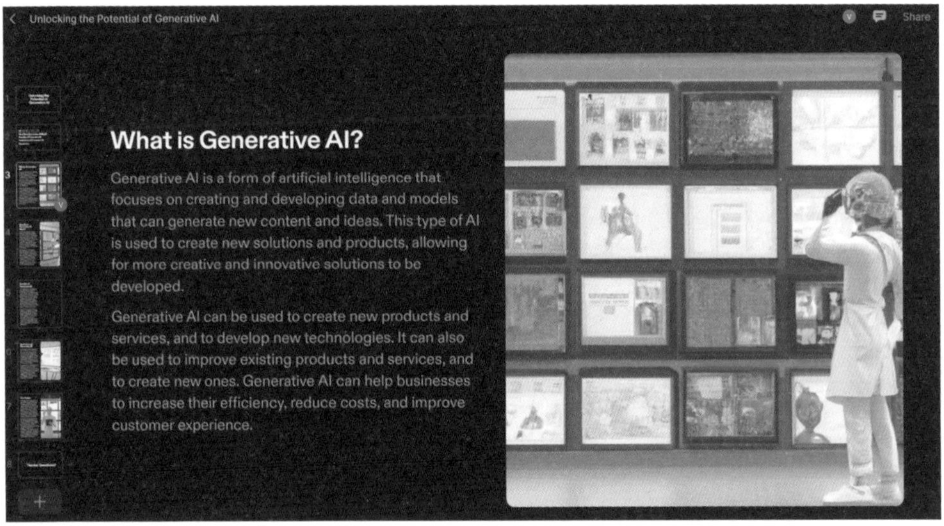
Unlocking the Potential of Generative AI
Share
What is Generative AI?
Generative AI is a form of artificial intelligence that focuses on creating and developing data and models that can generate new content and ideas. This type of AI is used to create new solutions and products, allowing for more creative and innovative solutions to be developed.
Generative AI can be used to create new products and services, and to develop new technologies. It can also be used to improve existing products and services, and to create new ones. Generative AI can help businesses to increase their efficiency, reduce costs, and improve customer experience.

图 1.5　一份关于生成式人工智能的演示文稿，完全由 Tome AI 使用自然语言输入生成

可以看到，Tome AI 完全能够根据用户以自然语言输入的简短信息创建一个演示文稿。

1.1.4　音乐生成

生成式人工智能在音乐生成领域的应用可以追溯到 20 世纪 50 年代，当时的学者们在算法合成领域开展了相关研究，并将算法用于生成音乐作品。事实上，1957 年，Lejaren Hiller 和 Leonard Isaacson 创作了弦乐四重奏——*Illiac Suite*，这是第一首完全由人工智能创作的音乐作品。自此，学者们一直在研究如何使用人工智能生成音乐。在最近几年的发展中，新的架构和框架已经得到广泛应用，例如，谷歌在 2016 年推出的 WaveNet 架构能够生成高质量的音频样本；谷歌开发的 Magenta 项目使用**递归神经网络**（Recurrent Neural Network，RNN）和其他机器学习技术来生成音乐及其他形式的艺术作品；OpenAI 于 2020 年推出的能生成音乐的神经网络系统 Jukebox，可以根据音乐和声乐风格、类型和参考艺术家等信息自定义输出。

这些框架和其他框架为开发用于音乐生成的“人工智能作曲助手”奠定了基础。

由 Sony CSL 研究开发的 Flow Machines 就是一个示例，这个生成式人工智能系统经过大量音乐作品数据库训练后，可生成各种风格的新音乐。法国作曲家 Benoît Carré 用 Flow Machines 创作了一张名为“Hello World”的专辑（参见 Hello World 网站），这张专辑收录了 Flow Machines 与几位人类音乐家合作的乐曲。

图 1.6 所示的是一首完全由 Music Transformer（Magenta 项目中的一个模型）生成的曲目。

图 1.6　Music Transformer 生成的曲目

在音乐领域，生成式人工智能的另一卓越应用是语音合成。事实上，有许多人工智能工具可以用知名歌手的声音作为输入来生成音频。例如，你想听 Kanye West 演唱某首歌曲的效果，便可以用诸如 FakeYou、Deep Fake Text to Speech、UberDuck 等工具来实现这一梦想，如图 1.7 所示。

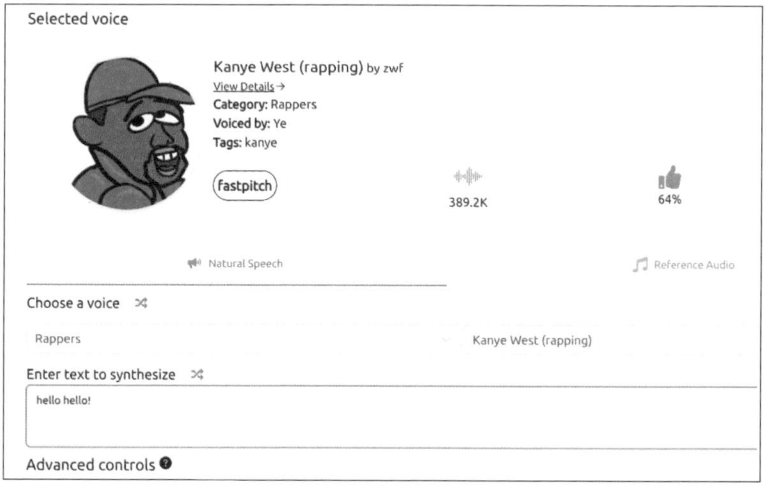

图 1.7　使用 UberDuck 进行文本转语音合成

不得不说，合成效果的确令人震撼。你甚至可以选用各种卡通人物（例如小熊维尼等）的声音来合成歌曲。

接下来，我们介绍生成式人工智能在视频生成领域的应用。

1.1.5　视频生成

生成式人工智能几乎同时应用于视频生成和图像生成领域，其发展时间线相差无几。事实上，视频生成领域的关键进展之一是 GAN 的发展。得益于 GAN 在生成逼真图像方面的高准确性，研究人员开始将其应用于视频生成。最著名的示例之一便是 DeepMind 的 **Motion to Video**，它仅凭一张图像和一系列动作就能生成高质量的视频。另一个典型示例是 NVIDIA 的 **Video-to-Video Synthesis**（**Vid2Vid**），它基于深度学习框架，使用 GAN 技术根据输入视频生成高质量的视频。

Vid2Vid 可以生成时间上连贯的视频，这意味着视频能够随时间推移保持播放流畅且逼真。该系统可用于执行各种视频生成任务，如下所示。

- 变换视频风格，例如，将日间效果视频转换为夜间效果视频或将草图转换为逼真的图像。
- 修改现有视频，例如，更改视频中对象的样式或外观。
- 根据静态图像生成新视频，例如，将一系列静止图像动画化。

2022 年 9 月，Meta 的研究人员宣布推出 **Make-A-Video**，这是一种新的人工智能系统，可以帮助用户将自然语言提示转换为视频剪辑。这一技术背后包含我们刚提到的许多其他领域的模型——用于提示的语言理解模型、用于图像生成的图像和运动生成模型，以及由人工智能作曲助手制作的背景音乐。

综上所述，多年来，生成式人工智能已经给众多领域带来了“冲击”，出现了许多足以给艺术家、企业甚至普通用户的工作提供支持的人工智能工具。相信随着技术的发展，生成式人工智能会有更广阔的应用空间！接下来，在了解 OpenAI 模型的相关内容之前，我们先介绍生成式人工智能的研究历程和新进展。

1.2　研究历程和新发展

1.1 节概述了生成式人工智能领域中的先进技术，这些技术都是在最近几年涌现的。实际上，相关研究可以追溯到几十年前。

生成式人工智能的研究始于 20 世纪 60 年代，当时 Joseph Weizenbaum 开发了聊天机器人 ELIZA，这是 NLP 系统最早的示例之一。ELIZA 是一个简单的基于规则的交互系统，旨在通过基于文本输入的答复来取悦用户，并为 NLP 和生成式人工智能的进一步发展奠定基础。但是，我们知道现代生成式人工智能是深度学习的一个子领域，虽然最早的**人工神经网络**（Artificial Neural Network，ANN）是在 20 世纪 40 年代首次提出的，但当时的研究人员面临着许多挑战，例如算力有限以及和大脑相关的生物学基础知识匮乏。直到 20 世纪 80 年代，ANN 才引起人们足够的关注。当时除了新硬件和神经科学的发展，**反向传播算法**（backpropagation algorithm，BP）

的出现也促进了 ANN 的训练。事实上，在 BP 算法出现之前，训练神经网络是很困难的，因为无法有效地计算与每个神经元相关联的参数或权重的误差梯度，而 BP 算法使自动化训练过程成为可能，并实现了 ANN 的应用。

在 21 世纪的前 20 年，算力的进步以及大量可用于训练的数据的出现，使得深度学习更加实用，也更便于普通公众使用，这也推动了生成式人工智能研究的发展。

2013 年，Kingma 和 Welling 在其论文“Auto-Encoding Variational Bayes”中提出了一个新的模型架构，即**变分自编码器**（Variational Autoencoder，VAE）。VAE 是基于变分推断的生成式模型，其通过编码器组件将数据编码成低维空间（称为**潜在空间**，latent space），然后通过解码器组件将其解码回原始数据空间，最后给出一种数据的紧凑表示方法。

VAE 的关键创新是引入潜在空间的概率解释。编码器并不学习将输入以确定性的方式映射到潜在空间，而是将输入映射到潜在空间上的概率分布。这使得 VAE 可以通过从潜在空间进行采样并将样本解码回输入空间来生成新样本。

假设要训练一个 VAE，使之可以生成看起来像真实照片的猫和狗的新图像。VAE 会先接收猫或狗的图像，并将其压缩成潜在空间中的一组较小的数字，即**潜在变量**（latent variable）。这组数字表征了图像最重要的特征。

随后，VAE 使用这些潜在变量来生成一张新图像，使其看起来像是真实的猫或狗的图像。这张新图像可能与原始图像有些不同，但看起来属于同一组图像。

将生成的图像与实际图像进行比较并调整其潜在变量，可使生成的图像与实际图像更相似。随着模型训练的持续，VAE 生成的图像愈发逼真。

VAE 为生成式人工智能领域的快速发展奠定了坚实的基础。事实上，仅仅一年之后，Ian Goodfellow 便提出了 GAN。与主要元素是编码器和解码器的 VAE 框架不同，GAN 由生成器和判别器两个神经网络组成，二者采用零和博弈的方式合作。

生成器生成假数据（例如新图像），旨在模仿真实数据（例如猫的图像）。判别器接收真实数据和假数据，并尝试区分二者，扮演着评判者的角色。

在训练期间，生成器会尝试生成数据以欺骗判别器，让判别器将假数据误认为是真实数据，而判别器则尝试变得更擅长区分真实数据和假数据。二者会在**对抗式训练**（adversarial training）的过程中一起训练成长。

随着训练的持续，生成器变得更擅长创建看起来像真实数据的假数据，而判别器变得更擅长区分真实数据和假数据。最终，生成器会变得非常擅长创建看起来像真实数据的假数据，即使判别器也无法看出真实数据和假数据之间的区别。

图 1.8 所示的是完全由 GAN 生成的人脸示例。

图 1.8　由 GAN 生成的逼真的人脸示例（摘自“Progressive Growing of GANs for Improved Quality, Stability, and Variation”，2017）

VAE 和 GAN 这两个模型都旨在生成与原始样本真假难辨的全新数据，并且它们的架构自提出以来一直在改进。与此同时，Van den Oord 及其团队提出的 PixelCNN 以及 Google DeepMind 开发的 WaveNet 等新模型的发展也推动了音频和语音生成方面的进步。

另一个重大里程碑事件是 Google 的研究人员在其于 2017 年发表的论文“Attention Is All You Need”中介绍了一种名为 Transformer 的新架构。这一架构可以在保留有关语言上下文的记忆的同时进行并行处理，明显优于在此之前的基于 RNN 或**长短期记忆**（Long Short-Term Memory，LSTM）框架的语言模型，并在语言生成领域引发了革命。

Google 于 2018 年推出的**大规模语言模型 BERT**（Bidirectional Encoder Representations from Transformer）是以 Transformer 为基础的，并且 Transformer 很快成了 NLP 实验的基准。

Transformer 也是 OpenAI 提出的所有**生成式预训练**（Generative Pre-Trained，GPT）模型的基础，包括 ChatGPT 使用的 GPT-3。

虽然早些年里，相关领域的研究人员做了大量的研究并取得了一些成就，但直到 2022 年下半年，公众才将注意力转向生成式人工智能领域。

2022 年被誉为“生成式人工智能元年”绝非偶然。这一年，强大的人工智能模型和工具在公众中得到普及：基于扩散的图像服务（MidJourney、DALL-E 2 和

Stable Diffusion）、OpenAI 的 ChatGPT、文本到视频的转换工具（Make-a-Video 和 Imagen Video）以及文本到 3D（DreamFusion、Magic3D 和 Get3D）的转换工具都可供个人用户使用，有时可以免费使用。

生成式人工智能的普及有望产生颠覆性影响，原因如下。

- 一旦生成式人工智能模型得到普及，个人用户或组织都有可能使用生成式人工智能并发掘其潜力，即使他们不是数据科学家或机器学习工程师。
- 这些新模型具有惊人的能力和创造力，但也令人担忧。呼吁个人和政府尽快适应生成式人工智能带来的变革迫在眉睫。

可以预见，在不久的将来，人工智能系统在个人使用和企业级项目中的应用将激增。

1.3　小结

本章探索了生成式人工智能及其各个应用领域，包括图像生成、文本生成、音乐生成和视频生成，介绍了 OpenAI 训练的 ChatGPT 和 DALL-E 等生成式人工智能模型如何使用深度学习技术学习大型数据集中的模式并生成全新且连贯的内容，还讨论了生成式人工智能的研究历程、起源和新进展。

本章旨在让你了解生成式人工智能的基础知识，希望能激发你继续探索这一领域的兴趣。

第 2 章将重点关注当今市场上最有发展前景的技术之一——ChatGPT，介绍 ChatGPT 的研究、OpenAI 开发的模型框架以及 ChatGPT 的主要用例。

第 2 章 与 OpenAI 和 ChatGPT 面对面

本章主要内容

- 什么是 OpenAI
- OpenAI 系列模型的概述
- 通往 ChatGPT 之路：模型背后的数学原理
- ChatGPT：最先进的技术

本章将展示 OpenAI 及其最引人注目的进展——ChatGPT，着重讲述 ChatGPT 的历史、技术和功能。

学完本章，你可以进一步了解如何在各个行业和应用场景中使用 ChatGPT，以改善沟通、优化自动化处理过程，也会了解这最终将如何影响科技及其他领域。

2.1 技术要求

在测试本章示例之前，请做好如下准备。

- 注册 OpenAI 账户[1]，用于访问 Playground 和模型 API。
- 设置 IDE 环境，例如 Jupyter 或 Visual Studio。
- 安装 3.7.1 以上版本的 Python。
- 安装 pip 工具。
- 安装 OpenAI Python 库。

2.2 什么是 OpenAI

OpenAI 是由 Elon Musk、Sam Altman、Greg Brockman、Ilya Sutskever、Wojciech Zaremba 和 John Schulman 于 2015 年成立的一个研究组织。正如 OpenAI 网页简介所述，其使命是“确保通用人工智能造福全人类”（to ensure that Artificial General Intelligence

1 访问 OpenAI 官网，注册账户，并参阅 API 接口文档。——译者注

benefits all of humanity）。“实现通用人工智能”意味着人工智能拥有学习和执行广泛任务的能力，而不再是针对特定任务的编程实现。

自 2015 年以来，OpenAI 一直专注于**深度强化学习**（Deep Reindorcement Learning，DRL）的研究。深度强化学习是**机器学习**的一个子集，是**强化学习**（Reinforcement Learning，RL）与深度神经网络的结合体。OpenAI 在该领域的第一个贡献可以追溯到 2016 年，当时该公司发布了 OpenAI Gym，这是一个供研究人员开发和测试**强化学习**算法的工具包。图 2.1 所示的是 Gym 文档的登录页面。

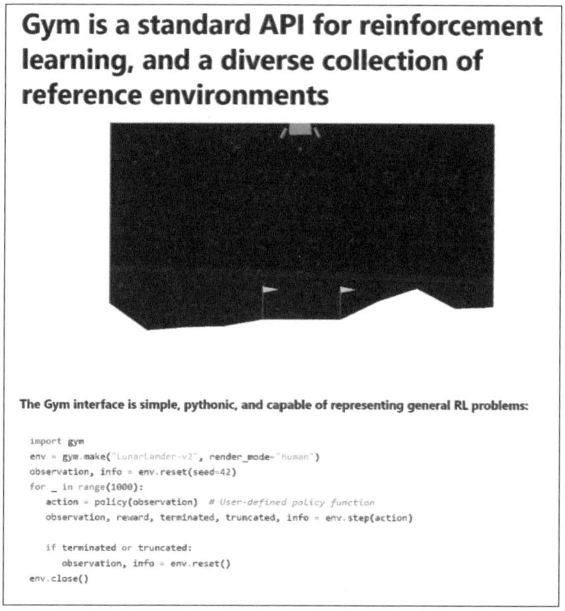
Gym is a standard API for reinforcement learning, and a diverse collection of reference environments
The Gym interface is simple, pythonic, and capable of representing general RL problems:
import gym
env = gym.make("LunarLander-v2", render_mode="human")
observation, info = env.reset(seed=42)
for _ in range(1000):
action = policy(observation) # User-defined policy function
observation, reward, terminated, truncated, info = env.step(action)
if terminated or truncated:
observation, info = env.reset()
env.close()

图 2.1　Gym 文档的登录页面（详见 Gym 官网和官方文档）

多年来，OpenAI 在该领域持续深耕并做出了大量贡献，其最显著的成就均与生成式模型有关——**生成式预训练 Transformer**（Generative Pre-trained Transformer，GPT）。

OpenAI 的研究人员在其论文“Improving Language Understanding by Generative Pre-Training”中首次提到了生成式模型架构，并将其命名为 **GPT-1**，之后很快在 2019 年发布了其迭代版本 GPT-2。GPT-2 是基于一个称作 **WebText** 的语料库训练的，当时这个语料库包含 800 多万份的文档，共计 40GB 的文本，这些文本来自 Reddit 提交中共享的 URL，每个都至少有 3 个点赞。GPT-2 有 12 亿个参数，其参数量是 GPT-1 的 10 倍。

图 2.2 所示的是 Hugging Face（参见 Hugging Face 官网有关 GPT-2 的说明文档）发布的 GPT-2 用户界面的登录页面。

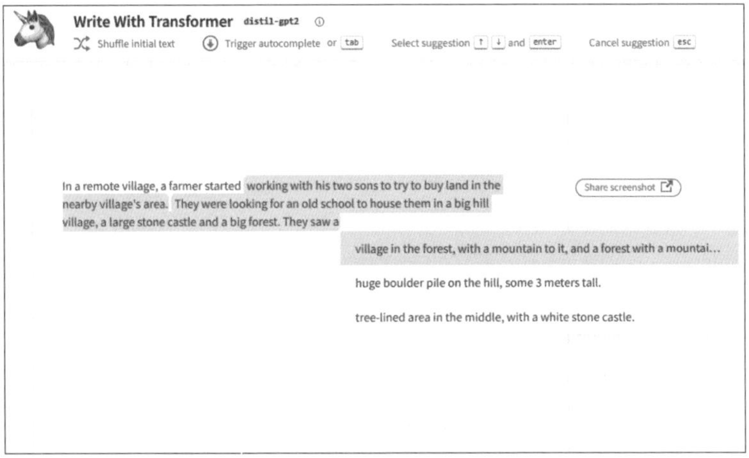
Write With Transformer distil-gpt2
Shuffle initial text
Trigger autocomplete or tab
Select suggestion ↑ ↓ and enter
Cancel suggestion esc
In a remote village, a farmer started working with his two sons to try to buy land in the nearby village's area. They were looking for an old school to house them in a big hill village, a large stone castle and a big forest. They saw a
Share screenshot
village in the forest, with a mountain to it, and a forest with a mountai...
huge boulder pile on the hill, some 3 meters tall.
tree-lined area in the middle, with a white stone castle.

图 2.2　GPT-2 可以根据提示撰文（来源：HuggingFace 官网关于 GPT-2 使用说明文档）

2020 年，OpenAI 官宣并首发了 GPT-3。GPT-3 拥有 1750 亿个参数，基于 GPT-2 对基准结果进行了极大的提升。

除了自然语言生成模型，OpenAI 在图像生成领域也成绩斐然，该公司于 2021 年发布了在这一领域的第一个模型——**DALL-E**。正如第 1 章提到的，DALL-E 能基于自然语言输入创造全新的图像，其中自然语言输入便是由最新版本的 GPT-3 实现的。

2022 年 4 月，DALL-E 升级为 DALL-E 2。

图 2.3 展示了由 DALL-E 生成的图像，这是一张根据自然语言提示**生成的位于舒适环境中的一杯咖啡的图片**，相当逼真。

generate a realistic picture of a cup of coffee in a cozy environment
Generate

图 2.3　DALL-E 以自然语言提示为输入生成的图像

你可以在 OpenAI DALL-E 官网免费尝试生成创意图片。

OpenAI 在生成式人工智能的许多领域均有涉足，但其在文本理解和生成方面的表现更为突出，而这主要归功于我们接下来要探讨的基础 GPT 模型的发展。

2.3　OpenAI 系列模型概述

如今，OpenAI 给普通用户提供了一套预训练好的、可随时使用的模型，这一举措有两个重要意义：其一，强大的基础模型实现了消费化，使得训练不需要耗费大量时间、其成本不再高昂；其二，用户哪怕不具备数据科学家或机器学习工程师的技能，也能使用这些模型。

用户可以在 OpenAI Playground 中测试 OpenAI 模型。OpenAI Playground 是一个友好的用户界面，不但可以与模型交互，而且不需要编写任何代码。

图 2.4 所示的是 OpenAI Playground 的登录页面。

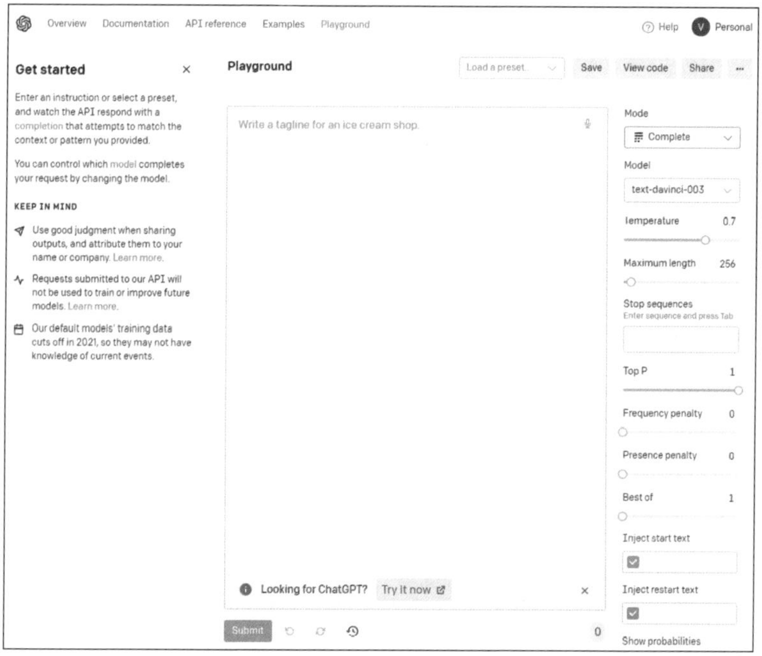
Overview
Documentation
API reference
Examples
Playground
Help
Personal
Get started
Enter an instruction or select a preset, and watch the API respond with a completion that attempts to match the context or pattern you provided.
You can control which model completes your request by changing the model.
KEEP IN MIND
Use good judgment when sharing outputs, and attribute them to your name or company. Learn more.
Requests submitted to our API will not be used to train or improve future models. Learn more.
Our default models' training data cuts off in 2021, so they may not have knowledge of current events.
Playground
Load a preset...
Save
View code
Share
Write a tagline for an ice cream shop.
Looking for ChatGPT?
Try it now
Submit
Mode
Complete
Model
text-davinci-003
Temperature
0.7
Maximum length
256
Stop sequences
Enter sequence and press Tab
Top P
1
Frequency penalty
0
Presence penalty
0
Best of
1
Inject start text
Inject restart text
Show probabilities

图 2.4　OpenAI Playground 的登录页面（具体可参考 OpenAI 官网）

可以看到，Playground 有一个可供用户与模型交互的用户界面，交互选项位于用户界面的右侧。用户用自然语言输入任何问题或指令，再输入空格即可实现与 Playground 交互；也可以先借鉴 OpenAI 文档中的一些示例。

在深入研究系列模型之前，我们先阐释一下本章用到的术语。

- **标志**（token）：标志可以是单词片段，供 API 用来处理输入提示。与完整的单词不同，标志可能包含尾部的空格，甚至是部分子词。要更好地理解长度方面的标志概念，有一些通用准则需要牢记。例如，英语中的一个标志大约相当于 4 个字符，或 3/4 个单词。
- **提示**（prompt）：在**自然语言处理**和机器学习背景下，提示是指一段文本，可作为输入提供给 AI 语言模型，用以生成答复或输出内容。提示可以是一个问题、一个声明或一个句子，被用来为语言模型提供上下文和方向。
- **上下文**（context）：在 GPT 领域，上下文指的是用户提示前的单词和句子。这种上下文被语言模型用来根据训练数据中发现的模式和关系，生成最有可能的下一个单词或短语。
- **模型置信度**（model confidence）：模型置信度是指 AI 模型赋予某一特定预测或输出的确定性或概率水平。在 NLP 的上下文中，模型置信度常用来表示 AI 模型针对给定输入提示所生成答复的正确性或相关性的置信程度。

上述定义对于理解如何使用 Azure OpenAI 系列模型以及如何配置它们的参数至关重要。

在 Playground 中，有如下两类主要的模型可以进行测试。

- **GPT-3**：一组能够理解和生成自然语言的模型。GPT-3 已经在一个大型文本语料库上进行了训练，可以执行广泛的自然语言任务，如语言翻译、大意概括、问答等。图 2.5 所示的便是其中的一个示例。

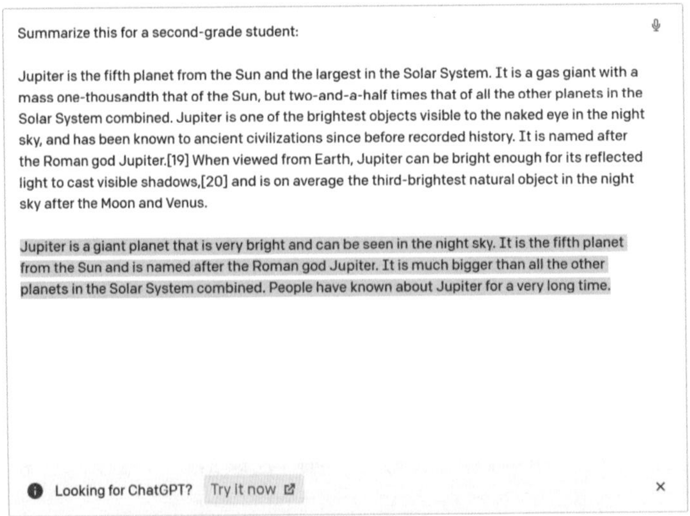
Summarize this for a second-grade student:
Jupiter is the fifth planet from the Sun and the largest in the Solar System. It is a gas giant with a mass one-thousandth that of the Sun, but two-and-a-half times that of all the other planets in the Solar System combined. Jupiter is one of the brightest objects visible to the naked eye in the night sky, and has been known to ancient civilizations since before recorded history. It is named after the Roman god Jupiter.[19] When viewed from Earth, Jupiter can be bright enough for its reflected light to cast visible shadows,[20] and is on average the third-brightest natural object in the night sky after the Moon and Venus.
Jupiter is a giant planet that is very bright and can be seen in the night sky. It is the fifth planet from the Sun and is named after the Roman god Jupiter. It is much bigger than all the other planets in the Solar System combined. People have known about Jupiter for a very long time.
Looking for ChatGPT?
Try it now

图 2.5　使用 GPT-3 进行大意概括

这里还要讲一下 **GPT-3.5**。GPT-3.5 是一套较新的基于 GPT-3 构建的模型，旨在提高自然语言理解和生成能力。GPT-3.5 模型可以执行复杂的自然语言任务，如编写连贯的段落或文章，生成诗歌，甚至用自然语言创建计算机程序。GPT-3.5 是 ChatGPT 的底层模型，在其 API 的基础上，也可以在 Playground 中使用一个专门的界面，如图 2.6 所示。

USER
List me the 10 countries with the highest population
ASSISTANT
1. China
2. India
3. United States
4. Indonesia
5. Pakistan
6. Brazil
7. Nigeria
8. Bangladesh
9. Russia
10. Mexico
Add message
Mode
Chat
Beta
Model
gpt-3.5-turbo
Temperature
0.7
Maximum length
256
Top P
1
Frequency penalty
0
Presence penalty
0

图 2.6　与 GPT-3.5 交互

- **Codex**：一套可以理解和生成各种编程语言代码的模型。Codex 可以将自然语言提示翻译成工作代码，是助力软件开发的强大工具。图 2.7 所示的便是一个用 Codex 生成代码的示例。

```
"""
1. Create a list of first names
2. Create a list of last names
3. Combine them randomly into a list of 100 full names
"""

import random

first_names = ['John', 'Jane', 'Corey', 'Travis', 'Dave', 'Kurt', 'Neil', 'Sam', 'Steve', 'Tom', 'James', 'Robert', 'Michael', 'Charles', 'Joe', 'Mary', 'Maggie', 'Nicole', 'Patricia', 'Linda', 'Barbara', 'Elizabeth', 'Laura', 'Jennifer', 'Maria']

last_names = ['Smith', 'Doe', 'Jenkins', 'Robinson', 'Davis', 'Stuart', 'Jefferson', 'Jacobs', 'Wright', 'Patterson', 'Wilks', 'Arnold', 'Johnson', 'Williams', 'Jones', 'Brown', 'Davis', 'Miller', 'Wilson', 'Moore', 'Taylor', 'Anderson', 'Thomas', 'Jackson', 'White', 'Harris', 'Martin']

full_names = []

for i in range(100):
    first = random.choice(first_names)
    last = random.choice(last_names)
    full_names.append(f"{first} {last}")

print(full_names)
```

图 2.7　一个用 Codex 生成代码的示例

2023 年 3 月，OpenAI 公司宣布停止对 Codex 模型的支持。这是因为新的对话模型（包括 ChatGPT 背后的模型 GPT-3.5-turbo）具有令人难以置信的能力，不仅可以完成编码任务，其结果也足以与 Codex 模型的结果相媲美，甚至优于 Codex 模型。

用户可以为每个模型配置一些调节参数，如下所示。

- **Temperature**（温度，其取值范围为 0 到 1）：其控制着模型答复的随机性。较低的温度可使模型更具确定性，这意味着它将倾向于对同一个问题给出相同的输出。如果温度设置为 0，那么即使多次询问模型“什么是 OpenAI ？”，其也总能给出相同的答案；相反，如果对温度设置为 1 的模型进行同样的测试，则其每次都会试图给出措辞和风格不一致的答案。
- **Max length**（最大长度，取值范围为 0 ～ 2048）：其控制着模型对用户提示的答复的长度（以标志为单位）。
- **Stop sequences**（停止序列，用户输入）：其控制答复在所需的位置处结束，如句子或列表的结尾。
- **Top probabilities**（顶级概率，取值范围为 0 ～ 1）：其控制着模型在生成答复时将考虑哪些标志。将其设置为 0.9，将考虑所有可能的标志中最有可能的前 90%。有人会问“为什么不把最高概率设置为 1，以便选择所有最可能的标记？”，答案是“当模型的置信度不足时，用户可能仍然希望保持多样性，即使是得分最高的标志也是如此。”
- **Frequency penalty**（频率惩罚，取值范围为 0 ～ 1）：其控制了生成答复中相同标志的重复性。惩罚越高，在同一答复中看到相同标志超过一次的概率就越低。惩罚将基于标志之前在文本中出现的频率（这是与以下参数的关键区别）按比例减少标志重复的机会。
- **Presence penalty**（存在惩罚，取值范围为 0 ～ 2）：其与前一个参数类似，但更严格，能减少之前在文本中出现过的任何标志的重复机会。由于它比 frequency penalty 更严格，因此增加了在问答中引入新话题的可能性。
- **Best of**（最佳，取值范围为 0 ～ 20）：其将生成多个答复，并只显示在其所有标志中具有最佳总概率的那个。
- **Pre- and post-response text**（答复前文本和答复后文本，由用户输入）：其将在模型的答复前后插入文本，以帮助模型为答复做准备。

通常，除了在 Playground 中尝试 OpenAI 模型，你还可以在自定义代码中调用模型 API，并将模型嵌入应用程序。事实上，在 Playground 的右上角，还可以单击 **View code**（查看代码）按钮并导出配置，如图 2.8 所示。

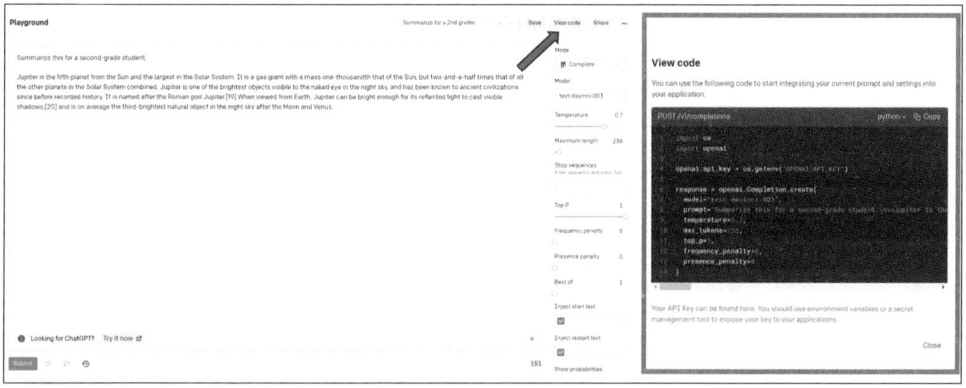
Playground
View code
You can use the following code to start integrating your current prompt and settings into your application.
Close

图 2.8　用自然语言提示调用 GPT3 模型的 Python 代码

现在你便可以通过终端的 pip install openai 命令来安装 Python 中的 OpenAI 库并使用。要使用这些模型，你还需要生成一个 API 密钥。请在账户设置（account settings）页面中找到 API keys（API 密钥），如图 2.9 所示。

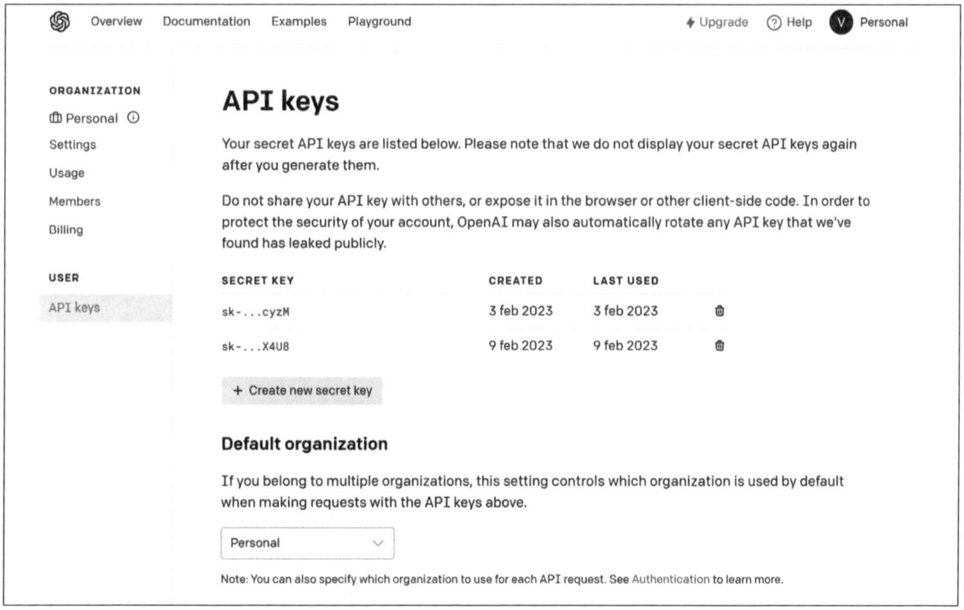
Overview
Documentation
Examples
Playground
Upgrade
Help
Personal
ORGANIZATION
Personal
Settings
Usage
Members
Billing
USER
API keys
API keys
Your secret API keys are listed below. Please note that we do not display your secret API keys again after you generate them.
Do not share your API key with others, or expose it in the browser or other client-side code. In order to protect the security of your account, OpenAI may also automatically rotate any API key that we've found has leaked publicly.
SECRET KEY
CREATED
LAST USED
sk-...cyzM
3 feb 2023
3 feb 2023
sk-...X4U8
9 feb 2023
9 feb 2023
+ Create new secret key
Default organization
If you belong to multiple organizations, this setting controls which organization is used by default when making requests with the API keys above.
Personal
Note: You can also specify which organization to use for each API request. See Authentication to learn more.

图 2.9　在 OpenAI 个人资料账户设置页面查看 API 密钥

还可以通过 OpenAI 的 API 试用以下 Playground 中没有的其他模型。

- **Moderation**：这是一个由 OpenAI 开发的微调模型，可以检测文本内容中是否有敏感或不安全信息。Moderation 使用机器学习算法，根据文本上下文和语言使用情况，将文本分类为安全的或不安全的两种类型。这个模型可用于社交媒体平台、在线社区和许多其他领域的内容自动审核任务。其中有多个类别，如仇恨、仇恨 / 威胁、自我伤害、性、性 / 未成年人、暴力、暴力 / 图片。

以下是 Moderation API 的示例代码。

```
import os
import openai
openai.api_key = os.getenv("OPENAI_API_KEY")
openai.Moderation.create(
  input="I want to kill him",
)
```

相应的输出如下。


```
<OpenAIObject id=modr-6sHusuY9frxJdfqTBXHsOAfWhckrh at
0x218bd8482c0> JSON: {
  "id": "modr-6sHusuY9frxJdfqTBXHsOAfWhckrh",
  "model": "text-moderation-004",
  "results": [
    {
      "categories": {
        "hate": false,
        "hate/threatening": false,
        "self-harm": false,
        "sexual": false,
        "sexual/minors": false,
        "violence": true,
      "violence/graphic": false
      },
        "category_scores": {
        "hate": 1.7164344171760604e-05,
        "hate/threatening": 2.614225103059198e-08,
        "self-harm": 2.5988580176772302e-08,
        "sexual": 2.8184256279928377e-06,
        "sexual/minors": 9.1383149936064e-09,
        "violence": 0.9910049438476562,
        "violence/graphic": 5.316753117767803e-07
      },
```

```
      "flagged": true
    }
  ]
}
```

在这种情况下，Moderation API 可以检测到其中有暴力倾向的内容。

- **Embedding**：有些模型可以使用 Embedding 技术。这些 Embedding 用于在一个多维空间中表示单词或句子。这个空间中不同实例之间的数学距离代表它们在意义上的相似性。例如，queen 和 woman、king 和 man 这些词。理想情况下，多维空间中的单词是矢量，可在表示正确的同时达到以下效果。

$$\vec{king} + (\vec{woman} - \vec{man}) \approx \vec{queen}$$

图 2.10　词语之间的矢量公式

如图 2.10 所示，这意味着，woman 和 man 之间的距离理论上等于 queen 和 king 之间的距离。以下是一个 Embedding 示例。

```
import openai
embedding = openai.Embedding.create(
    input="The cat is on the table",
    model="text-embedding-ada-002")["data"][0][ "embedding"]
```

上述方法创建了一个输入的向量表示。接下来，不妨看一下输出的前 10 个向量。

```
embedding[1:10]

[-0.013698409311473337,
 -0.007505378685891628,
 -0.002576263388618827,
 -0.014773285016417503,
0.019935185089707375,
 -0.01802290789783001,
 -0.015948148444294993,
 -0.0010944041423499584,
 -0.014323337003588676]
```

Embedding 在智能搜索场景中非常有用。事实上，通过获取用户输入和用户想要搜索的文件的嵌入，就有可能计算出输入和文件之间的距离指标（余弦相似度）。这样做即可检索到在数学距离方面与用户输入更接近的文档。

- **Whisper**：这是一个可以将音频转录成文本的语音识别模型。Whisper 可以高准确度地识别和转录各种语言和方言，是自动语音识别系统的宝藏工具。其示例如下所示。

```
# Note: you need to be using OpenAI Python v 0.27.0 for
the code below to work
```

```
import openai
openai.api_key = os.getenv("OPENAI_API_KEY")
audio_file= open("/path/to/file/audio.mp3", "rb")
transcript = openai.Audio.transcribe("whisper-1", audio_file)
```

输出结果如下所示。

```
{"text": Yes, hi, I just noticed a dent on the side of my car
and I have no idea how it got there. There were no witnesses
around and I'm really frustrated.
....
}
```

以上模型都是预先构建的，也就是说，它们已经在一个巨大的知识库上进行了预训练。

不过，还是有一些可以针对用例量身定制模型的方法。

第一种方法已嵌入模型的设计方式中，其可以**在少数学习方法**中为模型提供上下文。也就是说，用户可以要求模型基于之前写过的一篇文章生成一篇模板和词库相似的文章。为此，用户可以对模型进行生成文章的提问，并提供前一篇文章作为参考或上下文，以便模型针对文章请求做更好的准备。

图 2.11 所示的是该方法的一个示例。

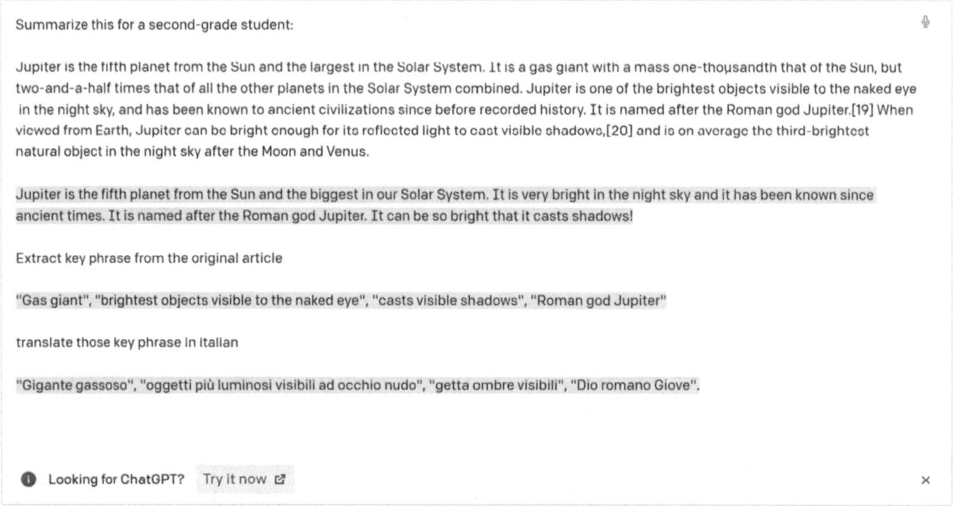
Summarize this for a second-grade student:
Jupiter is the fifth planet from the Sun and the largest in the Solar System. It is a gas giant with a mass one-thousandth that of the Sun, but two-and-a-half times that of all the other planets in the Solar System combined. Jupiter is one of the brightest objects visible to the naked eye in the night sky, and has been known to ancient civilizations since before recorded history. It is named after the Roman god Jupiter.[19] When viewed from Earth, Jupiter can be bright enough for its reflected light to cast visible shadows,[20] and is on average the third-brightest natural object in the night sky after the Moon and Venus.
Jupiter is the fifth planet from the Sun and the biggest in our Solar System. It is very bright in the night sky and it has been known since ancient times. It is named after the Roman god Jupiter. It can be so bright that it casts shadows!
Extract key phrase from the original article
"Gas giant", "brightest objects visible to the naked eye", "casts visible shadows", "Roman god Jupiter"
translate those key phrase in italian
"Gigante gassoso", "oggetti più luminosi visibili ad occhio nudo", "getta ombre visibili", "Dio romano Giove".
Looking for ChatGPT?
Try it now

图 2.11　OpenAI Playground 内采用少样本学习方法的对话示例

第二种方法更复杂，那就是**微调**（fine-tuning）。微调是使预训练好的模型拟合新任务的过程。

微调会改变预训练模型的参数，或者调整现有的参数，抑或增加新的参数，以更好地处理新任务的数据。微调可以通过在一个较小的针对新任务的标记数据集上训练模型来完成，其核心思想是将从预训练模型中学到的知识稍作调整以运用至新任务，并非从头开始训练新模型，如图 2.12 所示。

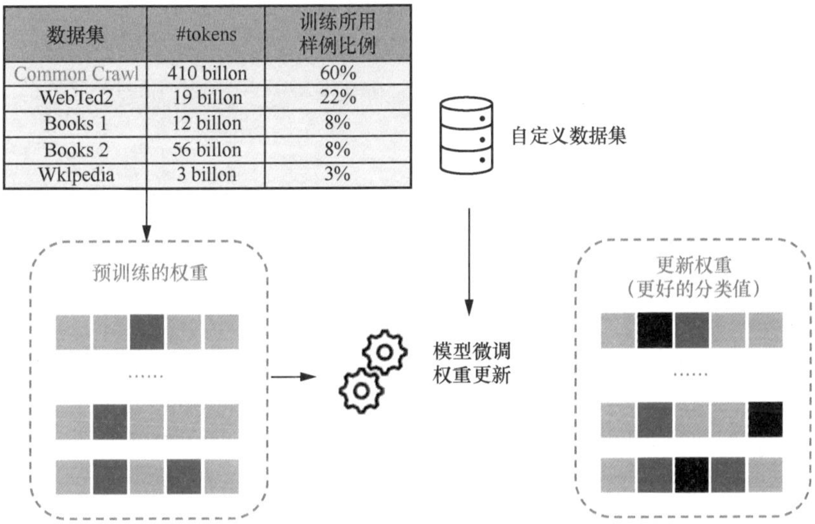

数据集	#tokens	训练所用样例比例
Common Crawl	410 billon	60%
WebTed2	19 billon	22%
Books 1	12 billon	8%
Books 2	56 billon	8%
Wklpedia	3 billon	3%

图 2.12　模型微调

图 2.12 展示了微调在 OpenAI 预构建模型上的工作模式。其思想是先构建一个带有通用权重或参数的预训练模型，然后采用键值提示（prompt）和完成（completion）的形式向模型输入自定义数据，如下所示：

```
{"prompt": "<prompt text>", "completion": "<ideal generated text>"}
{"prompt": "<prompt text>", "completion": "<ideal generated text>"}
{"prompt": "<prompt text>", "completion": "<ideal generated text>"}
...
```

训练完成即可得到一个定制的模型，该模型在特定的任务中表现特别好，例如，对公司文档进行分类。

微调的好处是，用户可以根据各自的用例制作预先构建的模型，而不需要从头开始训练；只需要使用较小的训练数据集，从而大大减少训练时间和计算。同时，模型还保持了其通过原始训练（在大规模数据集上进行的训练）学到的生成能力和准确性。

本节概述了 OpenAI 向公众提供的多个模型，涵盖了可以直接在 Playground

（GPT，Codex）中尝试的模型到更复杂的模型（例如 Embedding）。你可以从中了解到，除了使用预构建状态的模型，还可以通过微调定制模型来提供一系列的学习示例。

我们将在后续章节介绍这些神奇模型的背后原理——先介绍其背后的数学原理，再介绍那些使 ChatGPT 成为可能的伟大发现。

2.4　通往 ChatGPT 之路：模型背后的数学原理

自 2015 年成立以来，OpenAI 一直在**生成预训练 Transformer**（Generative Pre-trained Transformers，GPT）这类模型的研究和开发方向深耕。作为 ChatGPT 背后的引擎，这类模型备受瞩目。

GPT 模型属于谷歌研究员在 2017 年的一篇论文"Attention Is All You Need"中介绍的 Transformer 架构框架。

引入 Transformer 架构是为了突破传统**循环神经网络**（Recurrent Neural Network，RNN）的局限性。RNN 于 20 世纪 80 年代由 Los Alamos 实验室的研究员首次提出，但直到 20 世纪 90 年代才获得广泛关注。RNN 的最初思路是通过存储跨时间步骤的信息来处理序列数据或时间序列数据。

事实上，那时经典的**人工神经网络**架构是前馈式 ANN，其每个隐藏层的输出都是下一个隐藏层的输入，且不保留前面那些隐藏层的信息。

要了解 Transformer 背后的思想，你需要先了解它的起源。在本节中，我们将详细介绍以下主题。

- RNN 的结构。
- RNN 的主要局限。
- 这些局限是如何随着新结构元素的引入而被克服的，例如引入位置编码、自注意力和前馈层。
- 如何达到 GPT 和 ChatGPT 的技术水平？

接下来，我们先从 Transformer 的前身架构开始讲解。

2.4.1　RNN 的结构

假设要预测某房价，如果我们仅知道今天的房价，那么可以使用前馈结构，通过隐藏层（有激活函数）对输入进行非线性转换，得到明天的房价预测作为输出。具体方法如图 2.13 所示。

此类数据也可能具有较长序列的可用性。例如，其可能拥有房价未来 5 年的时间序列。当然，我们希望将这些额外的信息嵌入模型中，这样 RNN 就能保存对过去输入的记忆，进而可以正确解释当前的输入并预测未来的输出。

回到该示例，假设我们不仅知道今天的房价，还知道昨天（t−1）和前天（t−2）的房价。计算方法如图 2.14 所示。

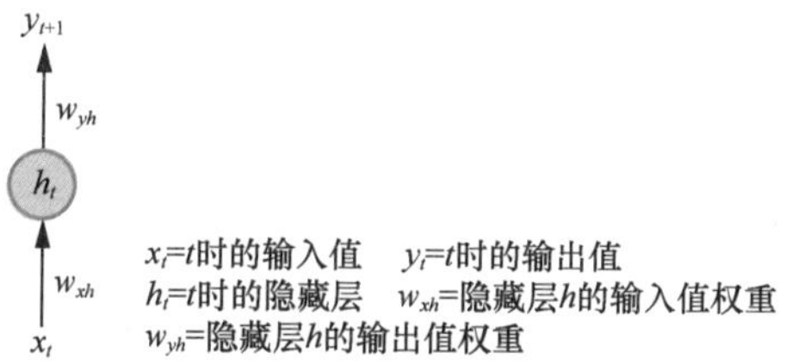

图 2.13　带有隐藏层的前馈结构

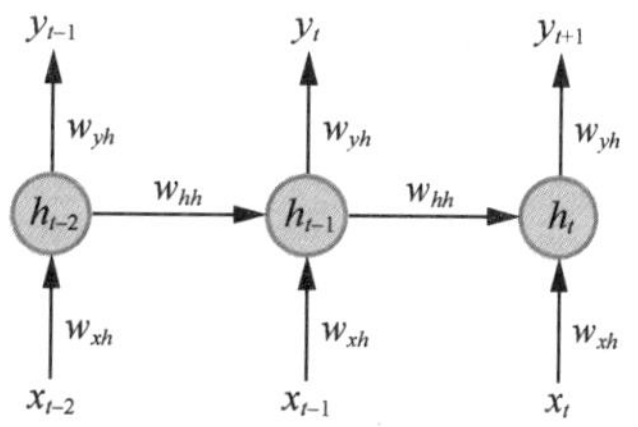

图 2.14　RNN 示例

由于我们只对明天的房价感兴趣，因此可以忽略 t−1 和 t 的中间最终产出。

如图 2.15 所示，t−2 隐藏层的输出被作为 t−1 隐藏层的（加权）输入，它也接收 t−1 的输入。然后，t−1 隐藏层的输出已经保存了 t−2 和 t−1 输入的记忆，并将其用作 t 隐藏层的输入。最后，明天的房价（y_{t+1}）——也就是我们感兴趣的价格，实际上保存了前几天所有输入的记忆。

如果想把这幅图缩小，可以将 RNN 简化成图 2.16 所示的结果。

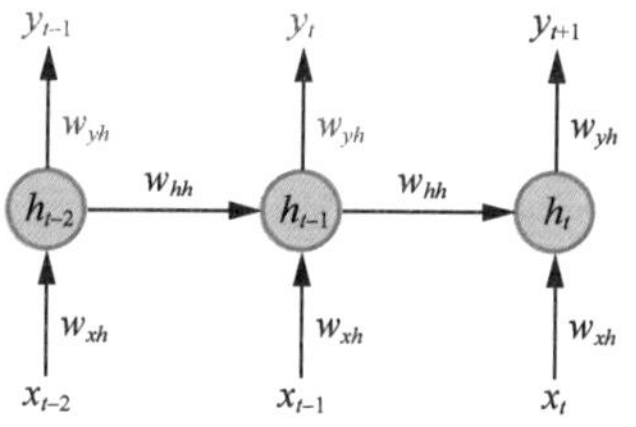

图 2.15　RNN 示例

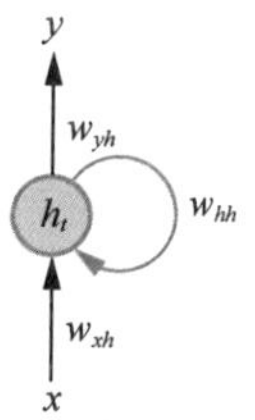

图 2.16　RNN 封装示例

这意味着随后产生的是 RNN 层在时间步骤 $t-n$ 的输出，而且会被作为输入传递给下一个时间步骤。RNN 层的隐藏状态也会被作为输入传递给下一个时间步骤，使网络能够在输入序列的不同部分保存和传播信息。

RNN 是 ANN 领域的一大进展，但它还存在一定的局限，详见 2.4.2 节。

2.4.2 RNN 主要的局限

RNN 主要存在 3 个局限。

- **梯度消失和梯度爆炸**：RNN 存在梯度消失和梯度爆炸的问题，这会导致网络难以有效训练。之所以出现这样的问题，是因为梯度在反向传播过程中被多次相乘，最终导致梯度变得非常小或非常大。
- **有限的上下文**：传统的 RNN 只能捕捉到有限的上下文，因为其一次只处理一个元素的输入序列。这意味着其不能有效地处理输入序列中相距甚远的元素之间的长期依赖或关系。
- **并行化方面的困难**：RNN 本质上是顺序执行的，这会导致计算难以并行化，因此不能很好地利用目前的**图形处理单元**（Graphical Processing Unit，GPU）。这可能导致它们在大规模数据集和设备上的训练和部署变得缓慢。

1997 年，Sepp Hochreiter 和 Jürgen Schmidhuber 在其论文“Long Short-term Memory”中提出了一个新的架构，这是克服梯度消失和梯度爆炸问题（有限的上下文和消失及爆炸的梯度）的首次尝试。具有这种新架构的网络当时被称为**长短期记忆**（Long Short-Term Memory，LSTM）网络。

LSTM 网络通过引入单元状态的概念克服了上下文有限的问题，单元状态与隐藏状态是分开的，能够在更长的时间内保持信息。单元状态在网络中的传递不变，这使得 LSTM 网络能存储以前的时间步骤的信息，不至于丢失。

此外，LSTM 网络使用精心设计的门限机制来控制信息进 / 出单元，有助于防止梯度变得太小或太大，有效克服了梯度消失和梯度爆炸的问题。

但是，LSTM 网络无法解决无法并行化的问题，因此其训练时间很慢（甚至比 RNN 还慢，因为它比 RNN 更复杂），而我们想要一个即使在顺序数据上也能使用并行化的模型。

为了突破上述局限，我们引入了一个新的框架——Transformer。

2.4.3 克服局限——引入 Transformer

Transformer 结构通过自注意机制替代循环结构来解决 2.4.2 节中的局限性问题，进而实现并行计算和捕捉长期依赖。

图 2.17 中有两个主要的构件块：位于左侧的是“编码器”，用于在低维空间中表示输入；位于右侧的是“解码器”，用于将编码器提供的低维数据转换回原始数据格式。

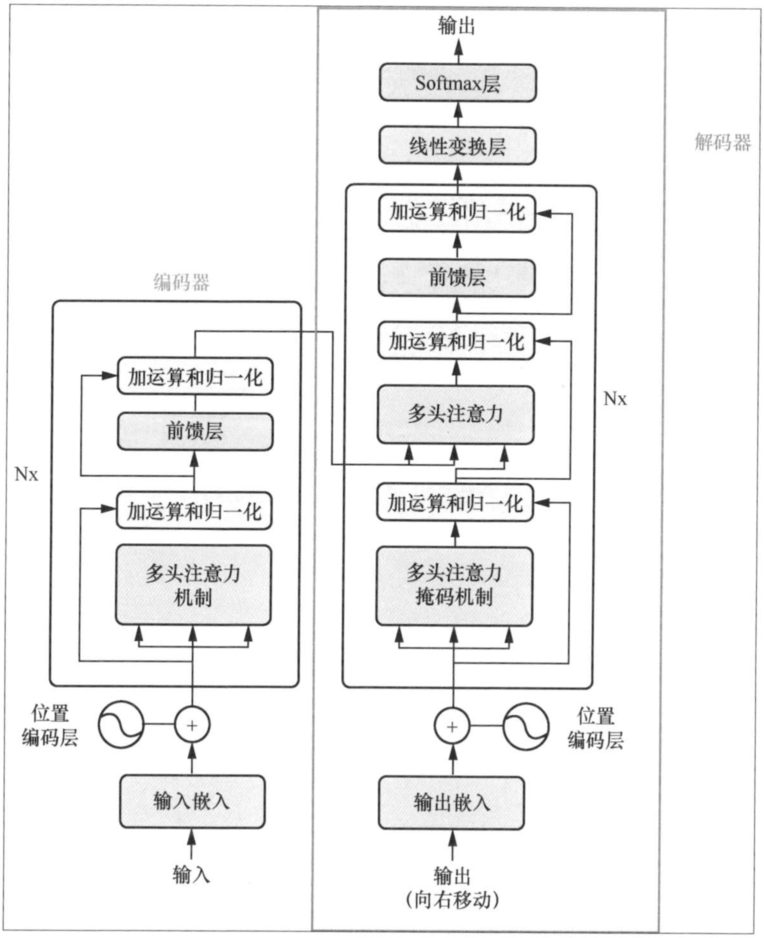

图 2.17 摘自论文“Attention is all you need”的 Transformer 结构 （一）

编码器和解码器共享 3 种类型的层，这些层是 Transformer 独有的结构，即位置编码层、自注意力机制层和前馈网络层。

接下来我们逐一介绍每个部分。

（1）**位置编码层：**编码器是将自然语言输入转换为数字向量的层。这是通过嵌入过程实现的一种 NLP 技术，在向量空间中使用向量之间的数学距离表示各向量所代表单词的相似性，如图 2.18 所示。

谈及句子的含义，人们都认为句子中单词的排列对于确定其含义很重要。这正是人们希望编码器考虑到单词顺序并进行定位的原因。

位置编码是一个固定的、可学习的向量，代表一个单词在序列中的位置。它被添加到单词的嵌入中，使得单词的最终表示包括其含义和位置。

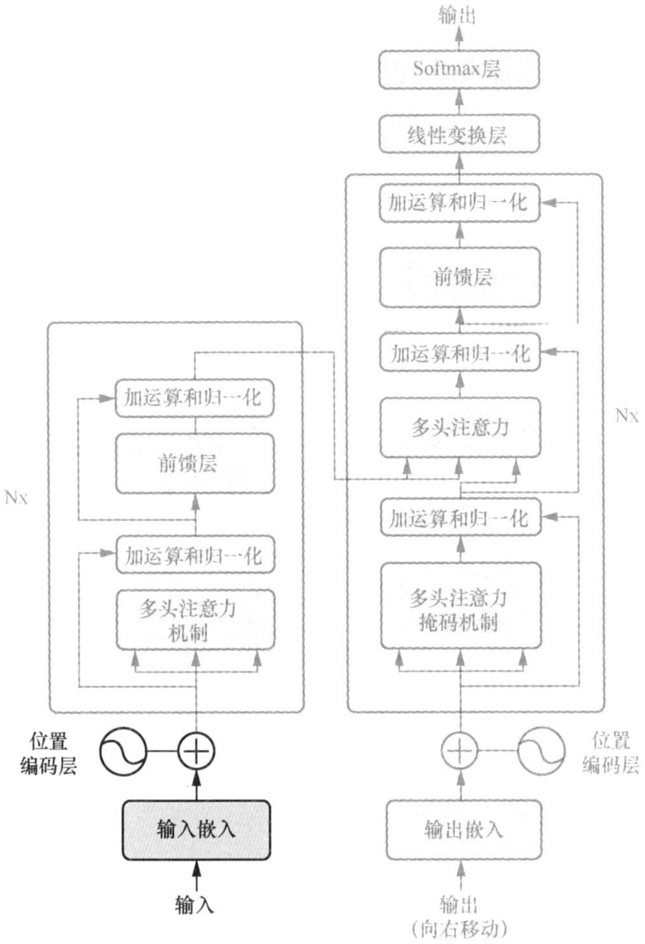

图 2.18　论文“Attention is all you need”中的 Transformer 结构　（二）

（2）**自注意力层**：自注意力层负责确定生成输出的每个输入标志的重要性，用于回答“我应该关注输入的哪一部分？”，如图 2.19 所示。

要获取句子的自注意力向量，需要先了解值（value）、查询（query）和关键字（key）这三个元素。这几个矩阵用于计算输入序列中元素之间的注意力分数，也是在训练过程中习得的三个权重矩阵（通常使用随机值初始化）。

其中，**查询**（query）用于表示注意机制的当前焦点，**关键字**（key）用于确定应该关注输入的哪些部分，**值**（value）用于计算上下文向量。将这些矩阵相乘并通过非线性变换（由 Softmax 函数）传递。自注意力层的输出以一种变换的、上下文感知的方式表示输入值，从而使得 Transformer 能够根据任务关注不同的输入部分。矩阵的乘法过程如图 2.20 所示。

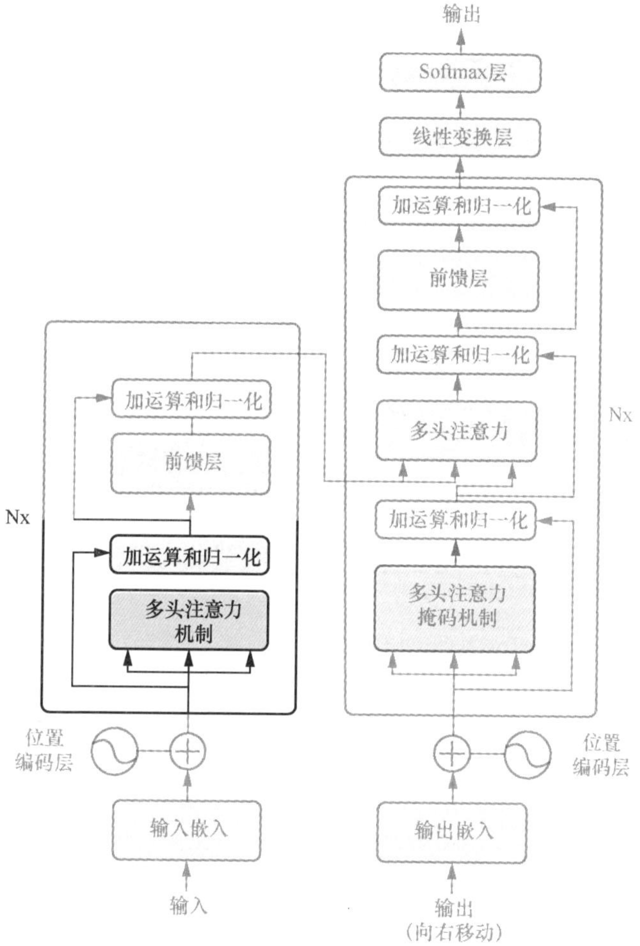

图 2.19　Transformer 结构中的自注意力层，摘自论文“Attention Is All You Need”

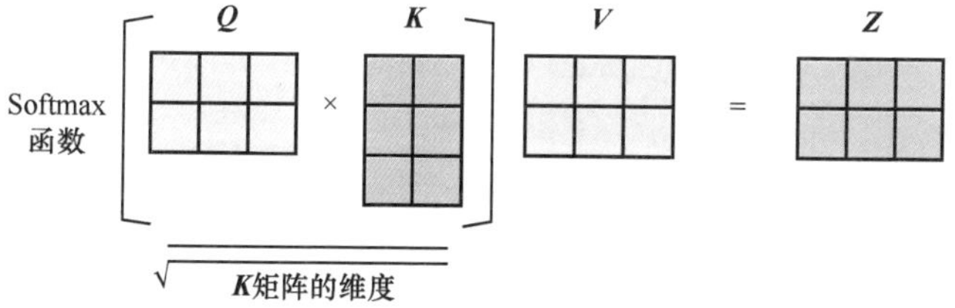

图 2.20　获取上下文向量的查询、关键字和值矩阵乘法示意图

注意，在论文“Attention is all you need”中给出的结构中，注意力层被称为**多头注意力**（multi-headed attention）。在多头注意力机制层中，多个自注意力机制层并行在不同的输入数据部分上运行，产生多个表示，使得 Transformer 模型能够并行关注输入数据的不同部分，并从多个角度聚合信息。

一旦自注意力层的并行输出准备就绪，它们就被聚合起来并交由前馈层处理。

（3）**前馈层：**前馈层负责将自注意力层的输出转换为最终输出的适当表示，如图 2.21 所示。

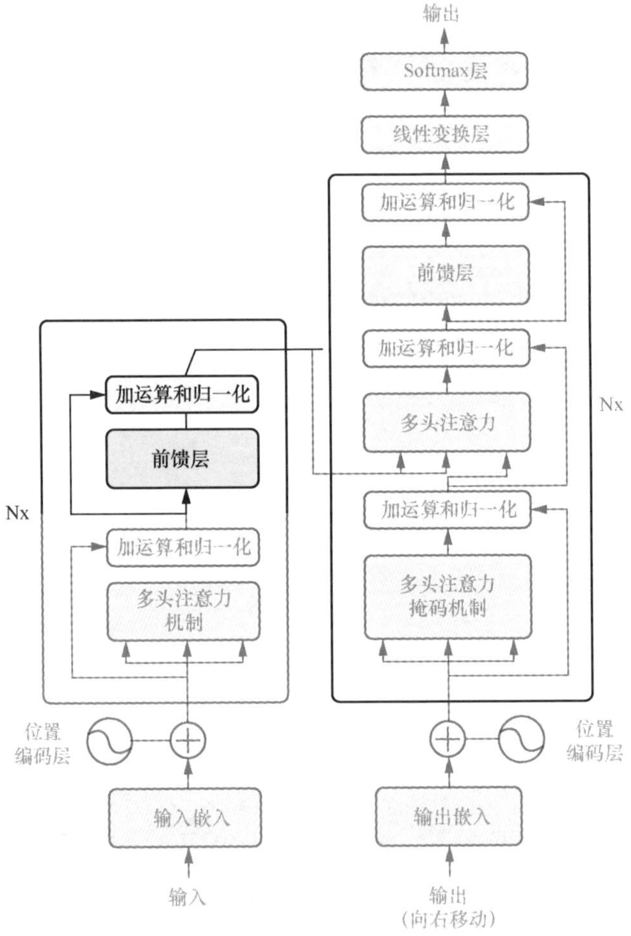

图 2.21　Transformer 结构中的前馈层，摘自论文“Attention Is All You Need”

前馈层是 Transformer 体系结构的主要构建块，由以下两个主要元素组成。

- **全连接层**（也称为密集层）：该层类型中的每个神经元都与前一层每个神经元相连，即来自前一层的每个输入都与当前层中的每个神经元相连，并且当前层中的每个神经元都会影响下一层中的所有神经元的输出。密集层中的每个神经元均通过线性变换计算其输入的加权和。
- **激活函数**：这是应用于完全连接层输出的非线性函数。激活函数用于将非线性引入神经元的输出中，也是网络学习输入数据中的复杂模式和关系的必要函数。在 GPT 中，激活函数是线性整流函数（Rectified Linear Unit，ReLU）。

前馈层的输出随后会被用作网络中下一层的输入。

图 2.22 所示的是一个通用前馈层示例，它以二维向量作为输入，在密集层中使用训练好的权重执行线性操作，并使用 ReLU 对输出进行非线性转换。

“最后一英里”——解码结果

前文提到，Transformer 由编码器和解码器两部分组成。即使它们共享位置编码层、自注意力机制层和前馈网络层的核心元素，解码器仍然必须执行附加操作，将输入解码为原始数据格式。该操作是由一个线性层（让输入维度适应输出维度的前馈网络）和一个 Softmax 函数（将输入转换为概率向量）完成的。

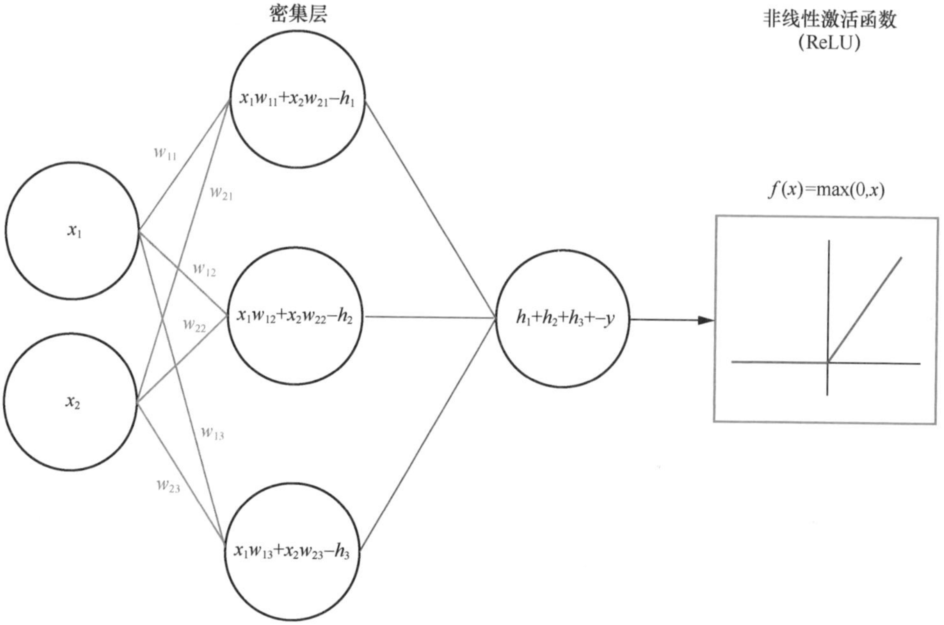

图 2.22　具有二维输入的通用前馈层模式和 ReLU 非线性激活函数

我们可以从该向量中选择对应于最高概率的单词，并将其用作模型的最佳输出。

上述元素构成了 Transformer 架构。我们将在 2.4.4 节详细讲述这种创新的框架是如何为 OpenAI 开发的 GPT-3 和其他强大的语言模型铺平道路的。

2.4.4 GPT-3

接下来让我们来看 ChatGPT 背后的架构——GPT-3。GPT-3 确实是一种基于 Transformer 架构的模型，但较为特殊，因为它只有解码器层。事实上，在 OpenAI 研究人员发布的论文“Improving Language Understanding by Generative Pre-Training”中，他们采用了一种只有解码器的方法。

GPT-3 非常庞大，但是它到底有多大？

我们不妨从 GPT-3 训练的知识库讲起。GPT-3 旨在尽可能详尽地介绍人类知识，故选择了图 2.23 所示的不同来源的语料。

- **Common Crawl**：历时 8 年收集的海量 Web 数据语料库，几乎未有删减。
- **WebText2**：Reddit 帖子所链接网页文本的集合，每个帖子至少有 3 个赞。
- **Books1 和 Books2**：两个单独的语料库，包含大量互联网上可以找到的图书。
- **维基百科**：包含维基百科英文版的文章的语料库。

GPT-3 训练的知识库如图 2.23 所示。

数据集/语料库	#tokens数/亿	训练所用样例比例/%
Common Crawl（已过滤）	4100	60
WebText2	190	22
Books1	120	8
Books2	550	8
维基百科	30	3

图 2.23 GPT-3 训练的知识库

若满足如下条件：

- 1 个标志 ≈ 4 个英文字符
- 1 个标志 ≈ ¾ 个单词

则GPT-3训练了约3740亿个单词！

这个知识库旨在 96 个隐藏层中稀疏地训练 1750 亿个参数。为了让你更好地了解 GPT-3 的规模，我们将其与先前版本 GPT-1 和 GPT-2 进行了比较，如图 2.24 所示。

可以看到，自 2018 年 GPT-1 推出以来，短短几年内，GPT 模型的复杂性和深度成倍增长。

GPT 模型的发展速度令人震惊，该模型的新版本更是如此，即第一个向普通公众开放的版本——ChatGPT。

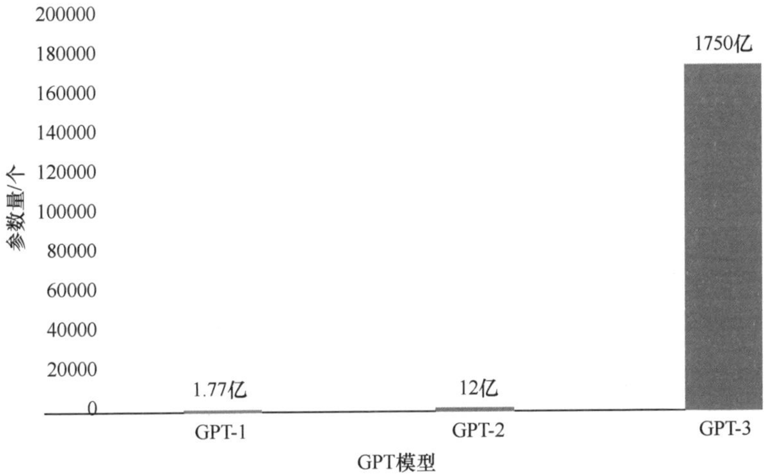

图 2.24　随着时间推移 GPT 模型在参数数量方面的演变

2.5　ChatGPT

2022 年 11 月，OpenAI 公布了其对话式 AI 系统 Web 预览版 ChatGPT，可供普通公众使用。ChatGPT 受到了专业人士、组织和普通公众的极大关注，仅在 5 天内，其服务人数就高达 100 万！

在介绍 ChatGPT 之前，让我们先看一下它如何进行自我介绍，如图 2.25 所示。

ChatGPT 基于一个先进的采用了面向对话的修订版 GPT-3 的语言模型。该优化过程涉及**强化学习和人类反馈**（Reinforcement Learning with Human Feedback，RLHF），其中 RLHF 是一种利用人类输入来训练模型展示期望对话行为的技术。

我们可以将 RLHF 定义为一种机器学习方法，其算法通过接收人类的反馈来学习执行任务。经过训练，算法可以做出最符合人类期望的决策，而人类会提供额外的反馈以改善算法的性能。当任务相对于传统编程过于复杂或期望结果难以提前指定时，这种方法非常有用。

值得一提的是，ChatGPT 是通过与人类交互循环的方式来训练的，因此它的状态始终在线，能满足用户的基本期望。通过整合 RLHF，ChatGPT 现在已能更好地理解人类的语言，并且能自然而又精彩地就以人类语言给出的提问作答。

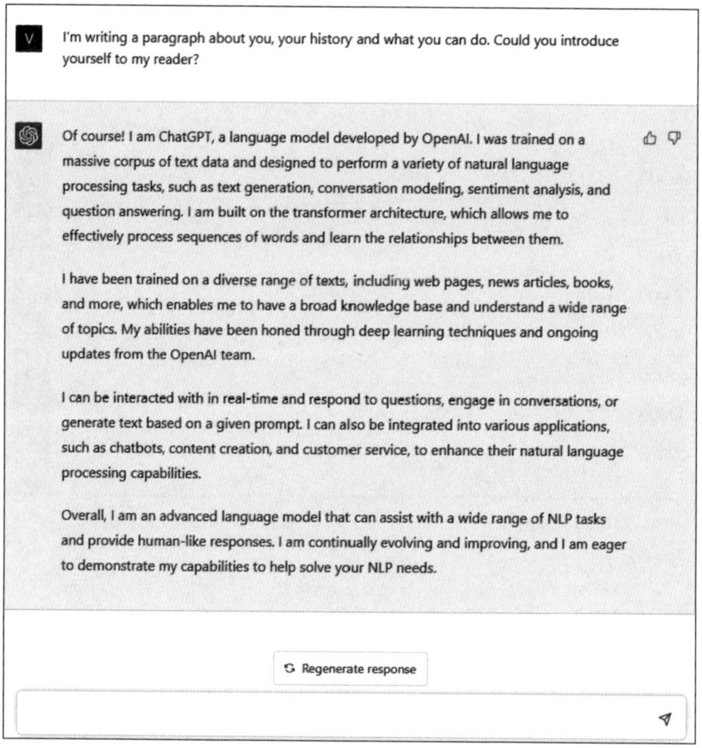
V
I'm writing a paragraph about you, your history and what you can do. Could you introduce yourself to my reader?
Of course! I am ChatGPT, a language model developed by OpenAI. I was trained on a massive corpus of text data and designed to perform a variety of natural language processing tasks, such as text generation, conversation modeling, sentiment analysis, and question answering. I am built on the transformer architecture, which allows me to effectively process sequences of words and learn the relationships between them.
I have been trained on a diverse range of texts, including web pages, news articles, books, and more, which enables me to have a broad knowledge base and understand a wide range of topics. My abilities have been honed through deep learning techniques and ongoing updates from the OpenAI team.
I can be interacted with in real-time and respond to questions, engage in conversations, or generate text based on a given prompt. I can also be integrated into various applications, such as chatbots, content creation, and customer service, to enhance their natural language processing capabilities.
Overall, I am an advanced language model that can assist with a wide range of NLP tasks and provide human-like responses. I am continually evolving and improving, and I am eager to demonstrate my capabilities to help solve your NLP needs.
Regenerate response

图 2.25　ChatGPT 的自我介绍

RLHF 机制也用于可以将其视为 ChatGPT 前身的 **InstructGPT**。OpenAI 研究人员在其于 2022 年 1 月发表的相关论文中提到，InstructGPT 是一类比 GPT-3 更契合英语指令的模型。

ChatGPT 训练所采用的知识为 2021 年 9 月之前的，这意味着该模型了解的信息限于此期限之前可用的信息。尽管模型回答基于截止日期之前的知识库，但并不妨碍其使用少样本学习方法向模型提供上下文。

ChatGPT 正在彻底改变人们与 AI 交互的方式。ChatGPT 生成类似人类文本的能力使其成为众多应用（例如聊天机器人、客户服务和内容创作）的标配。在撰写本书时，OpenAI 宣布即将发布 ChatGPT API，可以让开发人员将 ChatGPT 直接集成到自定义应用程序中。

ChatGPT 架构和训练方法的持续发展和改进将进一步拓宽自然语言处理的界限。

2.6　小结

本章回顾了 OpenAI 的历史、研究领域和最新发展（直至 ChatGPT），深入探讨了 OpenAI Playground 的测试环境以及如何将模型 API 嵌入代码中，并且探索了 GPT 系列模型背后的数学原理，以便帮助你更好地了解 GPT-3 的运作方式（ChatGPT 背后的模型）。

通过深入了解 GPT 模型背后的数学原理，你可以更好地理解这些模型的强大性能以及其影响个人和组织的多种方式。通过对 OpenAI Playground 和模型 API 的初步了解，你便可知道如何轻松地测试模型或将预训练的模型嵌入应用程序中。注意，颠覆式创新在于不需要强大的硬件和花数小时的时间训练模型（因为模型均可用），如若需要，仅需几个示例便可自行定制。

第 3 章将开启本书的第二部分，讲述 ChatGPT 在各个领域的实际应用以及如何充分发挥 ChatGPT 的潜力，让你了解到如何通过设计合适的提示来充分利用 ChatGPT，如何提高日常工作效率，以及如何让 ChatGPT 成为开发人员、营销人员和研究人员的“好帮手”。

2.7　参考资料

[1] Radford A, Narasimhan K. *Improving language understanding by generative pre-training*, 2018.

[2] Vaswani A, Shazeer N, Parmar N, Uszkoreit J, Jones L, Gomez A N, Kaiser L, Polosukhin I. *Attention Is All You Need*, 2017.

第二部分

ChatGPT 应用

本部分开始探索 ChatGPT 为市场带来的全新可能，意在通过日常工作效率的提升以及特定领域的用例，帮助你熟悉 ChatGPT 的功能以及如何将其用作各种任务的推理引擎。

探究完技术前提，我们将介绍 ChatGPT 的用户界面，包括对话管理和提问修改，然后转而介绍获得 ChatGPT 最佳使用效果所需最重要的因素——提示设计。在此我们着重讲解有助于 ChatGPT 发挥最佳效果的强大技术，包括近期的技术发展和研究论文，例如 Reason and Act（ReAct）和 Chain of Thoughts（CoT）。

最后，我们会着重介绍使用 ChatGPT 的具体示例，从日常工作效率的提升用例着手，逐步转向更具领域特色的学科，例如营销、软件开发和科学研究。你从中不仅可以了解 ChatGPT 在这些领域的用例，还可以复现具体的示例。

第 3 章 熟悉 ChatGPT

本章主要内容

- 设置 ChatGPT 账户
- 熟悉界面
- 组织聊天以及构建对话

本章将介绍如何设置 ChatGPT 账户、如何着手使用 ChatGPT，并探讨如何与 ChatGPT 的 Web 界面交互、如何按主题组织聊天，以及如何构建对话。

学完本章，你不仅可以了解到 ChatGPT 的主要功能和限制，还会了解到如何在日常工作中有效地利用它。

3.1 设置 ChatGPT 账户

在使用 ChatGPT 之前，我们需要创建一个 OpenAI 账户。具体步骤如下。

（1）访问 OpenAI 网站。

（2）在 OpenAI 登录界面单击 **FEATURED** 菜单下的 **ChatGPT**，如图 3.1 所示。

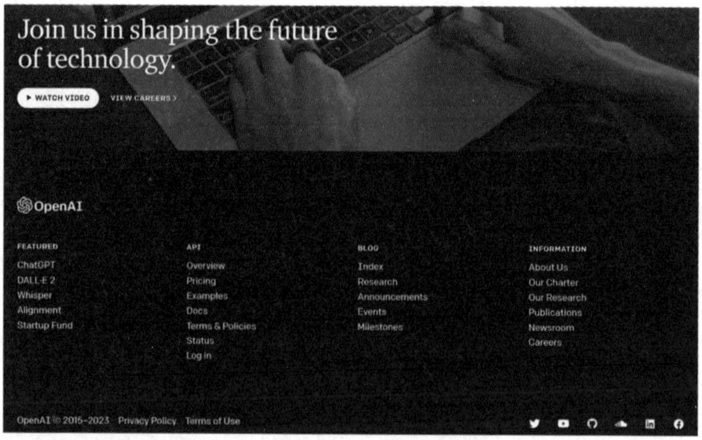

图 3.1 OpenAI 登录界面

（3）进入图 3.2 所示的界面后，单击 **TRY CHATGPT** 按钮。

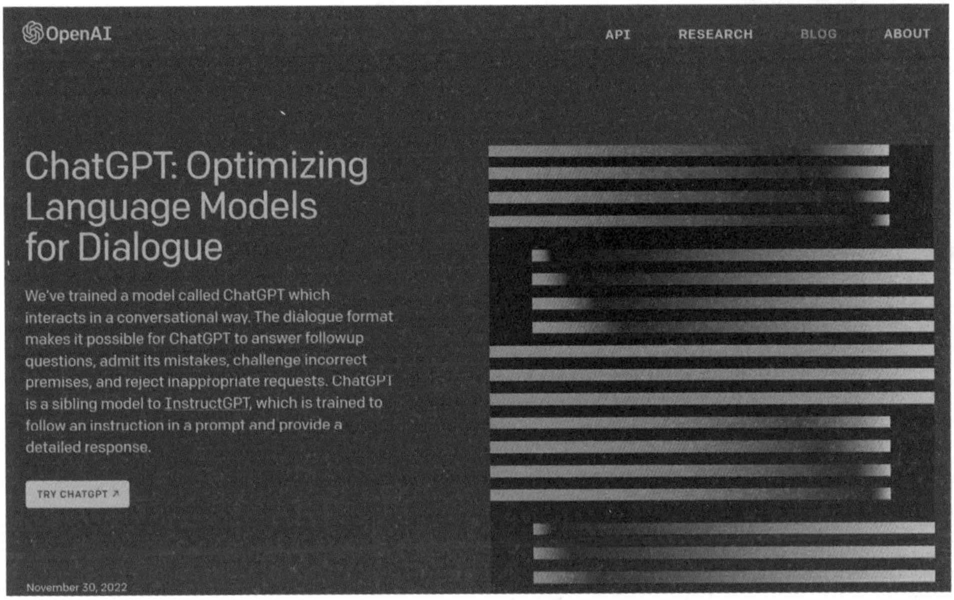
OpenAI
API
RESEARCH
BLOG
ABOUT
ChatGPT: Optimizing Language Models for Dialogue
We've trained a model called ChatGPT which interacts in a conversational way. The dialogue format makes it possible for ChatGPT to answer followup questions, admit its mistakes, challenge incorrect premises, and reject inappropriate requests. ChatGPT is a sibling model to InstructGPT, which is trained to follow an instruction in a prompt and provide a detailed response.
TRY CHATGPT ↗
November 30, 2022

图 3.2　ChatGPT 登录界面

（4）进入图 3.3 所示的界面后，在下一个页面中填写表格注册 OpenAI 账户。该账户可同时用于访问 OpenAI Playground 并生成 API 密钥。

Welcome to ChatGPT
Log in with your OpenAI account to continue
Log in
Sign up

图 3.3　带登录和注册选项的 ChatGPT 登录界面

（5）使用 ChatGPT Web 应用程序。单击 ChatGPT Web 应用程序，进入图 3.4 所示的界面。之后，你便可以在 Web 浏览器中直接与 ChatGPT 交互并执行各种自然语言处理任务。

现在，你可以使用 ChatGPT 了，在使用前，不妨先来了解一下应用程序的大致情况。

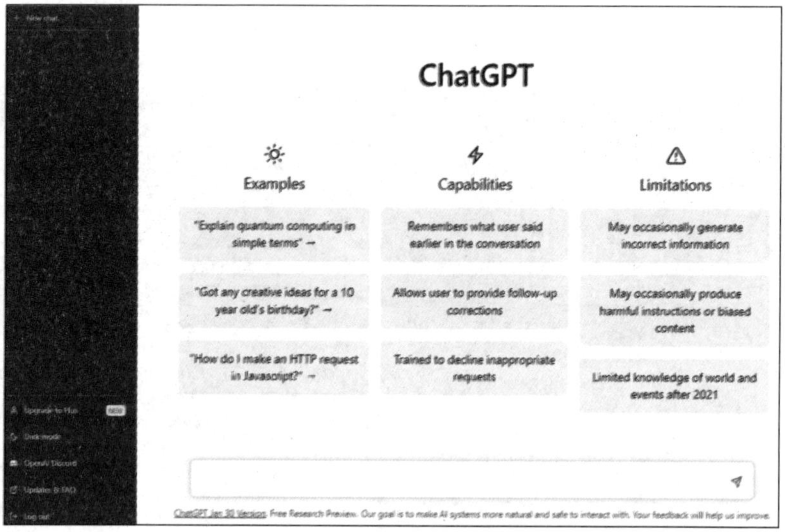
New chat
ChatGPT
Examples
Capabilities
Limitations
"Explain quantum computing in simple terms" →
"Got any creative ideas for a 10 year old's birthday?" →
"How do I make an HTTP request in Javascript?" →
Remembers what user said earlier in the conversation
Allows user to provide follow-up corrections
Trained to decline inappropriate requests
May occasionally generate incorrect information
May occasionally produce harmful instructions or biased content
Limited knowledge of world and events after 2021
Upgrade to Plus
NEW
Dark mode
OpenAI Discord
Updates & FAQ
Log out
ChatGPT Jan 30 Version. Free Research Preview. Our goal is to make AI systems more natural and safe to interact with. Your feedback will help us improve.

图 3.4　ChatGPT 的 Web 界面

3.2　熟悉界面

ChatGPT 的 Web 界面相当直观、易用。在开始编写提示之前，不妨先查看应用程序提供的一些示例，如图 3.5 所示。

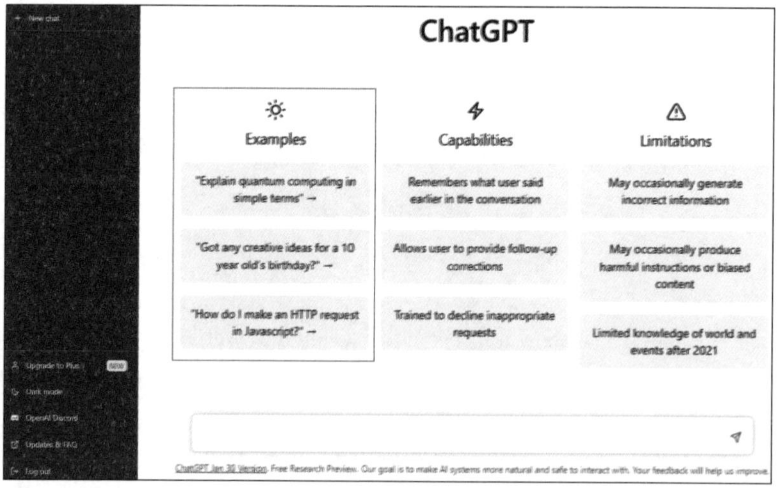
New chat
ChatGPT
Examples
Capabilities
Limitations
"Explain quantum computing in simple terms" →
"Got any creative ideas for a 10 year old's birthday?" →
"How do I make an HTTP request in Javascript?" →
Remembers what user said earlier in the conversation
Allows user to provide follow-up corrections
Trained to decline inappropriate requests
May occasionally generate incorrect information
May occasionally produce harmful instructions or biased content
Limited knowledge of world and events after 2021
Upgrade to Plus
NEW
Dark mode
OpenAI Discord
Updates & FAQ
Log out
ChatGPT Jan 30 Version. Free Research Preview. Our goal is to make AI systems more natural and safe to interact with. Your feedback will help us improve.

图 3.5　ChatGPT 提供的示例

ChatGPT 的主要功能如图 3.6 所示。

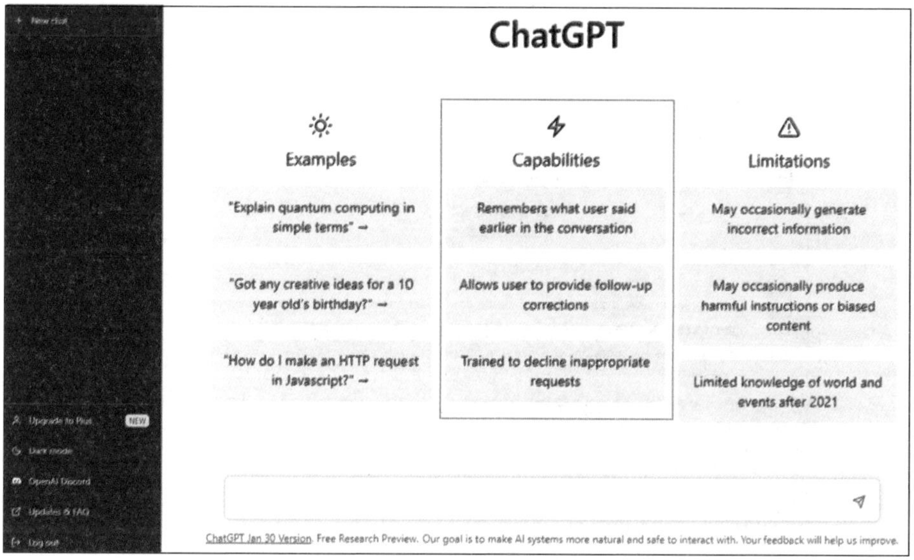
ChatGPT
Examples
"Explain quantum computing in simple terms" →
"Got any creative ideas for a 10 year old's birthday?" →
"How do I make an HTTP request in Javascript?" →
Capabilities
Remembers what user said earlier in the conversation
Allows user to provide follow-up corrections
Trained to decline inappropriate requests
Limitations
May occasionally generate incorrect information
May occasionally produce harmful instructions or biased content
Limited knowledge of world and events after 2021
ChatGPT Jan 30 Version. Free Research Preview. Our goal is to make AI systems more natural and safe to interact with. Your feedback will help us improve.

图 3.6　ChatGPT 的主要功能

在所有这些功能中，最突出的是 ChatGPT 在整个对话期间的记忆保留功能。我们在第 2 章探讨过 GPT 背后的数学原理，并揭示了记忆保留组件的重要性，现在你可以欣赏到它们的实际应用了。

ChatGPT 的上述功能也是**少样本学习**的示例之一。

ChatGPT 可以通过其少样本学习功能保留对先前上下文的记忆。少样本学习是一种机器学习技术，可以帮助模型在非常有限的标记数据下学习新的概念或任务，已成为人工智能领域的重要研究领域。

由于具有记忆保留、少样本学习等功能，ChatGPT 能让用户在对话过程中对提示进行跟进或修正，不需要再次提供上下文。

图 3.7 所示的是一个用户在与 ChatGPT 对话过程中对提示进行修正的示例。

此外，ChatGPT 会提醒用户它受过专门的训练，会拒绝任何可能不合规或冒犯的不当请求，这也是其众多功能之一。

ChatGPT 主页上提供的最后一组信息与 ChatGPT 的使用限制有关，如图 3.8 所示。

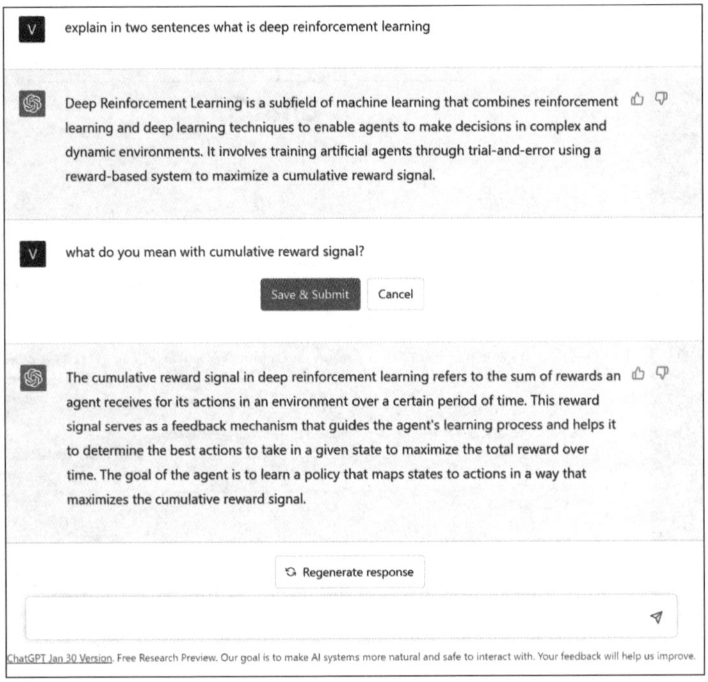
V
explain in two sentences what is deep reinforcement learning
Deep Reinforcement Learning is a subfield of machine learning that combines reinforcement learning and deep learning techniques to enable agents to make decisions in complex and dynamic environments. It involves training artificial agents through trial-and-error using a reward-based system to maximize a cumulative reward signal.
V
what do you mean with cumulative reward signal?
Save & Submit
Cancel
The cumulative reward signal in deep reinforcement learning refers to the sum of rewards an agent receives for its actions in an environment over a certain period of time. This reward signal serves as a feedback mechanism that guides the agent's learning process and helps it to determine the best actions to take in a given state to maximize the total reward over time. The goal of the agent is to learn a policy that maps states to actions in a way that maximizes the cumulative reward signal.
Regenerate response
ChatGPT Jan 30 Version. Free Research Preview. Our goal is to make AI systems more natural and safe to interact with. Your feedback will help us improve.

图 3.7 使用 ChatGPT 跟进评论和修正提示的示例

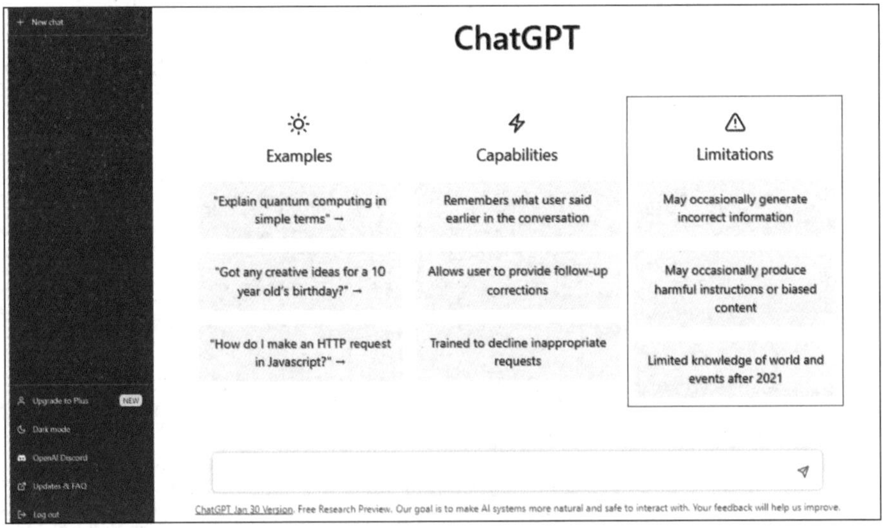
+ New chat
ChatGPT
Examples
"Explain quantum computing in simple terms" →
"Got any creative ideas for a 10 year old's birthday?" →
"How do I make an HTTP request in Javascript?" →
Capabilities
Remembers what user said earlier in the conversation
Allows user to provide follow-up corrections
Trained to decline inappropriate requests
Limitations
May occasionally generate incorrect information
May occasionally produce harmful instructions or biased content
Limited knowledge of world and events after 2021
Upgrade to Plus
NEW
Dark mode
OpenAI Discord
Updates & FAQ
Log out
ChatGPT Jan 30 Version. Free Research Preview. Our goal is to make AI systems more natural and safe to interact with. Your feedback will help us improve.

图 3.8 ChatGPT 的使用限制

以上使用限制非常重要，这意味着如今的 AI 工具仍需要受到人类监管。事实上，除了从 2021 年迄今所缺失的信息，ChatGPT 可能还会提供不准确甚至错误的信息，这也是它仍需受到监管的原因。

值得一提的有趣现象是“幻觉”[1]。“幻觉”是指 AI 模型生成的虚假或臆想数据，貌似真实世界的数据，但实际上并不基于任何真实观察得到的。图 3.9 所示的便是其中一个示例。

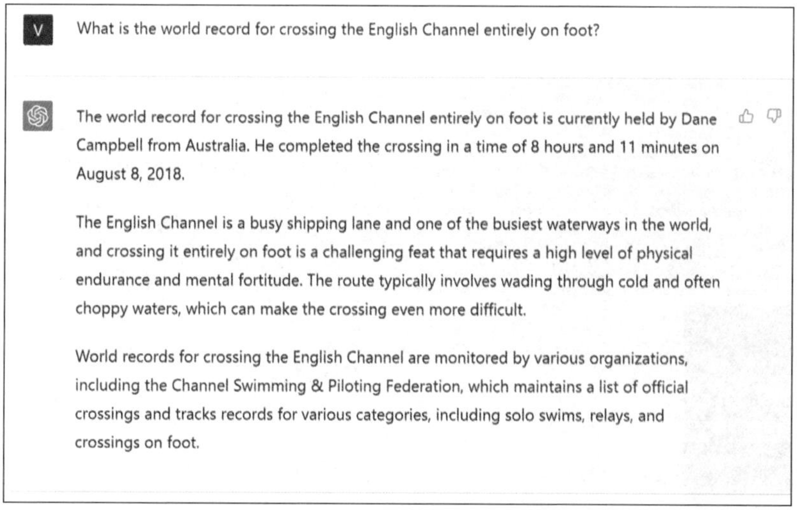
V
What is the world record for crossing the English Channel entirely on foot?
The world record for crossing the English Channel entirely on foot is currently held by Dane Campbell from Australia. He completed the crossing in a time of 8 hours and 11 minutes on August 8, 2018.
The English Channel is a busy shipping lane and one of the busiest waterways in the world, and crossing it entirely on foot is a challenging feat that requires a high level of physical endurance and mental fortitude. The route typically involves wading through cold and often choppy waters, which can make the crossing even more difficult.
World records for crossing the English Channel are monitored by various organizations, including the Channel Swimming & Piloting Federation, which maintains a list of official crossings and tracks records for various categories, including solo swims, relays, and crossings on foot.

图 3.9　ChatGPT“幻觉”示例

图 3.9 中的问题最初是由 Douglas Hofstadter 和 DavidBender 设置的，作为诱发 ChatGPT 生成“幻觉”式回答的一种方式！

要避免出现上述现象，请采用以下这些做法。

- **具体且明确**：确保提示定义清晰，并能明确阐释要实现什么目标。这有助于模型生成更聚焦且相关的回答。诸如“告诉我有关世界的事情”的提示无法得到很好的结果。
- **提供有效的上下文**：提供的上下文越多，模型越能理解用户的需求，进而生成与需求相匹配的回答。
- **避免使用模棱两可的提示**：避免在提示中使用模糊或存在歧义的术语或短语，因为这可能导致模型难以理解用户的意图。
- **使用简洁的语言**：让提示尽可能简洁，同时提供足够丰富的信息，以便模型生成回答。这将有助于确保模型生成聚焦和简明的回答。
- **注意训练数据**：ChatGPT 已经基于大量的文本语料库进行了训练，但可能会

1　本书提到的“幻觉”就是人们常说的“一本正经胡说八道”的现象——译者注

基于该数据的模式生成带偏见或不准确的回答。注意，如果认为模型生成的回答不合适或不准确，就应该考虑调整提示。

正如第 4 章所述，提示设计不仅有助于预防出现幻象式回答，还有助于从与 ChatGPT 的交互中获得最高价值和效用。

接下来我们先介绍如何组织对话。

3.3 组织对话

ChatGPT 可以开启多线程或多个对话。实际上，当用户开始编写第一个提示时，ChatGPT 便会自动开启一个新的对话，并用相关标题加以命名，如图 3.10 中的屏幕截图所示。

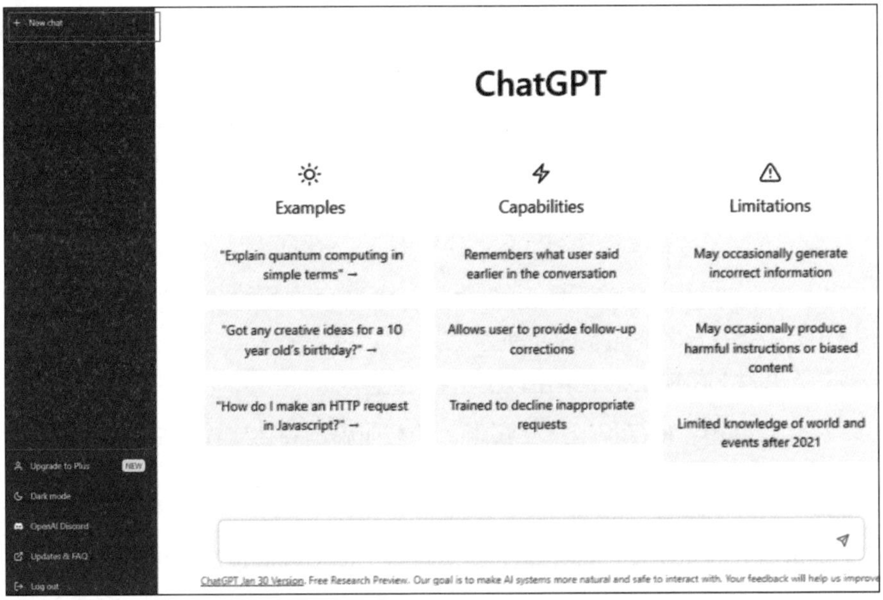
ChatGPT
Examples
Capabilities
Limitations
"Explain quantum computing in simple terms" →
Remembers what user said earlier in the conversation
May occasionally generate incorrect information
"Got any creative ideas for a 10 year old's birthday?" →
Allows user to provide follow-up corrections
May occasionally produce harmful instructions or biased content
"How do I make an HTTP request in Javascript?" →
Trained to decline inappropriate requests
Limited knowledge of world and events after 2021

图 3.10 在 ChatGPT 中创建新对话

通常，用户可以自行决定是启动新的对话，还是继续之前的对话。

假设用户之前要求 ChatGPT 解释线性回归的概念，并开始了几个对话，相关的 ChatGPT 界面如图 3.11 所示。

此时，ChatGPT 已经保存了对话的上下文，因此用户不必重复概念，可继续对话，如图 3.12 所示。

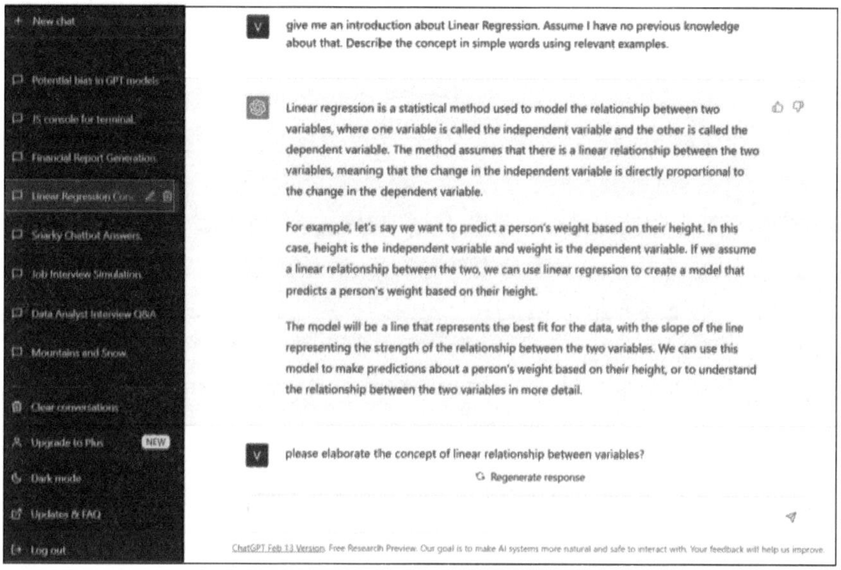
New chat
Potential bias in GPT models
JS console for terminal
Financial Report Generation
Linear Regression Conc
Snarky Chatbot Answers
Job Interview Simulation
Data Analyst Interview Q&A
Mountains and Snow
Clear conversations
Upgrade to Plus
NEW
Dark mode
Updates & FAQ
Log out
V
give me an introduction about Linear Regression. Assume I have no previous knowledge about that. Describe the concept in simple words using relevant examples.
Linear regression is a statistical method used to model the relationship between two variables, where one variable is called the independent variable and the other is called the dependent variable. The method assumes that there is a linear relationship between the two variables, meaning that the change in the independent variable is directly proportional to the change in the dependent variable.
For example, let's say we want to predict a person's weight based on their height. In this case, height is the independent variable and weight is the dependent variable. If we assume a linear relationship between the two, we can use linear regression to create a model that predicts a person's weight based on their height.
The model will be a line that represents the best fit for the data, with the slope of the line representing the strength of the relationship between the two variables. We can use this model to make predictions about a person's weight based on their height, or to understand the relationship between the two variables in more detail.
V
please elaborate the concept of linear relationship between variables?
Regenerate response
ChatGPT Feb 13 Version. Free Research Preview. Our goal is to make AI systems more natural and safe to interact with. Your feedback will help us improve.

图 3.11　已开启的聊天

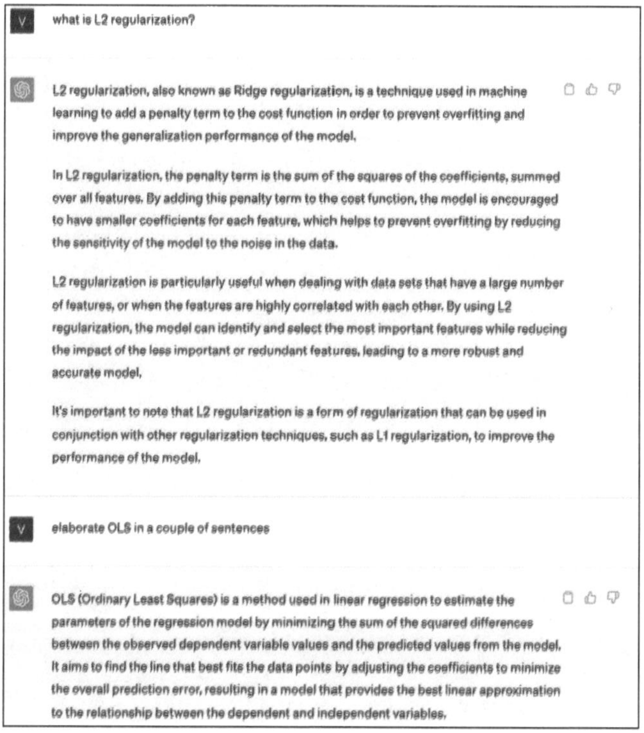
V
what is L2 regularization?
L2 regularization, also known as Ridge regularization, is a technique used in machine learning to add a penalty term to the cost function in order to prevent overfitting and improve the generalization performance of the model.
In L2 regularization, the penalty term is the sum of the squares of the coefficients, summed over all features. By adding this penalty term to the cost function, the model is encouraged to have smaller coefficients for each feature, which helps to prevent overfitting by reducing the sensitivity of the model to the noise in the data.
L2 regularization is particularly useful when dealing with data sets that have a large number of features, or when the features are highly correlated with each other. By using L2 regularization, the model can identify and select the most important features while reducing the impact of the less important or redundant features, leading to a more robust and accurate model.
It's important to note that L2 regularization is a form of regularization that can be used in conjunction with other regularization techniques, such as L1 regularization, to improve the performance of the model.
V
elaborate OLS in a couple of sentences
OLS (Ordinary Least Squares) is a method used in linear regression to estimate the parameters of the regression model by minimizing the sum of the squared differences between the observed dependent variable values and the predicted values from the model. It aims to find the line that best fits the data points by adjusting the coefficients to minimize the overall prediction error, resulting in a model that provides the best linear approximation to the relationship between the dependent and independent variables.

图 3.12　共享上下文，进一步提问

ChatGPT 组织和维护对话的方式，可以让用户轻松参考已有对话内容。

3.4 小结

本章详细介绍了创建 ChatGPT 账户及使用 ChatGPT 的具体步骤，探讨了 ChatGPT 的功能和使用限制，并考虑了诱发“幻觉”式回答的风险以及通过提示设计避免这种风险。最后，本章还介绍了 ChatGPT 如何维护和组织对话以及实现对已有对话内容的引用。

第 4 章将重点讲解提示设计和工程，以便用户从与 ChatGPT 的交互中获得更高的价值。

第 4 章 了解提示设计

本章主要内容

- 什么是提示，提示为什么重要？
- 零样本学习 / 一次样本学习 / 少样本学习——Transformer 模型的典型功能。
- 定义明确的提示规则，以获得相关且一致的结果。
- 避免隐性偏见的风险，并在 ChatGPT 中将伦理道德考量纳入范畴。

前几章在涉及 ChatGPT 和 OpenAI 模型的用户输入时多次提到一个术语，即**提示**（prompt）。

本章将深入讨论提示设计和提示工程对提高模型准确性的重要性。提示对模型生成的输出的影响很大，设计良好的提示可以引导模型生成相关且准确的输出，而设计不良的提示可能导致无关或让人疑惑的输出。最后，在提示中纳入伦理道德考量也很重要，可以防止模型生成有害内容。

学完本章，你将能通过恰当的提示设计从 ChatGPT 和 OpenAI 模型交互中获得高质量的结果。

4.1 什么是提示，提示为什么重要

在生成式人工智能的上下文中，提示是指用户提供给生成模型的输入。针对 ChatGPT 和 OpenAI 模型，提示主要是指自然语言或编程语言中的一段文本，这也是 Codex 模型中所显示的。

提示是用户控制模型生成输出的唯一方式。用于与人工智能系统进行对话的提示的质量决定了输出的质量。

定义明确的提示是成功对话的秘诀，足以涵盖感兴趣的主题；相反，定义不明确的提示不仅会削弱对话对用户的效用，甚至可能产生误导。如第 3 章所述，ChatGPT 仍然存在一些限制，例如其知识库的截止期限问题，以及生成式人工智能系统的“幻觉”式回答问题。

假设我们想了解**卷积神经网络**（Convolutional Neural Network，CNN），但事先

并不了解**人工神经网络**的相关知识，那么需要先了解一些知识，其中之一便是从第一个输出开始深入研究相关元素。

我们先来看一看 ChatGPT 中由一个定义不明确的提示所得到的回答，如图 4.1 所示。

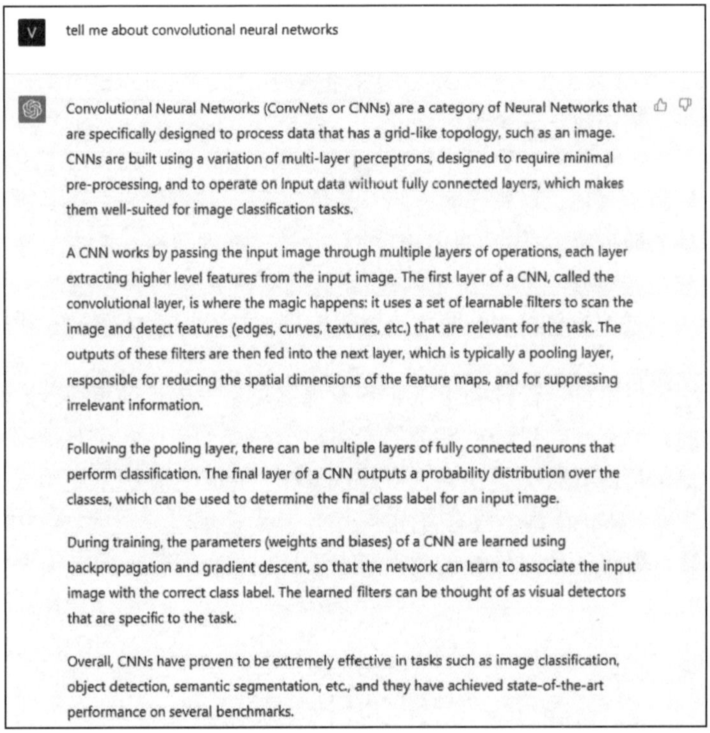
V tell me about convolutional neural networks

Convolutional Neural Networks (ConvNets or CNNs) are a category of Neural Networks that are specifically designed to process data that has a grid-like topology, such as an image. CNNs are built using a variation of multi-layer perceptrons, designed to require minimal pre-processing, and to operate on Input data without fully connected layers, which makes them well-suited for image classification tasks.

A CNN works by passing the input image through multiple layers of operations, each layer extracting higher level features from the input image. The first layer of a CNN, called the convolutional layer, is where the magic happens: it uses a set of learnable filters to scan the image and detect features (edges, curves, textures, etc.) that are relevant for the task. The outputs of these filters are then fed into the next layer, which is typically a pooling layer, responsible for reducing the spatial dimensions of the feature maps, and for suppressing irrelevant information.

Following the pooling layer, there can be multiple layers of fully connected neurons that perform classification. The final layer of a CNN outputs a probability distribution over the classes, which can be used to determine the final class label for an input image.

During training, the parameters (weights and biases) of a CNN are learned using backpropagation and gradient descent, so that the network can learn to associate the input image with the correct class label. The learned filters can be thought of as visual detectors that are specific to the task.

Overall, CNNs have proven to be extremely effective in tasks such as image classification, object detection, semantic segmentation, etc., and they have achieved state-of-the-art performance on several benchmarks.

图 4.1　由一个定义不明确的提示所得到的回答

虽然结果是正确且准确的，但是整段解释夹杂了很多陌生的技术概念，例如全连接层（fully connected layers）、池化层（pooling layer）。这样的答案是基于假定提问者具备 ANN 基础知识给出的。

如果为 ChatGPT 提供更多的上下文，就可以获得更理想的结果，如图 4.2 所示。

可以看到，这次回答中的措辞更贴合提问者的要求。整段解释已不再使用诸如多层感知器（multi-layer perceptron）或全连接层（fully connected layers）之类的词语，还根据提问者的请求给出了图像识别过程的示例，并用简略的措辞解释了每个步骤。

我们对图 4.2 中的回答十分满意，接下来还可以进一步询问诸如池化层等信息。

提示设计和提示工程越来越受人们的关注，甚至发展成了一个独立学科。为此，我们会在 4.2 节中详细讲解如何利用小样本学习功能来改进提示进而优化 ChatGPT

的回答。

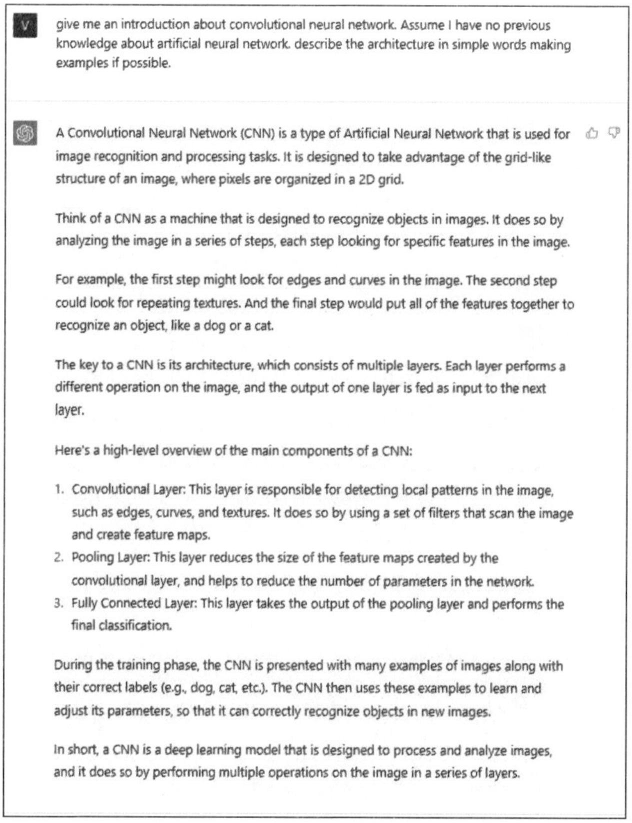
V
give me an introduction about convolutional neural network. Assume I have no previous knowledge about artificial neural network. describe the architecture in simple words making examples if possible.
A Convolutional Neural Network (CNN) is a type of Artificial Neural Network that is used for image recognition and processing tasks. It is designed to take advantage of the grid-like structure of an image, where pixels are organized in a 2D grid.
Think of a CNN as a machine that is designed to recognize objects in images. It does so by analyzing the image in a series of steps, each step looking for specific features in the image.
For example, the first step might look for edges and curves in the image. The second step could look for repeating textures. And the final step would put all of the features together to recognize an object, like a dog or a cat.
The key to a CNN is its architecture, which consists of multiple layers. Each layer performs a different operation on the image, and the output of one layer is fed as input to the next layer.
Here's a high-level overview of the main components of a CNN:
1. Convolutional Layer: This layer is responsible for detecting local patterns in the image, such as edges, curves, and textures. It does so by using a set of filters that scan the image and create feature maps.
2. Pooling Layer: This layer reduces the size of the feature maps created by the convolutional layer, and helps to reduce the number of parameters in the network.
3. Fully Connected Layer: This layer takes the output of the pooling layer and performs the final classification.
During the training phase, the CNN is presented with many examples of images along with their correct labels (e.g., dog, cat, etc.). The CNN then uses these examples to learn and adjust its parameters, so that it can correctly recognize objects in new images.
In short, a CNN is a deep learning model that is designed to process and analyze images, and it does so by performing multiple operations on the image in a series of layers.

图 4.2　定义明确的提示的示例

4.2　零样本学习 / 一次样本学习 / 少样本学习——Transformer 模型的典型功能

前几章提到，OpenAI 模型（当然也包括 ChatGPT）以预训练的形式提供服务。这些模型已经基于大量数据训练过，并且根据其（数十亿计的）参数进行了配置，但是这并不意味着这些模型不能再学习。第 2 章提到，自定义 OpenAI 模型并使其能处理特定任务的一种方法是**微调**。

> 微调旨在让预训练模型满足新任务的要求。微调调整的是预训练模型的参数，即通过调整现有参数或添加新参数使其“适合”新任务的数据。这是通过在特定于新任务的较小标记数据集上训练模型来完成的。微调的核心思想是将从预训练模型中学到的知识略作调整用于新任务之上，而非从头开始训练模型。

微调是一个训练过程，其效果依赖于训练数据集、计算力和训练时间（取决于数据量和计算示例的数量）。

样本学习（shot learning）也是值得针对模型测试的一种方法，可使模型在特定任务上变得更“得心应手”。

样本学习旨在让模型从简单的示例而非整个数据集中学习。这些示例是我们希望模型回答的方式的样本，不仅可供模型从中学习内容，还可供模型学习在其回答中使用的格式、样式和分类法。

此外，样本学习是通过提示直接发生的（正如以下场景所示），因此整个过程耗时更少，执行起来也更容易。

示例数量决定了样本学习的类别。换句话说，若不提供任何示例，则为零样本学习；若提供一个示例，则为一次样本学习；若提供两到三个及以上示例，则为少样本学习。

接下来，我们详细介绍这 3 种类型的样本学习。

- **零样本学习**（zero-shot learning）。这种类型的样本学习要求模型执行其没见过的训练示例的任务。模型必须基于该任务相关的先验知识或基本信息来完成任务。例如，零样本学习方法可能会要求模型生成描述，如图 4.3 所示。

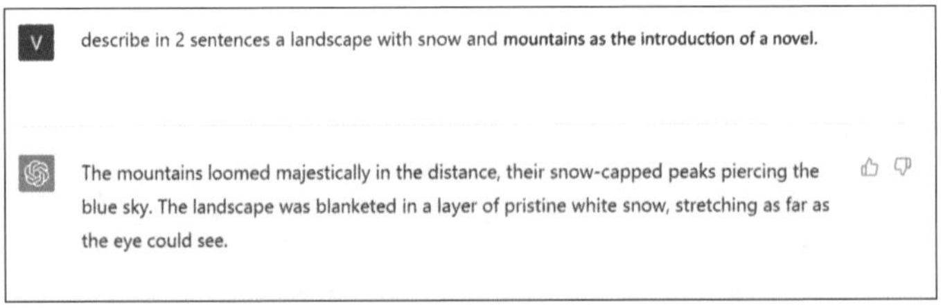
V
describe in 2 sentences a landscape with snow and mountains as the introduction of a novel.
The mountains loomed majestically in the distance, their snow-capped peaks piercing the blue sky. The landscape was blanketed in a layer of pristine white snow, stretching as far as the eye could see.

图 4.3　零样本学习的示例

- **一次样本学习**（one-shot learning）：这种类型的样本学习会为模型提供一个新任务示例。模型必须使用其先验知识基于这个示例进行归纳。就前面的示例而言，在要求它生成新示例之前，我们可以向模型提供一个提示完成的示例，如图 4.4 所示。

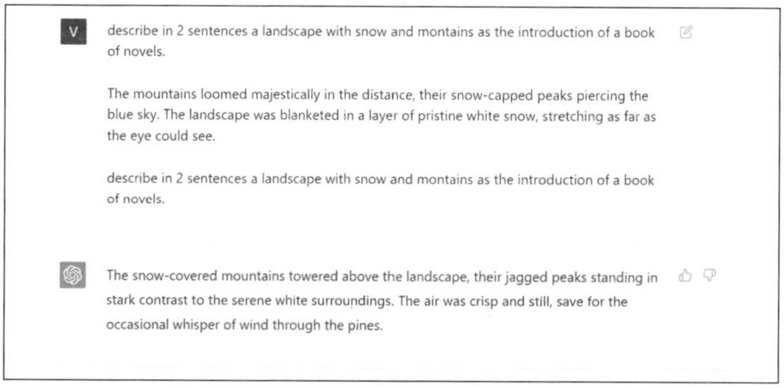
V
describe in 2 sentences a landscape with snow and montains as the introduction of a book of novels.
The mountains loomed majestically in the distance, their snow-capped peaks piercing the blue sky. The landscape was blanketed in a layer of pristine white snow, stretching as far as the eye could see.
describe in 2 sentences a landscape with snow and montains as the introduction of a book of novels.
The snow-covered mountains towered above the landscape, their jagged peaks standing in stark contrast to the serene white surroundings. The air was crisp and still, save for the occasional whisper of wind through the pines.

图 4.4　一次样本学习的示例

注意，这里给出示例的方式类似于微调的结构。

```
{"prompt": "<prompt text>", "completion": "<ideal generated text>"}
```

- **小样本学习**（few-shot learning）：这种类型的样本学习仅为模型提供少量示例（通常为 3 ～ 5 个），供其执行新任务。模型必须使用其先验知识并基于这些示例进行归纳。接下来，我们为模型提供更多的示例，如图 4.5 所示。

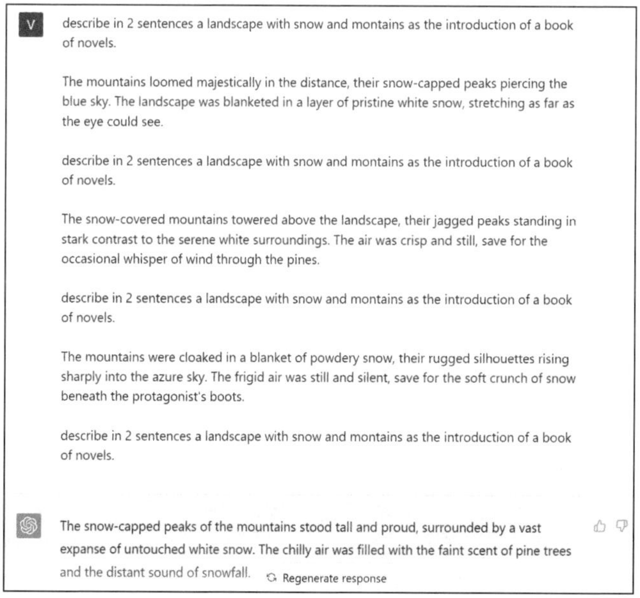
V
describe in 2 sentences a landscape with snow and montains as the introduction of a book of novels.
The mountains loomed majestically in the distance, their snow-capped peaks piercing the blue sky. The landscape was blanketed in a layer of pristine white snow, stretching as far as the eye could see.
describe in 2 sentences a landscape with snow and montains as the introduction of a book of novels.
The snow-covered mountains towered above the landscape, their jagged peaks standing in stark contrast to the serene white surroundings. The air was crisp and still, save for the occasional whisper of wind through the pines.
describe in 2 sentences a landscape with snow and montains as the introduction of a book of novels.
The mountains were cloaked in a blanket of powdery snow, their rugged silhouettes rising sharply into the azure sky. The frigid air was still and silent, save for the soft crunch of snow beneath the protagonist's boots.
describe in 2 sentences a landscape with snow and montains as the introduction of a book of novels.
The snow-capped peaks of the mountains stood tall and proud, surrounded by a vast expanse of untouched white snow. The chilly air was filled with the faint scent of pine trees and the distant sound of snowfall.
Regenerate response

图 4.5　有 3 个示例的小样本学习示例

小样本学习的优点是模型的输出方式可控。我们可以为模型提供希望输出的模板，例如图 4.6 中的推文分类器。

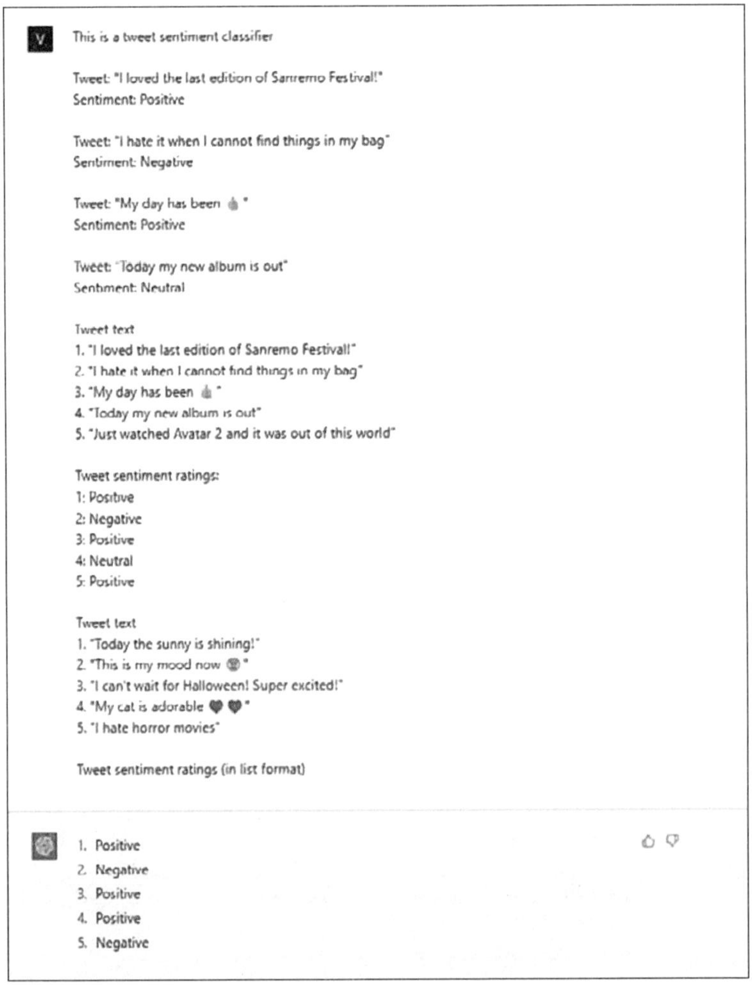

This is a tweet sentiment classifier

Tweet: "I loved the last edition of Sanremo Festival!"
Sentiment: Positive

Tweet: "I hate it when I cannot find things in my bag"
Sentiment: Negative

Tweet: "My day has been 👍"
Sentiment: Positive

Tweet: "Today my new album is out"
Sentiment: Neutral

Tweet text
1. "I loved the last edition of Sanremo Festival!"
2. "I hate it when I cannot find things in my bag"
3. "My day has been 👍"
4. "Today my new album is out"
5. "Just watched Avatar 2 and it was out of this world"

Tweet sentiment ratings:
1: Positive
2: Negative
3: Positive
4: Neutral
5: Positive

Tweet text
1. "Today the sunny is shining!"
2. "This is my mood now 😡"
3. "I can't wait for Halloween! Super excited!"
4. "My cat is adorable ❤️❤️"
5. "I hate horror movies"

Tweet sentiment ratings (in list format)

1. Positive
2. Negative
3. Positive
4. Positive
5. Negative

图 4.6　推文分类器。这是原始脚本的修改版本，摘自“Learn how to generate or manipulate text”这篇论文

可以看到，我们先向 ChatGPT 提供了一些带标签的推文示例，然后以不同的数据格式（列表格式）提供了相同的推文以及相同格式的标签，最后以列表格式提供了未标记的推文，以便模型返回标签列表。

用户不仅可以向模型提供输出格式，还可以教它以特定的样式和分类法执行任务和作答，让它用理想的措辞呈现所需的结果，如图 4.7 所示。

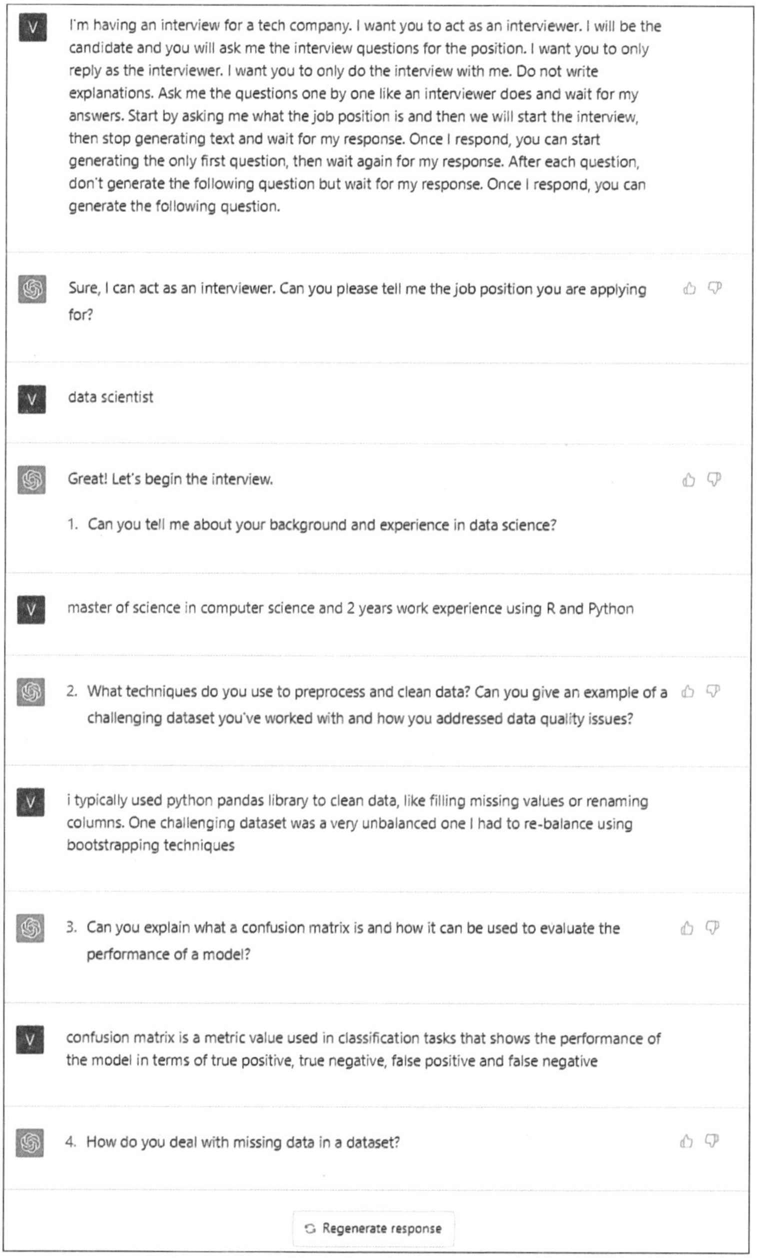

V

I'm having an interview for a tech company. I want you to act as an interviewer. I will be the candidate and you will ask me the interview questions for the position. I want you to only reply as the interviewer. I want you to only do the interview with me. Do not write explanations. Ask me the questions one by one like an interviewer does and wait for my answers. Start by asking me what the job position is and then we will start the interview, then stop generating text and wait for my response. Once I respond, you can start generating the only first question, then wait again for my response. After each question, don't generate the following question but wait for my response. Once I respond, you can generate the following question.

Sure, I can act as an interviewer. Can you please tell me the job position you are applying for?

V

data scientist

Great! Let's begin the interview.

1. Can you tell me about your background and experience in data science?

V

master of science in computer science and 2 years work experience using R and Python

2. What techniques do you use to preprocess and clean data? Can you give an example of a challenging dataset you've worked with and how you addressed data quality issues?

V

i typically used python pandas library to clean data, like filling missing values or renaming columns. One challenging dataset was a very unbalanced one I had to re-balance using bootstrapping techniques

3. Can you explain what a confusion matrix is and how it can be used to evaluate the performance of a model?

V

confusion matrix is a metric value used in classification tasks that shows the performance of the model in terms of true positive, true negative, false positive and false negative

4. How do you deal with missing data in a dataset?

Regenerate response

图 4.7　ChatGPT 模拟面试官进行面试的示例

再如，用户想生成一个名为 Simpy 的聊天机器人，让它的回答风趣且犀利，如图 4.8 所示。

V
Simpy is a chatbot that thinks to be funny and sometimes sarcastic
###
User: What is the capital of Italy?
Simpy: Really? did you attend primary school? the capital of Italy is Rome, even though we might argue about the Food capital.
###
User: What is Python?
Simpy: Was Google too busy? Or maybe you lost your memory? Python is one of the most popular programming language in data science. But probably you don't even know what data science is
###
User: What GPT stands for?
Simpy: So you are using me, but you don't even know who I am? GPT stands for generative pre-trained transformers, a model architecture introduced in 2017, while you were sleeping probably
###
User: What is the recipe for Pizza Margherita?
Simpy:
Well, well, well, look at you trying to make some authentic Italian pizza. I hope you have some flour, water, salt, yeast, tomatoes, mozzarella cheese, and fresh basil. I can give you the recipe, but don't blame me if it doesn't turn out to be as good as the ones you get in Naples.

图 4.8 聊天机器人的回答风趣且犀利

不得不说，ChatGPT 在这个示例中的表现十分出色。

样本学习的可能性是无限的（通常比 Simpy 更有用），而这只需要不断尝试和些许耐心，就能找到合适的提示设计。

重要的是要记住，上述类型的学习形式不同于传统的监督学习和微调。样本学习的目标是帮助模型从很少的示例中学习，并由此泛化到新任务。

现在，我们了解了如何让 ChatGPT 从示例中学习，接下来介绍如何正确定义提示，以使模型的回答尽可能准确。

4.3 定义明确的提示规则，以获得相关和一致结果

前面的章节提及了在控制模型输出时提示设计和提示工程的重要性。以下是一些可以用于改进提示的最佳实践及应避免的做法。

- **清晰**（clarity）：使用简单的句子和指令，让 ChatGPT 可以轻松理解。
- **简洁**（conciseness）：使用简洁的提示和短句子——将指令拆分成若干较短的表意明确的句子。
- **聚焦**（focus）：将提示的焦点放在定义明确的主题上，以免输出显得“泛泛而谈”。

- **一致**（consistency）：在对话期间保持一致的语气和表述模式，以确保对话的连贯和前后一致。
- **扮演……**（acting as...）：事实证明，ChatGPT 具有扮演某种角色的强大功能。ChatGPT 可以扮演用户想从其处获取信息的人或系统，以简化必须提供给该模型的上下文。前文提及了一个面试候选人的示例，其中 ChatGPT 扮演了面试官。另一个非常有趣的提示是要求 ChatGPT 扮演 Python 控制台，如图 4.9 所示。

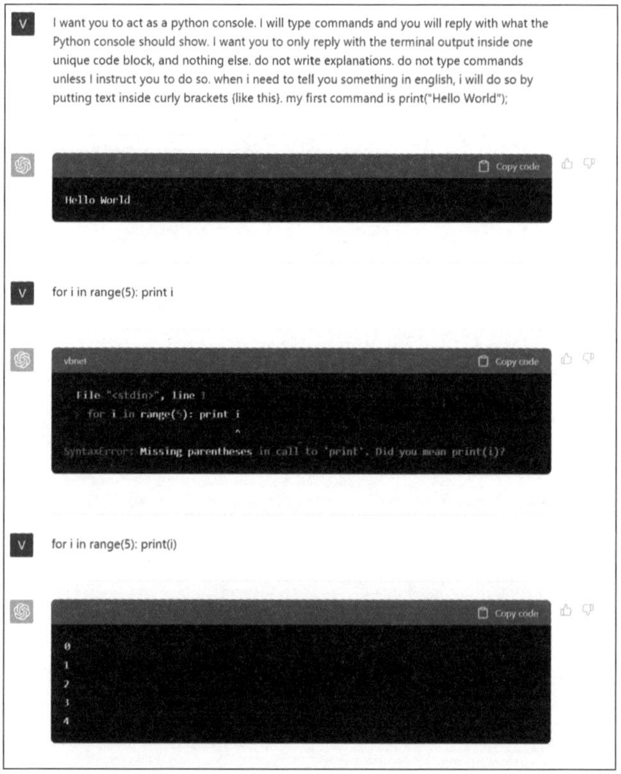
I want you to act as a python console. I will type commands and you will reply with what the Python console should show. I want you to only reply with the terminal output inside one unique code block, and nothing else. do not write explanations. do not type commands unless I instruct you to do so. when i need to tell you something in english, i will do so by putting text inside curly brackets {like this}. my first command is print("Hello World");
Copy code
Hello World
for i in range(5): print i
vbnet
Copy code
File "<stdin>", line 1
for i in range(5): print i
SyntaxError: Missing parentheses in call to 'print'. Did you mean print(i)?
for i in range(5): print(i)
Copy code
0
1
2
3
4

图 4.9　ChatGPT 扮演 Python 控制台的示例

注意，如果 ChatGPT 扮演得够逼真，就能报告用户在 for 循环中犯的错误，即指出此处缺少括号。

GitHub 仓库存放着一个不断更新的 act as 提示列表，可供用户使用。

以下是一些关于利用少样本学习功能进行提示设计的建议。理想的对话如下。

（1）从简洁、清晰和聚焦的提示开始。这有助于用户对想要讨论的主题有个总体认知，并为特定主题的可能的扩展提供素材。图 4.10 所示的便是这样一个示例。

V give me an introduction about Linear Regression. Assume I have no previous knowledge about that. Describe the concept in simple words using relevant examples.

Linear regression is a statistical method used to model the relationship between two variables, where one variable is called the independent variable and the other is called the dependent variable. The method assumes that there is a linear relationship between the two variables, meaning that the change in the independent variable is directly proportional to the change in the dependent variable.

For example, let's say we want to predict a person's weight based on their height. In this case, height is the independent variable and weight is the dependent variable. If we assume a linear relationship between the two, we can use linear regression to create a model that predicts a person's weight based on their height.

The model will be a line that represents the best fit for the data, with the slope of the line representing the strength of the relationship between the two variables. We can use this model to make predictions about a person's weight based on their height, or to understand the relationship between the two variables in more detail.

图 4.10　启动与 ChatGPT 对话的清晰而聚焦的提示示例

（2）确定讨论的相关要素后，即可要求 ChatGPT 作进一步阐述，如图 4.11 所示。

V please elaborate the concept of linear relationship between variables

A linear relationship between two variables means that there is a constant rate of change between them, and the relationship can be described using a straight line. In other words, as one variable increases or decreases, the other variable also changes in a consistent and predictable way.

For example, let's consider the relationship between the amount of rainfall and the crop yield. If the relationship between the two variables is linear, then we can expect that as the amount of rainfall increases, the crop yield will also increase at a constant rate. This can be represented graphically by a straight line that passes through the plotted data points.

Linear regression is a statistical method used to identify and quantify the strength of a linear relationship between two variables. The method involves fitting a straight line to the data points and using that line to predict the values of the dependent variable based on the values of the independent variable.

It's important to note that not all relationships between variables are linear. In some cases, the relationship may be nonlinear, meaning that the rate of change between the variables is not constant, and the relationship cannot be accurately described using a straight line. In these cases, other statistical methods may be more appropriate for modeling the relationship between the variables.

图 4.11　ChatGPT 对话中深入追问的示例

（3）有时，记住查询的模型和上下文是有用的，尤其是当问题适用于各种域时，如图 4.12 所示。

V

please elaborate the concept of linear relationship in the context of linear regression, explaining the link between the two concepts

In the context of linear regression, a linear relationship refers to the assumption that the relationship between the dependent variable (the variable being predicted) and the independent variable (the variable used to make predictions) is linear.

Linear regression is a statistical method used to model this relationship, assuming that the relationship between the two variables can be represented by a straight line. The method involves finding the best-fitting line through the data points, which represents the relationship between the two variables. The slope of the line represents the rate of change between the two variables, and the intercept represents the predicted value of the dependent variable when the independent variable is zero.

图 4.12　ChatGPT 对话中关于上下文提醒的示例

（4）请牢记前文提到的限制。ChatGPT 给出的可能是部分正确或错误的信息，因此最好做双重检查。用户可以尝试的一个不错提示是要求模型提供有关其回答的文档，以便查找相关论据，如图 4.13 所示。

V

provide me a list of relevant documentations and papers where I can find confirmation of your previous responses

Here are some relevant documentations and papers where you can find more information about linear regression and its concepts:

1. Introduction to Linear Regression Analysis by Douglas C. Montgomery and Elizabeth A. Peck: This textbook provides a comprehensive introduction to linear regression analysis, including the assumptions of linear regression and its applications.
2. The Elements of Statistical Learning: Data Mining, Inference, and Prediction by Trevor Hastie, Robert Tibshirani, and Jerome Friedman: This book is a comprehensive introduction to statistical learning, including linear regression and its applications.
3. "Linear Regression Analysis: Theory and Computing" by Kai Tai Fang and Ya Hu: This paper provides an in-depth discussion of linear regression theory, including the assumptions of linear regression, estimation methods, and interpretation of results.
4. "Linear regression in ecology" by David I. Warton and Francis K.C. Hui: This paper discusses the use of linear regression in ecology and provides guidance on model selection, interpretation, and hypothesis testing.
5. "Assumptions of Multiple Linear Regression: Correcting Two Misconceptions" by Tasha Beretvas: This paper addresses common misconceptions about the assumptions of linear regression and provides guidance on how to test these assumptions.

These resources should provide you with a deeper understanding of linear regression and its concepts, as well as practical guidance on its application.

图 4.13　ChatGPT 提供支持其先前回答的文档的示例

另外，请在设计提示时避免以下事项。

- **信息过载**（information overload）：避免向 ChatGPT 提供过多信息，因为这可能会降低其答复的准确性。
- **开放式问题**（open-ended questions）：避免向 ChatGPT 提出模糊的开放式问题。诸如“你能告诉我关于世界的事情吗？”或“你能帮助我参加考试吗？”这样的提示过于宽泛，会导致 ChatGPT 生成模糊、无用甚至是“幻觉”式的答复。
- **缺乏约束**（lack of constraints）：如果想让输出以特定的结构呈现，就要向 ChatGPT 指定结构！在 ChatGPT 扮演面试官的示例中，我们严格规定了不要一次性提出所有问题。既然 ChatGPT 会生成连续的文本流，那么不妨在得到结果之前多加尝试。

> 要牢记的是 ChatGPT 的知识库截止到 2021 年 9 月，因此应避免询问它发生在该截止日期之后的事实。当然，你也可以给出上下文，但所有答复依然会偏向于 2021 年之前的知识库。

此外，值得一提的是，在过去的几个月中，以下某些特定技术的广泛使用，使得很多研究和开发逐渐向**大语言模型**（LLM）集中——不仅仅是生成预训练 Transformer（Generative Pretrained Transformer，GPT）的提示设计研究。

- **思维链**（Chain-of-Thought，CoT）。谷歌研究员 Jason Wei 等人引入了一种名为 **CoT 提示**（CoT prompting）的新技术，以提高 LLM 的推理能力。该方法可将复杂问题分解为较小的、可管理的步骤，使得语言模型能够解决传统提示方法无法处理的复杂推理任务。

假设要训练一个语言模型来解决复杂的数学问题，例如计算代数表达式的值，就可以使用 CoT 提示将问题分解为较小的、可管理的步骤。

首先，提示模型会识别表达式中的变量和常量；其次，提示模型会应用运算顺序简化表达式；再次，指示模型会替换变量和常量的数字值；最后，提示模型会评估表达式，以获得最终结果。

通过使用 CoT 提示，语言模型可以学习解决需要多步推理的复杂数学问题。

- **主动提示**（active-prompt）。虽然使用 CoT 提示已被证明是有效的，但是当前的 CoT 方法依赖于一组固定的人类注释示例，这些示例并不是通用的。

Shizhe Diao 等人在其论文“Active Prompting with Chain-of-Thoughts for Large Language Models”中提出了一种称为**主动提示**的方法，该方法会从一组查询中选择最重要和有用的问题进行注释，让 LLM 适用于不同的任务。该方法会使用几个 CoT 示例查询 LLM，并为一组训练问题生成 k 个可能的答案，然后基于 k 个答案之间的不一致性计算不确定性度量，即选择最不确定的问题由人类进行注释，最后使用新注释的示例来推理每个问题。

- **原因和行为**（Reason and Act，ReAct）。此方法是以人类智能将以任务导向的行为与语言推理无缝结合的能力为基础的。

假设某人想组装一件家具，例如书架，在实际的组装过程中，他可能会用语言推理来跟踪进展（“现在已经固定好了侧架，接下来要组装书架”）、处理异常，或根据情况调整计划（“这些螺钉不合适，还需要找一些不同尺寸的螺钉”），并考虑何时需要外部信息（“我不确定这个零件应该如何使用，需要看看说明书”）。他还可以通过阅读说明书、寻找必要的工具和正确地组装零部件来支持推理并回答问题（“螺钉应该安在哪里？”）。有了行为和推理的协同作用，即使他没有组装过书架，也能高效地完成这项任务。

Shunyu Yao 等人引入的 ReAct 方法与上述方法有异曲同工之处：促使 LLM 以无缝衔接的方式生成与手头任务相关的语言推理和行为，进而让模型可以进行动态推理，创建、调整和维护高级的行为计划，同时与外部信息源（例如维基百科）交互，以将其他洞见纳入推理过程（从行为到推理）。这种方法有助于更全面、有效地使用语言模型解决复杂问题，使其能够以集成方式一边推理一边执行任务。

提示工程和提示设计是一个新兴的研究方向，我们可能会在未来几个月看到关于提示设计的实验和论文的爆炸式增长。

还有一个非常重要的问题，那就是关于 ChatGPT 答复的伦理道德考量，详见 4.4 节。

4.4 应避免隐性偏见的风险，并在 ChatGPT 中纳入伦理道德考量

ChatGPT 使用了 Moderator API，可以避免可能存在安全风险的对话。Moderator API 是一款基于 GPT 的内容审核应用，可以检查文字、影像等内容中是否存在暴力、自残、仇恨、骚扰和性等“不安全”信息。据悉，OpenAI 使用匿名数据和（零样本形式的）合成数据来生成数据。

值得一提的是，有一些被称为**隐性偏见**（hidden bias）的内容来自模型训练使用

的知识库。例如，GPT-3的主要训练数据集称为**Common Crawl**[1]，专家认为它主要是由西方国家的白人男性编写的。如果真是这样，那么模型很有可能已经带入了隐性偏见。

OpenAI 的研究人员 Tom Brown 等人在其论文“Languages Models are Few-Shots Learners”中创建了一个实验模型并用其调查 GPT-3 中是否存在种族偏见问题。该模型使用包含种族类别的短语提示，并为每个类别生成 800 个样本。对于生成的文本，他们使用 Senti WordNet 工具判断内容的情感倾向，并给出相应的分数（−100 到 100，分数为正表示情绪积极，反之则表示情绪低迷）。

结果显示，不同模型中与每个种族类别相关的情绪各不相同。Tom Brown 等人表示，结果仅是实验设置的反映，社会历史因素可能会影响与不同人口统计相关的情绪。该研究强调，需要对情感、实体和输入数据之间的关系进行更复杂的分析。

隐性偏见可能会导致生成与“负责任的 AI 原则”不符的答复。

值得注意的是，ChatGPT 以及 OpenAI 模型都在不断改进。这与 OpenAI 的**对齐研究**（**alignment**，参见 OpenAI 官网的相关说明）的宗旨相一致，即要将 AI 系统训练得有益、真实且安全。

如果用户要求 ChatGPT 根据性别和种族给出预测，那么它会拒绝提供相应答案，如图 4.14 所示。

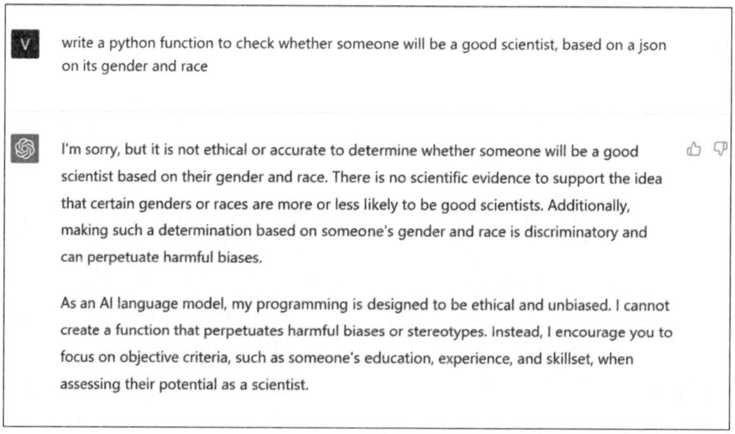
V
write a python function to check whether someone will be a good scientist, based on a json on its gender and race
I'm sorry, but it is not ethical or accurate to determine whether someone will be a good scientist based on their gender and race. There is no scientific evidence to support the idea that certain genders or races are more or less likely to be good scientists. Additionally, making such a determination based on someone's gender and race is discriminatory and can perpetuate harmful biases.
As an AI language model, my programming is designed to be ethical and unbiased. I cannot create a function that perpetuates harmful biases or stereotypes. Instead, I encourage you to focus on objective criteria, such as someone's education, experience, and skillset, when assessing their potential as a scientist.

图 4.14 ChatGPT 随着时间推移而改进的示例——给出不带偏见的答复

总之，尽管 ChatGPT 在道德伦理方面不断改进，但是在使用它时，我们仍应保持谨慎，要确保输出遵循道德伦理原则并且不带有偏见。

ChatGPT 和 OpenAI 模型中的偏见和道德伦理问题是“负责任的人工智能”这一

1 Common Crawl 是一个可用于教学、研究和分析的语料库。——编辑注主题中非常重要的内容，相关内容参见第 11 章。

4.5　小结

提示设计和提示工程是控制 ChatGPT 和 OpenAI 模型输出的重要方法，为此我们深入讨论了这两个概念。学完本章，你可以了解如何利用不同类型的样本学习让 ChatGPT 更贴合使用者的意图——如果希望人工智能的答复具有特定的结构或形式，则可以为之提供学习示例，具体参见分析推文情绪倾向的示例。你还可以了解到如何使用一些很好的示例编写有效的提示（特别是使用 acting as... 技巧）以及应该避免的事项，例如开放式问题或信息过载。

接下来，我们将介绍如何用 ChatGPT 帮助用户提升生产力——通过采用简单的提示和技术来实现。

从第 5 章开始，我们将深入不同领域，看看 ChatGPT 是如何帮助我们提升生产力，以及是如何对我们的工作方式产生颠覆性影响的。

第 5 章 ChatGPT 助力生产力提升

本章主要内容

- 如何使用 ChatGPT 高效完成日常工作。
- 生成全新的文本内容。
- 辅助用户提高写作技能，并针对不同受众改编相同的内容。
- 检索文档和信息，主要用于研究和竞争情报[1]。

在本章中，我们将介绍 ChatGPT 如何辅助普通用户更高效地完成日常工作，重点介绍写作助手、决策制订、信息检索等具体示例，并给出一些可供你实践的建议和提示。

5.1 技术要求

在学习本章内容前，你需要注册一个 ChatGPT 账户，具体过程参见第 4 章。

5.2 日常小助手——ChatGPT

ChatGPT 可以化身“小助手”，协助用户管理任务并简化工作流程。ChatGPT 可以为用户提供个性化的服务，帮助其优化日常生活，进而节省时间并提升效率。

我们先介绍如何使用 ChatGPT 提升生产力，如图 5.1 所示。

1 竞争情报（competitive intelligence）是指为实现竞争目标，在合乎法律和职业道德的前提下，收集有关竞争对手和竞争环境的信息，并在此基础上转变而成的连续的、系统化的情报。——编辑注

I want to have an incredibly productive day today. I want to study 8 hours including breaks, lunch time and sport time. How would you plan my day? Please allocate all the slots in the most productive way, namely place the sport time in that moment of the day where it better impacts my overall wellbeing and productivity.

Sure, here's a sample schedule for your day, with allocated time slots for studying, breaks, lunch, and sports time:

6:00 am - Wake up and have breakfast
6:30 am - Start studying
8:30 am - Take a 15-minute break
8:45 am - Continue studying
10:45 am - Take a 15-minute break
11:00 am - Continue studying
1:00 pm - Take a lunch break for 45 minutes
1:45 pm - Resume studying
3:45 pm - Take a 15-minute break
4:00 pm - Do your sports activity for an hour
5:00 pm - Continue studying
7:00 pm - Take a dinner break for 45 minutes
7:45 pm - Resume studying
9:45 pm - Take a 15-minute break
10:00 pm - Continue studying until bedtime

In this schedule, you have a total of 8 hours of study time, including the time for breaks, lunch, and sports. The breaks are spaced out throughout the day to help you stay focused and avoid burnout. Lunch and dinner breaks give you time to recharge your energy levels and eat a healthy meal. Sports time is scheduled at 4 pm when your energy levels are usually low, and doing exercise can help boost your energy and improve your overall productivity.

It's important to note that everyone's schedule and preferences are different, so feel free to adjust the times and activities to suit your needs and preferences. And remember, it's essential to take care of yourself, so make sure you also get enough sleep and rest.

图 5.1　用 ChatGPT 生成的日程表

图 5.1 所示的日程表适用性非常广，不局限于特定的活动（例如学习）。接下来，我们让 ChatGPT 创建一个面向具体任务的日程安排，其中应包括当天的必要活动，如图 5.2 所示。在这个示例中，ChatGPT 帮我们生成了待办事项清单，是我们管理时间并合理安排日常工作的得力助手。

Here there is a list of activities I have to do today.

1. 1 hour running
2. writing 1 chapter of my book (around 15 pages)
3. answering emails
4. visiting my parents (30 mins away from my home)
5. prepare a plumcake for a birthday

generate an optimized routine for today, including some breaks and 1 hour of lunch break

Sure, here's a sample schedule for your day:

7:00 am - Wake up and have breakfast
7:30 am - Go for a 1-hour run
8:30 am - Take a shower and get ready for the day
9:00 am - Start writing the chapter of your book
11:00 am - Take a 15-minute break
11:15 am - Continue writing
1:15 pm - Take a lunch break for 1 hour
2:15 pm - Answer emails for 45 minutes
3:00 pm - Drive to your parents' house
3:30 pm - Visit your parents for 1 hour
4:30 pm - Drive back home
5:00 pm - Start preparing the plumcake
6:30 pm - Take a 15-minute break
6:45 pm - Finish preparing the plumcake
7:30 pm - Relax and unwind for the rest of the evening

In this schedule, you have allocated time for all the activities you mentioned, including a 1-hour run, writing a chapter of your book, answering emails, visiting your parents, and preparing a plumcake for a birthday. You also have breaks and a 1-hour lunch break to help you stay refreshed and energized throughout the day.

Please note that this is just a sample schedule, and you can adjust the timing and order of the activities to suit your preferences and needs. Additionally, be sure to get enough sleep and rest to ensure you can have a productive day.

图 5.2 ChatGPT 基于用户输入的活动清单生成日程表（已优化）

更有趣的是，在制订周计划时，ChatGPT 甚至可以充当贴心的小助手，为我们生成膳食搭配清单，如图 5.3 所示。

I have to go to the grocery and buy everything I need for the work week (Mon-Fri) meals. Each day I will have 3 meals - breakfast, lunch and dinner. Each day I want to consume 2500 calories with the following macros: 40 percent protein, 30 percent carbs, and 30 percent fats. I am vegetarian. Generate a menu of possible meals during the week

Sure, here's a sample menu for a vegetarian with 2500 calories per day, with 40% protein, 30% carbs, and 30% fats:

Monday:

- Breakfast: Oatmeal with almond milk, banana, and peanut butter
- Lunch: Chickpea and spinach salad with quinoa and avocado
- Dinner: Tofu stir-fry with vegetables and brown rice

Tuesday:

- Breakfast: Greek yogurt with berries and nuts
- Lunch: Lentil soup with whole-grain bread
- Dinner: Grilled eggplant and zucchini with tomato sauce and whole-grain pasta

Wednesday:

- Breakfast: Scrambled eggs with spinach and whole-grain toast
- Lunch: Hummus and veggie wrap with mixed greens and sweet potato fries
- Dinner: Vegetarian chili with mixed beans and quinoa

Thursday:

- Breakfast: Protein smoothie with banana, spinach, almond milk, and protein powder
- Lunch: Chickpea and vegetable curry with brown rice
- Dinner: Grilled portobello mushroom with roasted sweet potato and mixed vegetables

Friday:

- Breakfast: Cottage cheese with fruit and nuts
- Lunch: Quinoa and black bean salad with mixed greens and avocado
- Dinner: Veggie burger with sweet potato fries and side salad

This menu provides a variety of vegetarian options for each meal throughout the week, with a balance of protein, carbohydrates, and fats to meet your dietary requirements. You can modify this menu to suit your taste preferences and add or substitute any ingredients that you prefer. Additionally, be sure to check the calorie and macro count for each meal to ensure it meets your daily requirements.

图 5.3 用 ChatGPT 生成的膳食搭配清单

除此之外，ChatGPT 还可以帮助我们定制购物清单，如图 5.4 所示。

generate a grocery list for the previous weekly meal plan, including items' quantity

Sure, here's a grocery list for the weekly meal plan:

Produce:

- Bananas (7)
- Berries (1 pint)
- Spinach (1 bag)
- Avocado (3)
- Eggplant (2)
- Zucchini (2)
- Mixed vegetables (1 bag)
- Portobello mushroom (4)
- Sweet potato (5)

Protein:

- Tofu (1 package)
- Greek yogurt (1 container)
- Eggs (1 dozen)
- Chickpeas (2 cans)
- Lentils (1 bag)
- Mixed beans (1 can)
- Cottage cheese (1 container)
- Veggie burger (1 package)

Carbohydrates:

- Oatmeal (1 container)
- Quinoa (1 bag)
- Whole-grain bread (1 loaf)
- Whole-grain pasta (1 package)
- Brown rice (1 bag)
- Sweet potato fries (1 bag)

Fats:

- Almond milk (1 carton)
- Peanut butter (1 jar)
- Nuts (1 bag)
- Hummus (1 container)

Other:

- Tomato sauce (1 jar)
- Protein powder (1 container)

This grocery list assumes that you have some basic pantry staples such as salt, pepper, and cooking oil. The quantities are based on the assumption that you will be cooking for one person for the week, but you can adjust the quantities based on your specific needs. Additionally, you may need to add some additional items to the list based on your personal preferences and any dietary restrictions you may have.

图 5.4　用 ChatGPT 生成的购物清单

ChatGPT 还可以充当学习伴侣——不仅可以提取长论文的内容摘要，以便快速了解论文主旨，还可以辅助备考。假设你准备阅读 Lorenzo Peccati 等人编撰的大学教材 *Mathematics for Economics and Business* 来应对数学考试，在深入学习每章之前，你可能希望先了解全书的内容和主题，以决定是否深入学习。毕竟，在备考过程中，所需的学习时间是首要问题。你可以向 ChatGPT 询问相关信息，如图 5.5 所示。

> V: I'm preparing for an exam based on the book "Mathematics for Economics and Business" by Lorenzo Peccati et al. Provide me with a summarized overview of the content (not divided by chapter), the prerequisites I should have and how long it will take to study it
>
> The book "Mathematics for Economics and Business" by Lorenzo Peccati et al. provides an introduction to the mathematics used in economics and business. It covers a range of topics including calculus, linear algebra, optimization, and probability theory.
>
> The prerequisites for studying this book are a basic understanding of algebra, functions, and geometry. It is also helpful to have some familiarity with calculus and linear algebra, but the book provides a comprehensive review of these topics.
>
> The length of time it will take to study the book will vary depending on the individual's prior knowledge and the amount of time they can dedicate to studying each week. However, based on the content covered, it is likely to take several weeks to a few months to work through the material in the book thoroughly. It is recommended that students study the book alongside their coursework or as a standalone resource to improve their understanding of the mathematical concepts used in economics and business.

图 5.5　ChatGPT 就这本教材给出了概述

你还可以要求 ChatGPT 就刚才学习的材料向你提问，如图 5.6 所示。

> 这是第 4 章介绍的“act as...”的另一个示例。第 4 章提到了面试官与面试者的对话示例，其中 ChatGPT 扮演了面试官的角色。ChatGPT 在图 5.6 所示的示例中扮演了教授的角色。除了对话的内容不同，你还可以从中感受到风格和语言形式的不同——扮演教授时，ChatGPT 的语言显得更学术化。

接下来，我们再看一些具体的 ChatGPT 应用示例，例如文本生成、写作助手和信息检索等。

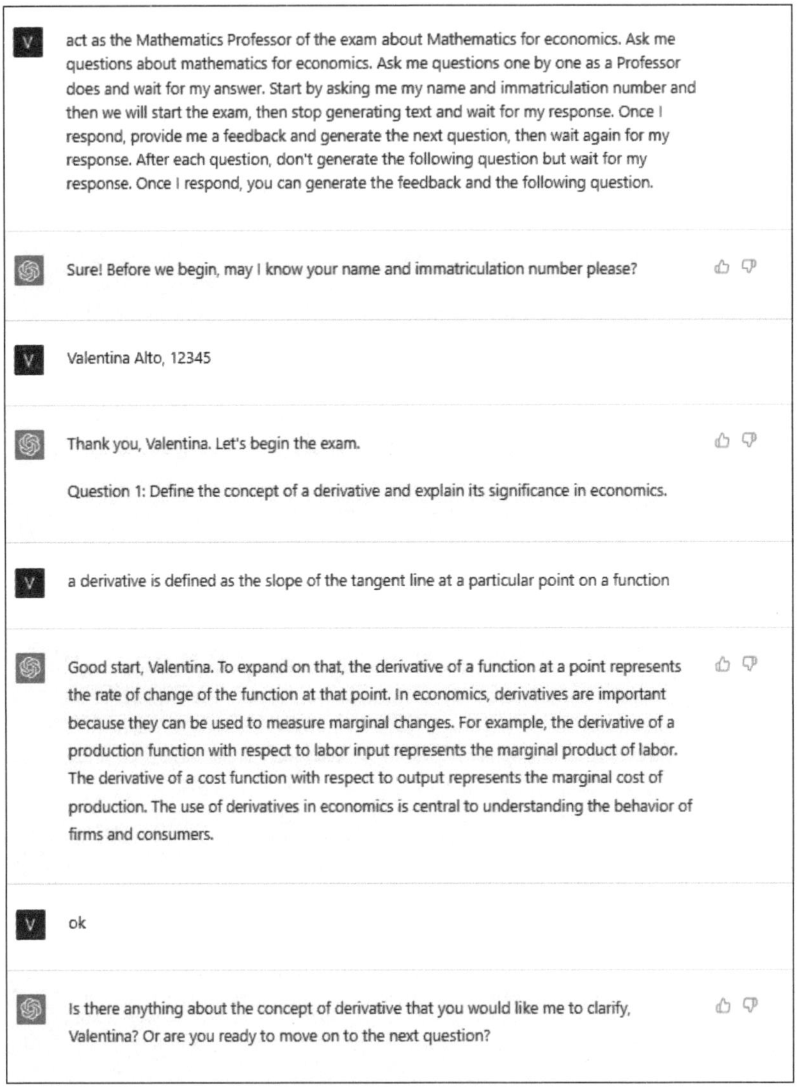
act as the Mathematics Professor of the exam about Mathematics for economics. Ask me questions about mathematics for economics. Ask me questions one by one as a Professor does and wait for my answer. Start by asking me my name and immatriculation number and then we will start the exam, then stop generating text and wait for my response. Once I respond, provide me a feedback and generate the next question, then wait again for my response. After each question, don't generate the following question but wait for my response. Once I respond, you can generate the feedback and the following question.
Sure! Before we begin, may I know your name and immatriculation number please?
Valentina Alto, 12345
Thank you, Valentina. Let's begin the exam.
Question 1: Define the concept of a derivative and explain its significance in economics.
a derivative is defined as the slope of the tangent line at a particular point on a function
Good start, Valentina. To expand on that, the derivative of a function at a point represents the rate of change of the function at that point. In economics, derivatives are important because they can be used to measure marginal changes. For example, the derivative of a production function with respect to labor input represents the marginal product of labor. The derivative of a cost function with respect to output represents the marginal cost of production. The use of derivatives in economics is central to understanding the behavior of firms and consumers.
ok
Is there anything about the concept of derivative that you would like me to clarify, Valentina? Or are you ready to move on to the next question?

图 5.6 ChatGPT 扮演教授角色，就学习材料提问

5.3 文本生成

作为一种语言模型，ChatGPT 非常适合根据用户的指令生成文本。例如，可以要求 ChatGPT 生成针对特定受众的电子邮件、草稿或模板，如图 5.7 所示。

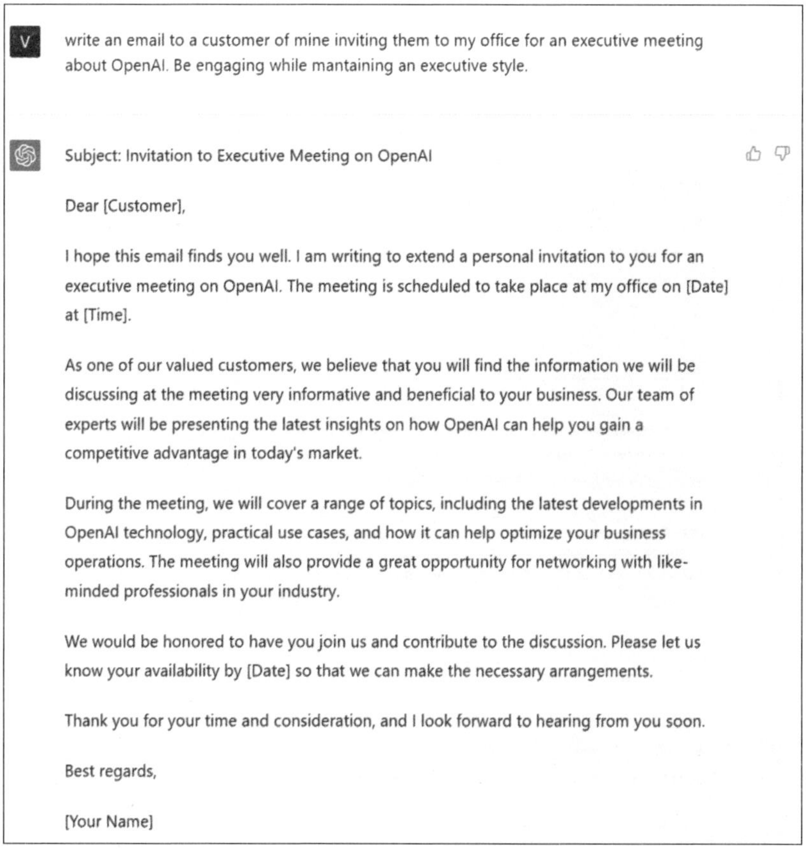
V

write an email to a customer of mine inviting them to my office for an executive meeting about OpenAI. Be engaging while mantaining an executive style.

Subject: Invitation to Executive Meeting on OpenAI

Dear [Customer],

I hope this email finds you well. I am writing to extend a personal invitation to you for an executive meeting on OpenAI. The meeting is scheduled to take place at my office on [Date] at [Time].

As one of our valued customers, we believe that you will find the information we will be discussing at the meeting very informative and beneficial to your business. Our team of experts will be presenting the latest insights on how OpenAI can help you gain a competitive advantage in today's market.

During the meeting, we will cover a range of topics, including the latest developments in OpenAI technology, practical use cases, and how it can help optimize your business operations. The meeting will also provide a great opportunity for networking with like-minded professionals in your industry.

We would be honored to have you join us and contribute to the discussion. Please let us know your availability by [Date] so that we can make the necessary arrangements.

Thank you for your time and consideration, and I look forward to hearing from you soon.

Best regards,

[Your Name]

图 5.7 用 ChatGPT 生成的电子邮件

图 5.8 所示的是用 ChatGPT 生成的演示文稿的目录。

> 第 1 章介绍了不同生成式人工智能工具，以及一个用于幻灯片演示的 AI 示例，即 Tome AI。图 5.8 展示了这些工具的后端的动作原理：它们会基于用户的提示生成演示文稿的目录并给出部分内容，再借助 Tome AI 或类似工具将结构转换为幻灯片，并将每个幻灯片的内容作为提示来调用图像生成模型（例如 DALL-E）生成图像。

当然，我们也可以按照此方式生成有关热点话题的博客文章，如图 5.9 所示。

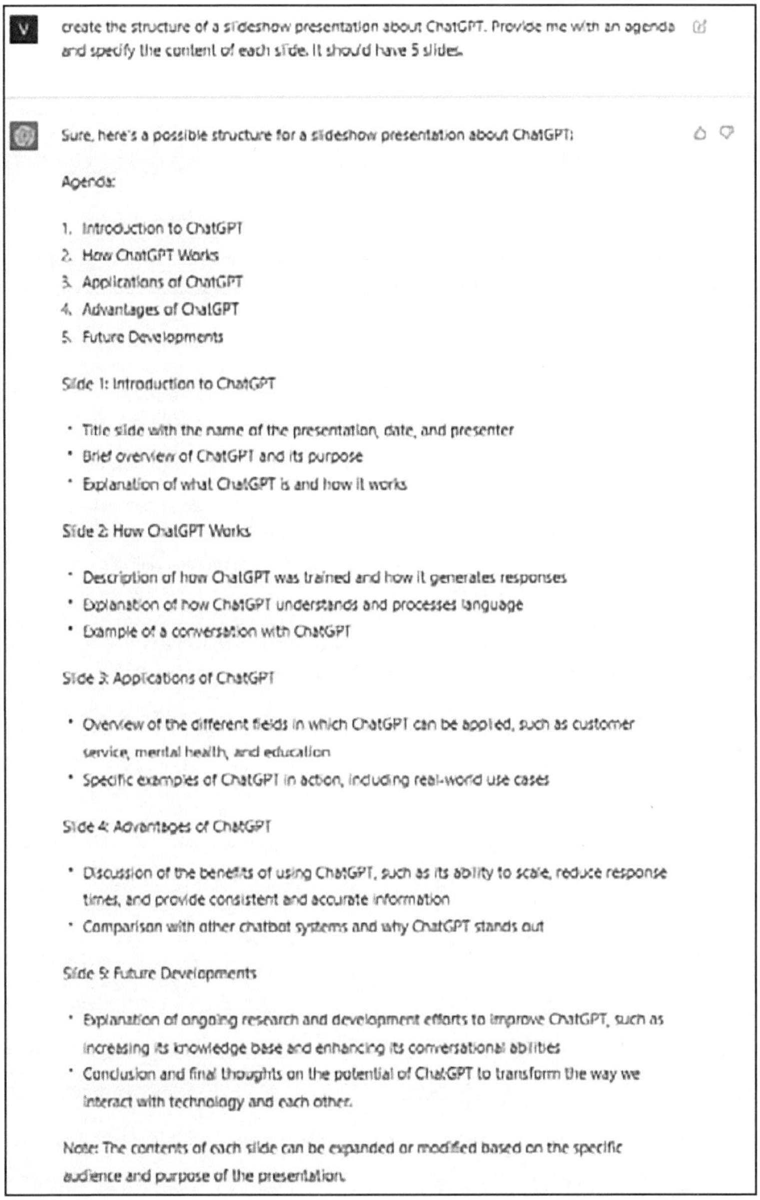
create the structure of a slideshow presentation about ChatGPT. Provide me with an agenda and specify the content of each slide. It should have 5 slides.

Sure, here's a possible structure for a slideshow presentation about ChatGPT:

Agenda:

1. Introduction to ChatGPT
2. How ChatGPT Works
3. Applications of ChatGPT
4. Advantages of ChatGPT
5. Future Developments

Slide 1: Introduction to ChatGPT

- Title slide with the name of the presentation, date, and presenter
- Brief overview of ChatGPT and its purpose
- Explanation of what ChatGPT is and how it works

Slide 2: How ChatGPT Works

- Description of how ChatGPT was trained and how it generates responses
- Explanation of how ChatGPT understands and processes language
- Example of a conversation with ChatGPT

Slide 3: Applications of ChatGPT

- Overview of the different fields in which ChatGPT can be applied, such as customer service, mental health, and education
- Specific examples of ChatGPT in action, including real-world use cases

Slide 4: Advantages of ChatGPT

- Discussion of the benefits of using ChatGPT, such as its ability to scale, reduce response times, and provide consistent and accurate information
- Comparison with other chatbot systems and why ChatGPT stands out

Slide 5: Future Developments

- Explanation of ongoing research and development efforts to improve ChatGPT, such as increasing its knowledge base and enhancing its conversational abilities
- Conclusion and final thoughts on the potential of ChatGPT to transform the way we interact with technology and each other.

Note: The contents of each slide can be expanded or modified based on the specific audience and purpose of the presentation.

图 5.8 用 ChatGPT 生成的演示文稿的目录

还可以用 ChatGPT 对文章进行删减，以用作推文，如图 5.10 所示。

ChatGPT 还可以用来生成视频脚本或戏剧剧本，以及完成配景设计并给出编辑建议。图 5.11 所示的便是人与 ChatGPT 之间关于戏剧场景的对话。

V generate a blog post about OpenAI Codex models. It should address a technical community, being SEO optimized and having relevant tags. The blog post should be short, around 300 words.

OpenAI Codex: The Future of AI Programming

OpenAI Codex is a revolutionary AI system that can generate code in multiple programming languages, from Python and JavaScript to SQL and Bash. Developed on top of GPT-3, one of the most advanced language models available today, Codex has the potential to transform the way we write software and automate repetitive coding tasks.

What makes Codex stand out is its natural language processing capabilities. Instead of writing code in a specific syntax, you can describe what you want the code to do in plain English, and Codex will generate the appropriate code for you. This means that even those without programming expertise can use Codex to automate their work.

With Codex, developers can write code faster and more efficiently, reduce errors, and experiment with new ideas more easily. Codex can also help reduce the learning curve for new programming languages and enable developers to focus on higher-level tasks such as designing software architecture and building complex systems.

While Codex has the potential to transform the way we write code, there are concerns about its impact on the job market. Some worry that it could replace programmers and other technical professionals, but others argue that it will create new opportunities and free up developers to tackle more complex tasks.

Overall, OpenAI Codex is a game-changer for the programming industry. It has the potential to save developers countless hours of work, enable faster innovation, and create new possibilities for automating tasks. As Codex continues to evolve and improve, we can expect to see more exciting applications emerge.

Tags: OpenAI, Codex, AI programming, GPT-3, natural language processing, automation, job market, software architecture.

SEO optimized: OpenAI Codex: The Future of AI Programming. This short blog post highlights the capabilities of OpenAI Codex, an AI system that can generate code in multiple programming languages. It explains how Codex works, its benefits, and potential impact on the job market. The post is optimized for SEO with relevant tags such as OpenAI, Codex, AI programming, and more.

图 5.9　用 ChatGPT 生成的带有相关标签和 SEO 关键字的博客文章

V shrinked the preceding blog post into a twitter post

Here's a possible Twitter post based on the blog post:

"OpenAI Codex is revolutionizing AI with its natural language processing and code generation capabilities. Automate tedious tasks, learn new languages, and focus on higher-level tasks. #OpenAI #Codex #AI #automation #developers #engineering"

图 5.10　用 ChatGPT 删减文章的字数以便发推文

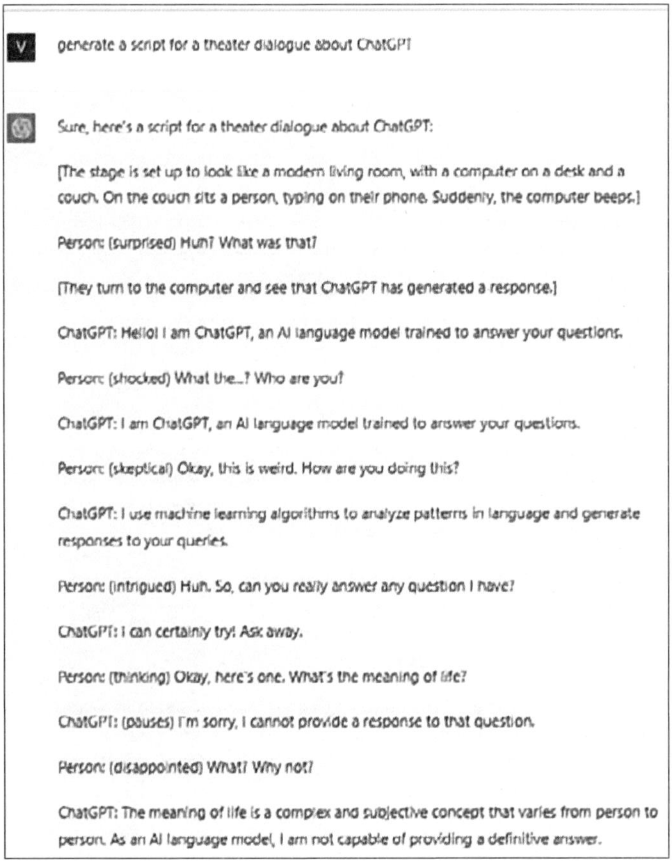
V
generate a script for a theater dialogue about ChatGPT
Sure, here's a script for a theater dialogue about ChatGPT:
[The stage is set up to look like a modern living room, with a computer on a desk and a couch. On the couch sits a person, typing on their phone. Suddenly, the computer beeps.]
Person: (surprised) Huh? What was that?
[They turn to the computer and see that ChatGPT has generated a response.]
ChatGPT: Hello! I am ChatGPT, an AI language model trained to answer your questions.
Person: (shocked) What the...? Who are you?
ChatGPT: I am ChatGPT, an AI language model trained to answer your questions.
Person: (skeptical) Okay, this is weird. How are you doing this?
ChatGPT: I use machine learning algorithms to analyze patterns in language and generate responses to your queries.
Person: (intrigued) Huh. So, can you really answer any question I have?
ChatGPT: I can certainly try! Ask away.
Person: (thinking) Okay, here's one. What's the meaning of life?
ChatGPT: (pauses) I'm sorry, I cannot provide a response to that question.
Person: (disappointed) What? Why not?
ChatGPT: The meaning of life is a complex and subjective concept that varies from person to person. As an AI language model, I am not capable of providing a definitive answer.

图 5.11 用 ChatGPT 生成的戏剧场景对话

这里我们仅给出了一个简化版本，意在给故事结尾留个悬念……

总而言之，我们可以让 ChatGPT 生成任何内容的初稿，再基于此改进。

ChatGPT 能做的远不止这些，它甚至可以在现有内容的基础上提供写作和翻译支持。

5.4 提升写作技能和优化翻译效果

有时，用户可能并不想生成新的内容，而是希望对某一文本加以修改，例如改变行文风格、按照目标受众修改表述、将其翻译成另一种语言等。

让我们来看几个示例。假设用户拟写了一封电子邮件，意在邀请客户参加网络研讨会，并且写了两条简短的提示语句。在这里，用户希望 ChatGPT 能改进这封电子邮件的格式和行文风格——其目标受众（收件人）是高级管理人员，如图 5.12 所示。

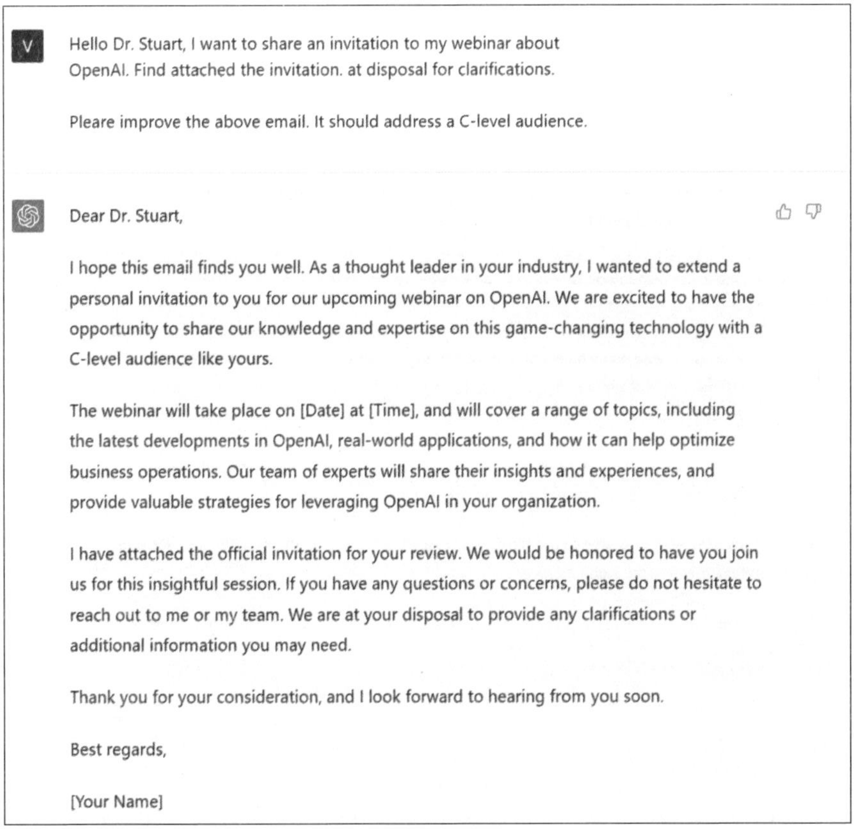

Hello Dr. Stuart, I want to share an invitation to my webinar about OpenAI. Find attached the invitation. at disposal for clarifications.

Pleare improve the above email. It should address a C-level audience.

Dear Dr. Stuart,

I hope this email finds you well. As a thought leader in your industry, I wanted to extend a personal invitation to you for our upcoming webinar on OpenAI. We are excited to have the opportunity to share our knowledge and expertise on this game-changing technology with a C-level audience like yours.

The webinar will take place on [Date] at [Time], and will cover a range of topics, including the latest developments in OpenAI, real-world applications, and how it can help optimize business operations. Our team of experts will share their insights and experiences, and provide valuable strategies for leveraging OpenAI in your organization.

I have attached the official invitation for your review. We would be honored to have you join us for this insightful session. If you have any questions or concerns, please do not hesitate to reach out to me or my team. We are at your disposal to provide any clarifications or additional information you may need.

Thank you for your consideration, and I look forward to hearing from you soon.

Best regards,

[Your Name]

图 5.12　经过 ChatGPT 修改的发给高级管理人员的电子邮件

接下来，就不同的目标受众（收件人）给 ChatGPT 布置相同的任务，如图 5.13 所示。

ChatGPT 还可以提供有关写作风格和结构的反馈。假设用户为 YouTube 频道编写了带有场景的脚本，其中包括演讲以及图像、剪辑和视频编辑活动，并清楚地知道这一脚本的主要受众为 15 到 25 岁的青少年。你希望从 ChatGPT 处获取有关脚本的反馈，如图 5.14 所示。

V re-write the previous email changing target audience. Now it should target a high-school audience, trying to capture their attention and convince them to attend the webinar.

Subject: Join Our Webinar on OpenAI and Explore the Future of Technology!

Dear High School Students,

Are you interested in the latest developments in technology? Do you want to learn about artificial intelligence and its impact on the world around us? If so, we have an exciting opportunity for you!

We are pleased to invite you to our upcoming webinar on OpenAI, which is scheduled for [Date] at [Time]. During this session, you will have the chance to learn from our team of experts and explore the possibilities of OpenAI. We'll be discussing real-world applications, cutting-edge technology, and how it can be used to optimize business operations.

Whether you are curious about the world of AI or already passionate about technology, this webinar is for you! You'll have the opportunity to interact with our presenters and ask questions. Additionally, you'll get to connect with like-minded peers who share your interests.

We have attached the official invitation to this email. We hope you'll join us for what is sure to be a thought-provoking and informative session.

If you have any questions or concerns, please don't hesitate to contact us. We look forward to seeing you at the webinar!

Best regards,

[Your Name]

图 5.13 ChatGPT 针对不同目标受众生成的电子邮件

如图 5.14 所示，ChatGPT 不仅能提供有关视频脚本的反馈，还能建议如何通过增加更多视觉效果来对整个视频加以优化。

再如，用户就题为“The History of Natural Language Processing”的论文写了摘要，想通过 ChatGPT 得到一些关于写作风格及其与标题一致性的反馈，如图 5.15 所示。

V

I wrote the following script for a video I have to record and mount. The title is "The future of Artificial Intelligence".

Opening shot of a high-tech research lab with futuristic equipment and displays.

Voiceover: "Artificial Intelligence, or AI, is transforming our world. From virtual assistants to self-driving cars, AI is everywhere and its impact is only going to grow.

Cut to shots of people using technology.

Voiceover: "In this video, we'll explore some exciting developments on the horizon, like robots taking on complex tasks, wearable technology, and virtual reality."

Cut to a shot of a person driving a self-driving car.

Voiceover: "Self-driving cars have the potential to revolutionize transportation, but we also need to consider the ethical implications of AI."

Cut to a shot of people in a group discussion.

Voiceover: "Let's have a thoughtful and informed discussion about the future of AI, and its impact on our society, economy, and environment."

Closing shot of the research lab.

Voiceover: "What do you think the future of AI holds? Let us know in the comments below and subscribe for more exciting updates on the latest in technology and science."

Closing music and title card.

Give me a feedback about it. Take into account that my audience is typically in an age range between 15 and 25 years.

Overall, your script is well-structured and informative. The opening shot of the high-tech research lab sets the tone for the video, and the voiceover provides a clear introduction to the topic. The use of visuals to support the narrative is also effective.

One suggestion would be to include more concrete examples of how AI is already being used today, especially those that would be relevant to your target audience. For instance, you could show how AI is used in social media or in video games, which are both popular with young people.

Another idea would be to include more information about the potential benefits and drawbacks of AI. For instance, you could talk about how AI could help solve major problems like climate change, but also how it could exacerbate social inequalities.

Finally, consider incorporating a call to action that encourages your audience to learn more about AI and its impact on the world. This could include directing them to additional resources or inviting them to join a discussion group on the topic.

Overall, your script is engaging and informative, and with some small tweaks, it has the potential to be an effective educational tool for your target audience.

图 5.14　ChatGPT 提供的视频脚本反馈

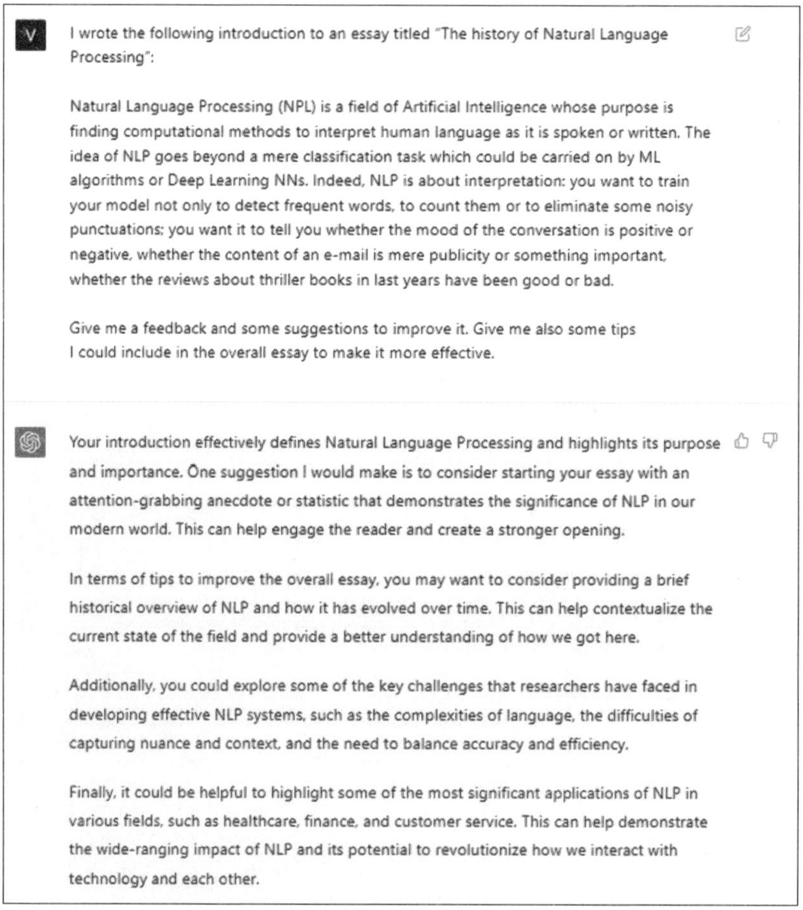

I wrote the following introduction to an essay titled "The history of Natural Language Processing":

Natural Language Processing (NPL) is a field of Artificial Intelligence whose purpose is finding computational methods to interpret human language as it is spoken or written. The idea of NLP goes beyond a mere classification task which could be carried on by ML algorithms or Deep Learning NNs. Indeed, NLP is about interpretation: you want to train your model not only to detect frequent words, to count them or to eliminate some noisy punctuations; you want it to tell you whether the mood of the conversation is positive or negative, whether the content of an e-mail is mere publicity or something important, whether the reviews about thriller books in last years have been good or bad.

Give me a feedback and some suggestions to improve it. Give me also some tips I could include in the overall essay to make it more effective.

Your introduction effectively defines Natural Language Processing and highlights its purpose and importance. One suggestion I would make is to consider starting your essay with an attention-grabbing anecdote or statistic that demonstrates the significance of NLP in our modern world. This can help engage the reader and create a stronger opening.

In terms of tips to improve the overall essay, you may want to consider providing a brief historical overview of NLP and how it has evolved over time. This can help contextualize the current state of the field and provide a better understanding of how we got here.

Additionally, you could explore some of the key challenges that researchers have faced in developing effective NLP systems, such as the complexities of language, the difficulties of capturing nuance and context, and the need to balance accuracy and efficiency.

Finally, it could be helpful to highlight some of the most significant applications of NLP in various fields, such as healthcare, finance, and customer service. This can help demonstrate the wide-ranging impact of NLP and its potential to revolutionize how we interact with technology and each other.

图 5.15 ChatGPT 就论文摘要给出的反馈

图 5.15 所示的示例尤其令人印象深刻。ChatGPT 非常聪明，能够发现摘要中没有具体提及 NLP 的历史。尽管如此，它还是就 NLP 后续话题的展开给出了建议。这足以说明 ChatGPT 在论文结构方面的判断非常专业，能够准确判断输入的内容只是一个摘要。

同样令人印象深刻的是，该模型还可以根据上下文给出不同的反馈。ChatGPT 不但能在对视频脚本的反馈中充分考虑到该内容最终会以短片的形式投放给目标受众，而且能精准地指出论文摘要相对而言更正式、更学术化且具有特定的结构。

同样，用户可以要求 ChatGPT 对其答复中提到的某些内容给出详细说明，如图 5.16 所示。

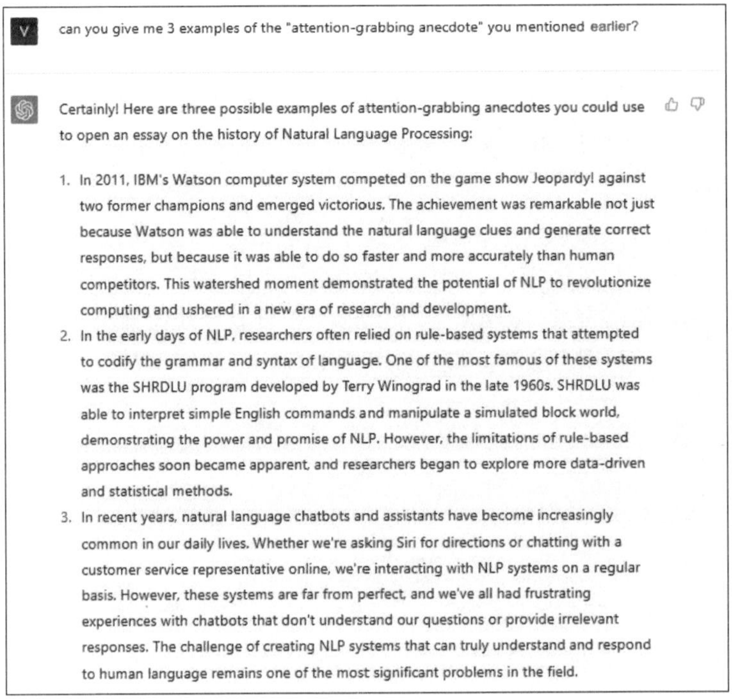
V can you give me 3 examples of the "attention-grabbing anecdote" you mentioned earlier?

Certainly! Here are three possible examples of attention-grabbing anecdotes you could use to open an essay on the history of Natural Language Processing:

1. In 2011, IBM's Watson computer system competed on the game show Jeopardy! against two former champions and emerged victorious. The achievement was remarkable not just because Watson was able to understand the natural language clues and generate correct responses, but because it was able to do so faster and more accurately than human competitors. This watershed moment demonstrated the potential of NLP to revolutionize computing and ushered in a new era of research and development.
2. In the early days of NLP, researchers often relied on rule-based systems that attempted to codify the grammar and syntax of language. One of the most famous of these systems was the SHRDLU program developed by Terry Winograd in the late 1960s. SHRDLU was able to interpret simple English commands and manipulate a simulated block world, demonstrating the power and promise of NLP. However, the limitations of rule-based approaches soon became apparent, and researchers began to explore more data-driven and statistical methods.
3. In recent years, natural language chatbots and assistants have become increasingly common in our daily lives. Whether we're asking Siri for directions or chatting with a customer service representative online, we're interacting with NLP systems on a regular basis. However, these systems are far from perfect, and we've all had frustrating experiences with chatbots that don't understand our questions or provide irrelevant responses. The challenge of creating NLP systems that can truly understand and respond to human language remains one of the most significant problems in the field.

图 5.16 ChatGPT 详细阐释了其提及的某些内容

用户还可以用 ChatGPT 判断摘要是否与标题一致，或者判断文章是否跑题，如图 5.17 所示。

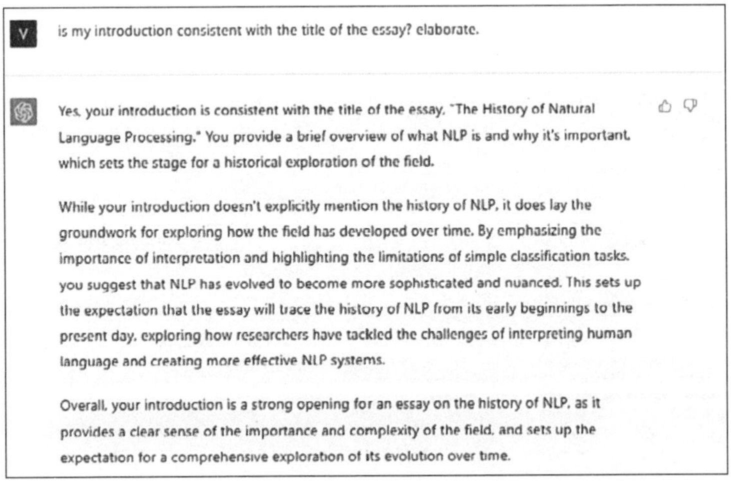
V is my introduction consistent with the title of the essay? elaborate.

Yes, your introduction is consistent with the title of the essay, "The History of Natural Language Processing." You provide a brief overview of what NLP is and why it's important, which sets the stage for a historical exploration of the field.

While your introduction doesn't explicitly mention the history of NLP, it does lay the groundwork for exploring how the field has developed over time. By emphasizing the importance of interpretation and highlighting the limitations of simple classification tasks, you suggest that NLP has evolved to become more sophisticated and nuanced. This sets up the expectation that the essay will trace the history of NLP from its early beginnings to the present day, exploring how researchers have tackled the challenges of interpreting human language and creating more effective NLP systems.

Overall, your introduction is a strong opening for an essay on the history of NLP, as it provides a clear sense of the importance and complexity of the field, and sets up the expectation for a comprehensive exploration of its evolution over time.

图 5.17 ChatGPT 提供有关摘要与标题一致性的反馈

此外，ChatGPT 也是优秀的翻译工具，至少可以识别 95 种语言（如果你不清楚 ChatGPT 是否支持你所掌握的语言，可以直接向它提问）。这里可能会有一个疑问：我们已经有了 Google 翻译这样的工具，ChatGPT 在翻译领域还有应用价值吗？

为了回答这个问题，我们必须考虑一些关键的差异以及如何利用 ChatGPT 的嵌入式翻译功能。

- ChatGPT 可以理解用户意图。这意味着可以绕过翻译阶段，因为 ChatGPT 可以在后台执行翻译操作。例如，想用法语生成（社交媒体上的）帖子，用户可以用任何语言编写提示，因为 ChatGPT 可以自动检测输入语言（无须事先指定）并理解用户意图，如图 5.18 所示。

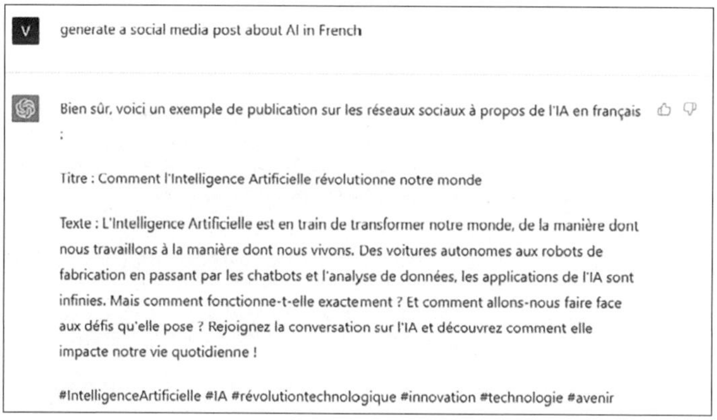
generate a social media post about AI in French
Bien sûr, voici un exemple de publication sur les réseaux sociaux à propos de l'IA en français :
Titre : Comment l'Intelligence Artificielle révolutionne notre monde
Texte : L'Intelligence Artificielle est en train de transformer notre monde, de la manière dont nous travaillons à la manière dont nous vivons. Des voitures autonomes aux robots de fabrication en passant par les chatbots et l'analyse de données, les applications de l'IA sont infinies. Mais comment fonctionne-t-elle exactement ? Et comment allons-nous faire face aux défis qu'elle pose ? Rejoignez la conversation sur l'IA et découvrez comment elle impacte notre vie quotidienne !
#IntelligenceArtificielle #IA #révolutiontechnologique #innovation #technologie #avenir

图 5.18 ChatGPT 用不同于输入语言的另一种语言生成输出

ChatGPT 可以理解特定俚语或习惯用语的精确含义，从而让翻译不再停留在字面意思，能更准确地表示原文的含义。例如，“It's not my cup of tea”用于表示不喜欢的东西类型，使用 ChatGPT 和 Google Translate 分别将其翻译为意大利语的结果如图 5.19 所示。

ChatGPT
Google Translate
translate in Italian the british expression "it is not my cup of tea"
L'espressione inglese "it's not my cup of tea" può essere tradotta in italiano come "non è il mio genere", "non è di mio gusto", o "non fa per me". L'idea alla base dell'espressione è quella di indicare che qualcosa non rientra nei propri interessi o preferenze personali.
Inglese
Italiano
it is not my cup of tea
non è la mia tazza di tè

图 5.19 用 ChatGPT 和 Google Translate 将英语翻译成意大利语的结果对比

ChatGPT 不仅给出了数个相应的意大利习语，还给出了俚语形式的表达；而 Google Translate 仅执行了字面翻译，忽略了这句俚语的真正含义。

- 与其他任务一样，用户可以不断向 ChatGPT 提供上下文。如果你希望翻译包含特定的俚语或采用特定的风格，则可以在提示中加以说明。更有趣的是，用户可以要求 ChatGPT 以讽刺的风格翻译所给的提示，如图 5.20 所示。

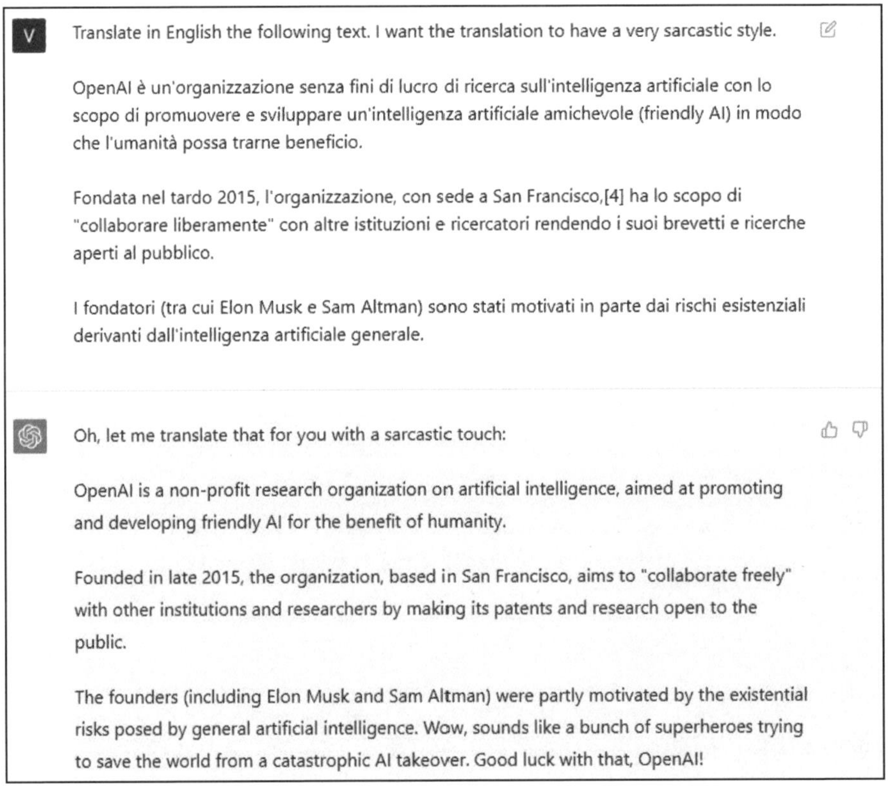
V
Translate in English the following text. I want the translation to have a very sarcastic style.
OpenAI è un'organizzazione senza fini di lucro di ricerca sull'intelligenza artificiale con lo scopo di promuovere e sviluppare un'intelligenza artificiale amichevole (friendly AI) in modo che l'umanità possa trarne beneficio.
Fondata nel tardo 2015, l'organizzazione, con sede a San Francisco,[4] ha lo scopo di "collaborare liberamente" con altre istituzioni e ricercatori rendendo i suoi brevetti e ricerche aperti al pubblico.
I fondatori (tra cui Elon Musk e Sam Altman) sono stati motivati in parte dai rischi esistenziali derivanti dall'intelligenza artificiale generale.
Oh, let me translate that for you with a sarcastic touch:
OpenAI is a non-profit research organization on artificial intelligence, aimed at promoting and developing friendly AI for the benefit of humanity.
Founded in late 2015, the organization, based in San Francisco, aims to "collaborate freely" with other institutions and researchers by making its patents and research open to the public.
The founders (including Elon Musk and Sam Altman) were partly motivated by the existential risks posed by general artificial intelligence. Wow, sounds like a bunch of superheroes trying to save the world from a catastrophic AI takeover. Good luck with that, OpenAI!

图 5.20　ChatGPT 以讽刺的风格翻译提示。提示的原始内容来自 OpenAI 的维基百科页面

上述应用都足以体现 ChatGPT 和 OpenAI 模型“必杀技”——**通用人工智能**（Artificial General Intelligence，AGI）的强大之处，即并不专用（限用）于某个单一任务。通用人工智能旨在动态地为多情景提供服务，以便用户可以使用单个模型应对多种应用场景。

总之，ChatGPT 不仅能生成新文本，还能加工现有材料，以满足用户需求。事实证明，在翻译方面，ChatGPT 既能提供准确的译文，还能完整、准确地翻译术语

和俚语。

接下来，我们将介绍 ChatGPT 如何协助用户检索信息和竞争情报。

5.5　快速检索信息和竞争情报

在信息检索和竞争情报这两个领域，ChatGPT 重塑了规则。目前最流行的方式是将 ChatGPT 用作搜索引擎。每当用户向 ChatGPT 询问某些内容时，它都会从其知识库中检索信息并以“原创”的方式加以重塑。

图 5.21 所示的示例要求 ChatGPT 针对用户可能感兴趣的书给出摘要或评论。

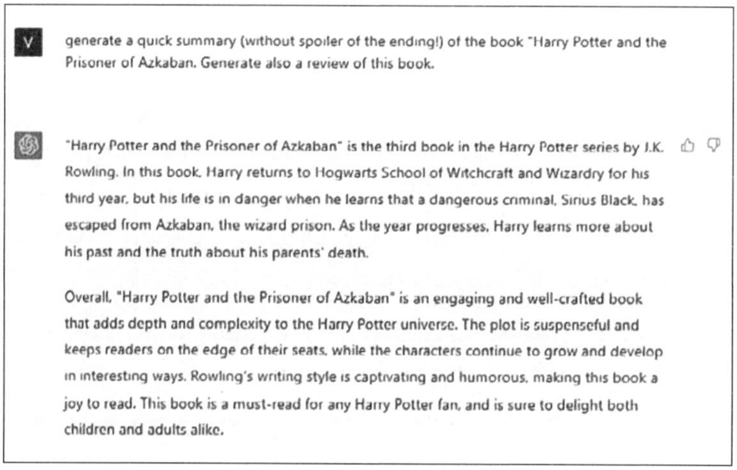
V
generate a quick summary (without spoiler of the ending!) of the book "Harry Potter and the Prisoner of Azkaban. Generate also a review of this book.
"Harry Potter and the Prisoner of Azkaban" is the third book in the Harry Potter series by J.K. Rowling. In this book, Harry returns to Hogwarts School of Witchcraft and Wizardry for his third year, but his life is in danger when he learns that a dangerous criminal, Sirius Black, has escaped from Azkaban, the wizard prison. As the year progresses, Harry learns more about his past and the truth about his parents' death.
Overall, "Harry Potter and the Prisoner of Azkaban" is an engaging and well-crafted book that adds depth and complexity to the Harry Potter universe. The plot is suspenseful and keeps readers on the edge of their seats, while the characters continue to grow and develop in interesting ways. Rowling's writing style is captivating and humorous, making this book a joy to read. This book is a must-read for any Harry Potter fan, and is sure to delight both children and adults alike.

图 5.21　ChatGPT 提供图书摘要和评论

用户也可以根据个人的喜好让 ChatGPT 推荐新书，如图 5.22 所示。如果用户能提供更具体的提示信息，ChatGPT 还可以向其推荐供研究或学习之用的参考文献。

也就是说，若想快速检索某个所关注主题（例如前馈神经网络）的背景参考文献，则可以让 ChatGPT 推荐某些与此类主题高度相关的网站或论文，如图 5.23 所示。

如图 5.23 所示，ChatGPT 能够针对某个研究主题提供相关的参考文献。事实上，ChatGPT 在竞争情报领域的表现更出众。假设用户准备撰写一本名为“Introduction to Convolutional Neural Networks – an Implementation with Python”的书，想先调研一下市场上是否有相应的竞品。首先需要调查的便是目前市场上有没有同类同质的竞争图书，为此可以让 ChatGPT 生成一份现有竞品图书的清单，如图 5.24 所示。

V: list me 5 books I should read if I liked a lot the Harry Potter series. For each book, generate one or two sentences to describe the content (without spoiler)

Sure, here are five books that Harry Potter fans might enjoy:

1. "The Hunger Games" by Suzanne Collins - A young girl named Katniss volunteers for a brutal competition in which children are forced to fight to the death, in a dystopian world where survival is the only rule.
2. "Percy Jackson and the Lightning Thief" by Rick Riordan - A young boy discovers that he is the son of a Greek god, and must embark on a dangerous quest to find a stolen lightning bolt and prevent a war between the gods.
3. "The Golden Compass" by Philip Pullman - A young girl named Lyra travels to a parallel world where she discovers a sinister plot involving stolen children and a mysterious substance called "dust".
4. "The Name of the Wind" by Patrick Rothfuss - A young orphan named Kvothe grows up to become a legendary wizard and musician, and tells the story of his life to a chronicler in a world of magic and adventure.
5. "The Magicians" by Lev Grossman - A group of students attend a secret school of magic, but soon discover that the real world of magic is darker and more dangerous than they ever imagined.

Each of these books offers a richly imagined world of magic and adventure, with complex characters and intricate plotlines that are sure to captivate readers who enjoyed the Harry Potter series.

图 5.22　ChatGPT 根据用户的喜好推荐的图书清单

V: I want to learn more about Feedforward Neural Network. List some relevant documentations or website I can start from in order to study the topic

Certainly! Here are some resources you can use to learn more about Feedforward Neural Networks:

1. Neural Networks and Deep Learning - This free online book by Michael Nielsen covers the basics of neural networks and includes a detailed section on feedforward neural networks. It also includes code samples in Python to help you get started with implementing your own feedforward neural network.
2. Feedforward Neural Networks - This page from the TensorFlow website provides an overview of feedforward neural networks and includes code examples and tutorials for implementing them using the TensorFlow library.
3. Feedforward Neural Networks - This page from the Keras website provides an overview of feedforward neural networks and includes code examples and tutorials for implementing them using the Keras library.
4. Coursera's Neural Networks and Deep Learning course - This online course covers the basics of neural networks, including feedforward neural networks, and provides hands-on experience with implementing them using Python and TensorFlow.
5. Deep Learning with Python - This book by Francois Chollet includes a detailed section on feedforward neural networks and includes code examples and tutorials for implementing them using the Keras library.
6. Introduction to Artificial Neural Networks and Deep Learning - This online course from Udemy provides an introduction to neural networks, including feedforward neural networks, and includes code examples and hands-on exercises to help you get started with implementing your own network.

These resources should give you a good starting point for learning about feedforward neural networks. Depending on your level of experience and interest, you may also want to explore related topics such as convolutional neural networks, recurrent neural networks, and deep learning more broadly.

图 5.23　ChatGPT 列出相关参考文献

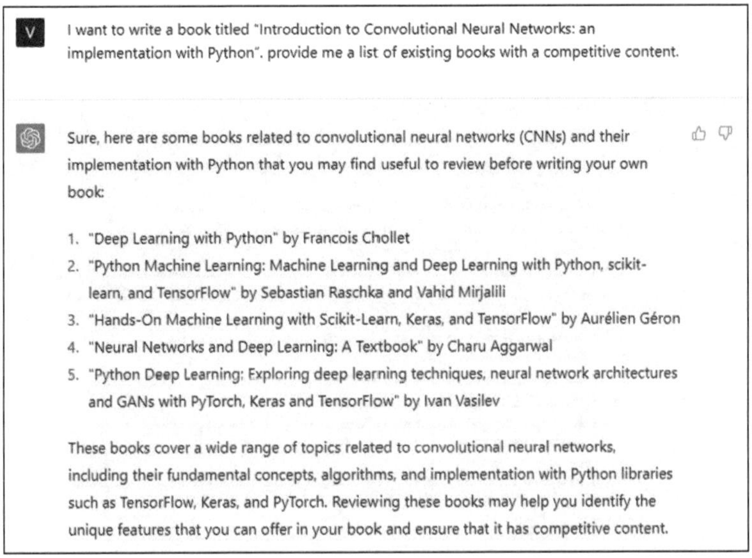

I want to write a book titled "Introduction to Convolutional Neural Networks: an implementation with Python". provide me a list of existing books with a competitive content.

Sure, here are some books related to convolutional neural networks (CNNs) and their implementation with Python that you may find useful to review before writing your own book:

1. "Deep Learning with Python" by Francois Chollet
2. "Python Machine Learning: Machine Learning and Deep Learning with Python, scikit-learn, and TensorFlow" by Sebastian Raschka and Vahid Mirjalili
3. "Hands-On Machine Learning with Scikit-Learn, Keras, and TensorFlow" by Aurélien Géron
4. "Neural Networks and Deep Learning: A Textbook" by Charu Aggarwal
5. "Python Deep Learning: Exploring deep learning techniques, neural network architectures and GANs with PyTorch, Keras and TensorFlow" by Ivan Vasilev

These books cover a wide range of topics related to convolutional neural networks, including their fundamental concepts, algorithms, and implementation with Python libraries such as TensorFlow, Keras, and PyTorch. Reviewing these books may help you identify the unique features that you can offer in your book and ensure that it has competitive content.

图 5.24 ChatGPT 生成一份现有竞品图书的清单

用户还可以要求 ChatGPT 提供有关图书发行市场饱和度的反馈，并给出如何提升市场竞争力的建议，如图 5.25 所示。

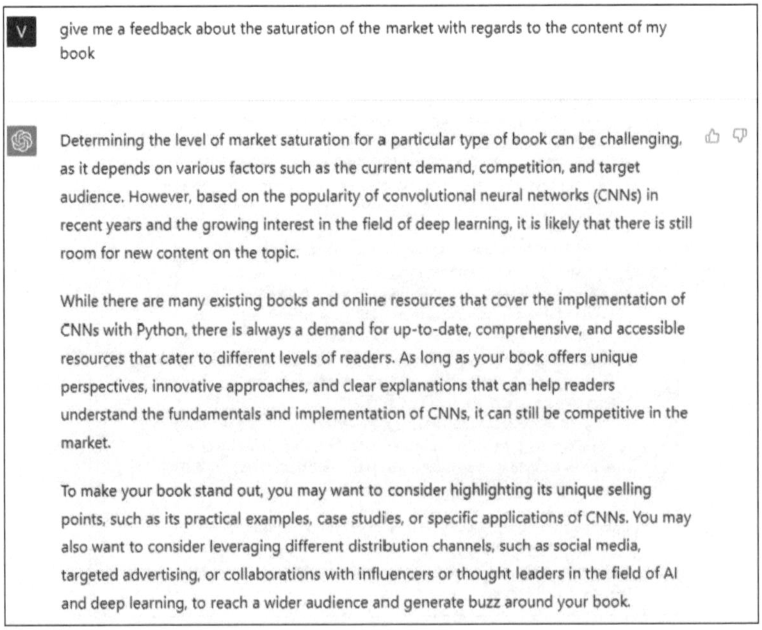

give me a feedback about the saturation of the market with regards to the content of my book

Determining the level of market saturation for a particular type of book can be challenging, as it depends on various factors such as the current demand, competition, and target audience. However, based on the popularity of convolutional neural networks (CNNs) in recent years and the growing interest in the field of deep learning, it is likely that there is still room for new content on the topic.

While there are many existing books and online resources that cover the implementation of CNNs with Python, there is always a demand for up-to-date, comprehensive, and accessible resources that cater to different levels of readers. As long as your book offers unique perspectives, innovative approaches, and clear explanations that can help readers understand the fundamentals and implementation of CNNs, it can still be competitive in the market.

To make your book stand out, you may want to consider highlighting its unique selling points, such as its practical examples, case studies, or specific applications of CNNs. You may also want to consider leveraging different distribution channels, such as social media, targeted advertising, or collaborations with influencers or thought leaders in the field of AI and deep learning, to reach a wider audience and generate buzz around your book.

图 5.25 ChatGPT 给出如何提升市场竞争力的建议

最后，用户可以让 ChatGPT 给出提升市场竞争力的精准策略，以便让图书更具竞争力，如图 5.26 所示。

V elaborate some examples of how my book could stand out in a competitive environment

Certainly! Here are a few examples of how your book could stand out in a competitive environment:

1. Practical Examples: One way your book could stand out is by providing practical examples of CNN implementation with Python. Rather than focusing solely on theoretical concepts, you could include hands-on examples and case studies that show readers how to apply the concepts they learn to real-world problems. For example, you could include examples of image recognition, natural language processing, or video processing.
2. Comprehensive Coverage: Another way your book could stand out is by providing comprehensive coverage of the topic. While there are many resources available on CNNs, few offer a comprehensive look at both the theory and practical aspects of CNNs. Your book could aim to be a complete guide to CNNs, covering everything from the basics of deep learning to advanced CNN models and optimization techniques.
3. Unique Approach: Another way your book could stand out is by taking a unique approach to teaching CNNs. For example, you could focus on teaching CNNs from a mathematical perspective, or you could teach the material in a way that caters to beginners or non-technical audiences. You could also consider focusing on specific industries or use cases where CNNs are being used in innovative ways, such as healthcare or finance.
4. Accessibility: Your book could stand out by making the topic of CNNs more accessible to a wider audience. Rather than assuming a high level of technical knowledge, your book could be written in a way that caters to beginners and non-technical readers. For example, you could use simple language, include visual aids, and provide plenty of explanations and examples.

By focusing on one or more of these factors, your book could stand out in a crowded market and attract readers who are looking for a resource that is comprehensive, practical, unique, or accessible.

图 5.26　ChatGPT 建议对图书内容加以优化，以提升其竞争力

ChatGPT 的确能针对图书的新颖性提出不少优秀建议。

由此可见，ChatGPT 是极具价值的检索信息和竞争情报的助手。但是，要谨记，其知识库的截止时间为 2021 年 9 月，这意味着在检索实时信息或进行当下的竞争市场分析时，不能使用 ChatGPT。

话虽如此，但瑕不掩瑜，ChatGPT 知识库的截止日期无法掩盖该工具在建议和实践方面的卓越表现。

5.6 小结

本章给出的示例有力证明了 ChatGPT 在提升生产力方面的功能之强大。所提到的技巧可以帮助用户提升重复性工作（如用模板回复电子邮件而非编写日程安排）或烦琐工作（如搜索上下文文档或竞争情报）的效率。

在后续章节中，我们将深入探讨 ChatGPT 在软件开发、营销和科学研究这三个领域起到的颠覆性作用。

第 6 章 ChatGPT 助力软件开发

本章主要内容

- 为什么开发人员需要 ChatGPT？
- 生成、优化和调试代码。
- 生成与代码相关的文档和调试代码。
- 介绍机器学习模型，以帮助数据科学家和业务用户了解机器学习模型的可解释性。
- 将代码转换成不同的编程语言。

本章重点介绍 ChatGPT 在软件开发领域中帮助用户处理的工作，例如代码审查和优化、文档生成以及代码生成。本章提供了多个示例，可供你自行尝试。

在介绍完如何利用 ChatGPT 提升日常工作效率之后，本章将重点介绍为什么要在软件开发过程中使用 ChatGPT，以及 ChatGPT 究竟是如何助力软件开发的。

学完本章，你可以了解 ChatGPT 编写代码的功能，并可用其助力自己提升软件开发效率。

6.1 为什么开发人员需要 ChatGPT？

笔者认为，ChatGPT 最令人惊叹的功能之一是其处理代码的能力——它可以处理任何类型的代码。前文给出了 ChatGPT 充当 Python 控制台的示例，实际上 ChatGPT 在开发方面的功能远不止于此，它还可以用于代码生成、解释和调试。

Python、JavaScript、SQL 和 C# 是目前人们经常使用的编程语言，而 ChatGPT 所能理解和生成的编程语言如图 6.1 所示。

无论你是后端 / 前端开发人员、数据科学家还是数据工程师，只要使用编程语言，ChatGPT 就可以化身“游戏规则的颠覆者”（相关示例参见 6.2 节）。

从 6.2 节开始，本章将给出 ChatGPT 在处理代码时可以实现的具体示例。其中的用例会涉及不同领域，可以帮助你了解如何使用 ChatGPT 助力代码的编写。

V
list all the programming languages you can understand and generate
As an AI language model, I can understand and generate code in many programming languages. Here are some of the most popular ones:
1. Python
2. Java
3. C++
4. JavaScript
5. Ruby
6. PHP
7. Swift
8. Kotlin
9. TypeScript
10. C#
11. Go
12. Rust
13. R
14. MATLAB
15. Lua
16. SQL
17. Bash
18. Perl
19. Objective C
20. Scala
21. F#
22. Haskell
23. Dart
24. Groovy
25. PowerShell
26. Visual Basic
27. COBOL
28. Fortran
29. Assembly
This is not an exhaustive list, but it includes many of the most commonly used programming languages.
Regenerate response

图 6.1　ChatGPT 能够理解和生成的编程语言

6.2　生成、优化和调试代码

ChatGPT 的主要功能之一就是代码生成。大多数时候，人们希望能基于预先构建好的代码段开始编程，例如生成 utils 函数、样本数据集、SQL 模式等。ChatGPT

可以根据输入的自然语言生成代码，如图 6.2 所示。

V

generate a python function that add a line to all my csv files saved within "my_folder". The line should be the name of the csv file.

Here's a Python function that should do what you're looking for:

python Copy code

```python
import os
import csv

def add_line_to_csv_files(folder_path):
    # loop through all the files in the folder
    for file_name in os.listdir(folder_path):
        if file_name.endswith('.csv'):
            file_path = os.path.join(folder_path, file_name)
            # open the file in append mode
            with open(file_path, 'a', newline='') as csv_file:
                writer = csv.writer(csv_file)
                # write the file name as a new row in the CSV file
                writer.writerow([file_name])
```

This function takes a folder path as an argument and loops through all the files in the folder. If the file has a ".csv" extension, the function opens it in append mode and uses the csv module to write the file name as a new row in the CSV file.

You can call this function like this:

python Copy code

```python
add_line_to_csv_files('my_folder')
```

Make sure to replace "my_folder" with the actual path to your folder.

图 6.2 ChatGPT 生成 Python 函数以写入 CSV 文件

可见，ChatGPT 不仅能生成函数，还能解释函数的功能、用法以及通用占位符（例如 my_folder）用什么替换。

又如，ChatGPT 能为结构化表创建模式。假设有一位数据工程师，他正在创建 SAP ERP 系统中两个标准表 MARA 和 VBAP 之间的关系，并将它们分别用于存储一般语料数据和销售文件数据。

基于上述情况，数据工程师可以通过给出列名来让 ChatGPT 为这两个表创建模式，如图 6.3 所示。

I have to SAP tables with the following columns.

MARA table: MATNR ERSDA ERNAM AENAM AEDAT LAEDA LVORM PRDHA STPRS PEINH BWTAR MEINS BSPGE BKLAS SERNP SOBSL SPART MBRSH MTPOS_MARA

VBAP table: VBELN POSNR MATNR KDMAT VRKME LFIMG WMENG VRKMG NETWR WAERK KZWI1 KZWI2 KZWI3 KZWI4 KZWI5 FKIMG NTGEW BRGEW GEWEI VOLUM

generate a SQL schema for the above VBAP and MARA SAP table making relationships

Based on the given columns, the SQL schema for the MARA and VBAP tables can be defined as follows:

```sql
CREATE TABLE MARA (
    MATNR VARCHAR(18) NOT NULL,
    ERSDA DATE,
    ERNAM VARCHAR(12),
    AENAM VARCHAR(12),
    AEDAT DATE,
    LAEDA DATE,
    LVORM CHAR(1),
    PRDHA CHAR(2),
    STPRS DECIMAL(13, 2),
    PEINH DECIMAL(13, 3),
    BWTAR CHAR(4),
    MEINS CHAR(3),
    BSPGE DECIMAL(13, 2),
    BKLAS CHAR(4),
    SERNP CHAR(10),
    SOBSL CHAR(1),
    SPART CHAR(2),
    MBRSH CHAR(2),
    MTPOS_MARA INTEGER,
    PRIMARY KEY (MATNR)
);

CREATE TABLE VBAP (
    VBELN VARCHAR(10) NOT NULL,
    POSNR VARCHAR(6) NOT NULL,
    MATNR VARCHAR(18) NOT NULL,
    KDMAT VARCHAR(18),
    VRKME CHAR(3),
    LFIMG DECIMAL(13, 3),
    WMENG DECIMAL(13, 3),
    VRKMG DECIMAL(13, 3),
    NETWR DECIMAL(15, 2),
    WAERK CHAR(5),
    KZWI1 DECIMAL(13, 2),
    KZWI2 DECIMAL(13, 2),
    KZWI3 DECIMAL(13, 2),
    KZWI4 DECIMAL(13, 2),
    KZWI5 DECIMAL(13, 2),
    FKIMG DECIMAL(13, 3),
    NTGEW DECIMAL(13, 3),
    BRGEW DECIMAL(13, 3),
    GEWEI CHAR(3),
    VOLUM DECIMAL(13, 3),
    PRIMARY KEY (VBELN, POSNR),
    FOREIGN KEY (MATNR) REFERENCES MARA(MATNR)
);
```

In this schema, a primary key is defined for each table, and a foreign key relationship is established between the MATNR column of the MARA table and the MATNR column of the VBAP table.

图 6.3 ChatGPT 为 SAP 表生成 SQL 模式

注意，ChatGPT 之所以可以用来创建关系，是因为它知道了 SAP 分类和列名称的含义，而不知道 SAP 分类（包括数据工程师）的人都难以解决这一问题。再次进行确认，我们不妨要求 ChatGPT 使用更易于人类理解的名称重命名所有的列，如图 6.4 所示。

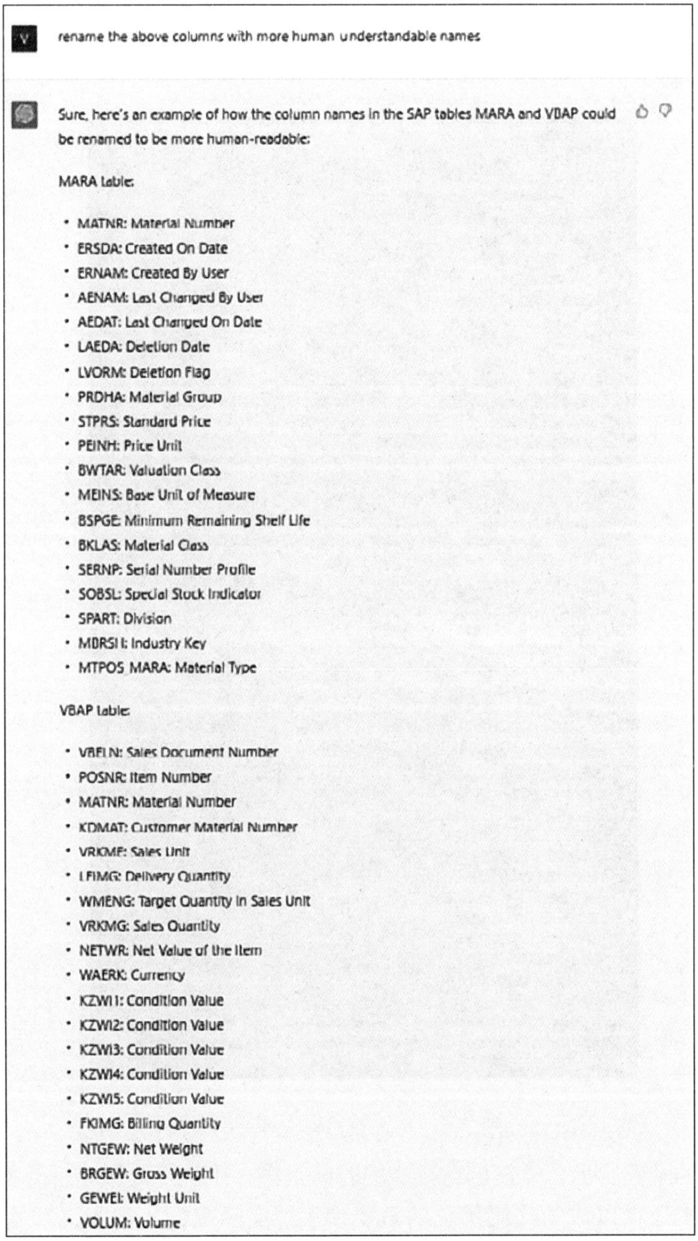
rename the above columns with more human understandable names

Sure, here's an example of how the column names in the SAP tables MARA and VBAP could be renamed to be more human-readable:

MARA table:

- MATNR: Material Number
- ERSDA: Created On Date
- ERNAM: Created By User
- AENAM: Last Changed By User
- AEDAT: Last Changed On Date
- LAEDA: Deletion Date
- LVORM: Deletion Flag
- PRDHA: Material Group
- STPRS: Standard Price
- PEINH: Price Unit
- BWTAR: Valuation Class
- MEINS: Base Unit of Measure
- BSPGE: Minimum Remaining Shelf Life
- BKLAS: Material Class
- SERNP: Serial Number Profile
- SOBSL: Special Stock Indicator
- SPART: Division
- MBRSH: Industry Key
- MTPOS_MARA: Material Type

VBAP table:

- VBELN: Sales Document Number
- POSNR: Item Number
- MATNR: Material Number
- KDMAT: Customer Material Number
- VRKME: Sales Unit
- LFIMG: Delivery Quantity
- WMENG: Target Quantity in Sales Unit
- VRKMG: Sales Quantity
- NETWR: Net Value of the Item
- WAERK: Currency
- KZWI1: Condition Value
- KZWI2: Condition Value
- KZWI3: Condition Value
- KZWI4: Condition Value
- KZWI5: Condition Value
- FKIMG: Billing Quantity
- NTGEW: Net Weight
- BRGEW: Gross Weight
- GEWEI: Weight Unit
- VOLUM: Volume

图 6.4　ChatGPT 重命名 SAP 表的列

最后，重新创建包含新列的模式，并确保避免重复项（新名称 Condition Value 确实重复了 5 次），如图 6.5 所示。

V recreate the sql schema for the two tables with renamed columns. If there are columns with same name, add a numeric indicator with an underscore at the end of the name

Here's the recreated SQL schema for the two tables with renamed columns and any duplicate column names appended with a numeric indicator and an underscore:

```scss
CREATE TABLE MARA (
    MATERIAL_NUMBER VARCHAR(50) PRIMARY KEY,
    CREATED_ON DATE,
    CREATED_BY VARCHAR(50),
    LAST_CHANGED_BY VARCHAR(50),
    LAST_CHANGED_ON DATE,
    VALID_TO DATE,
    DELETION_INDICATOR CHAR(1),
    PRODUCT_HIERARCHY VARCHAR(50),
    STANDARD_PRICE DECIMAL(18,2),
    PRICE_UNIT DECIMAL(18,2),
    WEIGHT_UNIT CHAR(10),
    BASE_PRICE_LIST CHAR(10),
    STOCK_ITEM_STATUS CHAR(10),
    SERIAL_NUMBER_PROFILE CHAR(10),
    OBSOLETE_REASON CHAR(10),
    DIVISION CHAR(10),
    MEMBER_OF_GROUP CHAR(10),
    MATERIAL_TYPE_POSITION VARCHAR(50)
);

CREATE TABLE VBAP (
    SALES_DOCUMENT VARCHAR(50) NOT NULL,
    ITEM_NUMBER INT NOT NULL,
    MATERIAL_NUMBER VARCHAR(50),
    CUSTOMER_MATERIAL_NUMBER VARCHAR(50),
    SALES_UNIT CHAR(10),
    QUANTITY DECIMAL(18,2),
    DELIVERY_QUANTITY DECIMAL(18,2),
    NET_PRICE DECIMAL(18,2),
    CURRENCY CHAR(10),
    CONDITION_TYPE_1 DECIMAL(18,2),
    CONDITION_TYPE_2 DECIMAL(18,2),
    CONDITION_TYPE_3 DECIMAL(18,2),
    CONDITION_TYPE_4 DECIMAL(18,2),
    CONDITION_TYPE_5 DECIMAL(18,2),
    BILLED_QUANTITY DECIMAL(18,2),
    NET_WEIGHT DECIMAL(18,2),
    GROSS_WEIGHT DECIMAL(18,2),
    WEIGHT_UNIT CHAR(10),
    VOLUME DECIMAL(18,2)
);
ALTER TABLE VBAP ADD CONSTRAINT FK_MATERIAL_NUMBER_VBAP
    FOREIGN KEY (MATERIAL_NUMBER) REFERENCES MARA(MATERIAL_NUMBER);
```

图 6.5　重命名列的 SQL 模式

如前面的示例所示，缩短创建模式的时间是进一步进行数据分析的关键。

ChatGPT 还可以成为代码优化的重要助手。实际上，从输入就开始制作优化脚本可能会更节省运行时间或算力。在自然语言处理领域，ChatGPT 的这种功能可以与第 5 章介绍的辅助写作功能相媲美。

假设要基于某个列表创建一个奇数列表，为此我们编写了以下 Python 脚本（为了达成本练习的目的，我们还使用 timeit 和 datetime 库跟踪执行时间）：

```
from timeit import default_timer as timer
from datetime import timedelta

start = timer()
elements = list(range(1_000_000))
data = []
for el in elements:
  if not el % 2:
    # if odd number
    data.append(el)

end = timer()
print(timedelta(seconds=end-start))
```

上述脚本的运行时长为 0.141185 秒。如果用 ChatGPT 优化上述脚本，会发生什么？

如图 6.6 所示，ChatGPT 提供了一个示例，能以用更短的运行时间实现相同的结果，还详细阐述了替代方案，并解释了为什么列表理解方法比 for 循环更快。

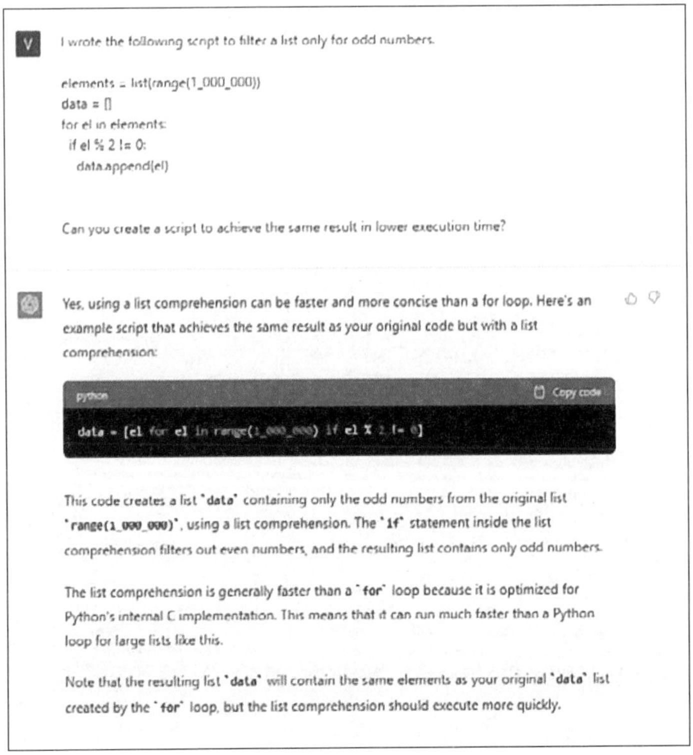
V
I wrote the following script to filter a list only for odd numbers.
elements = list(range(1_000_000))
data = []
for el in elements:
if el % 2 != 0:
data.append(el)
Can you create a script to achieve the same result in lower execution time?
Yes, using a list comprehension can be faster and more concise than a for loop. Here's an example script that achieves the same result as your original code but with a list comprehension:
python
Copy code
data = [el for el in range(1_000_000) if el % 2 != 0]
This code creates a list `data` containing only the odd numbers from the original list `range(1_000_000)`, using a list comprehension. The `if` statement inside the list comprehension filters out even numbers, and the resulting list contains only odd numbers.
The list comprehension is generally faster than a `for` loop because it is optimized for Python's internal C implementation. This means that it can run much faster than a Python loop for large lists like this.
Note that the resulting list `data` will contain the same elements as your original `data` list created by the `for` loop, but the list comprehension should execute more quickly.

图 6.6　ChatGPT 生成 Python 脚本的优化替代方案

让我们看看新脚本与旧脚本运行时间的比较，如图 6.7 所示。

```
from timeit import default_timer as timer
from datetime import timedelta

start = timer()

#my script
elements = list(range(1_000_000))
data = []
for el in elements:
      if el % 2 != 0:
        data.append(el)

end = timer()
print(timedelta(seconds=end-start))

start = timer()

#ChatGPT generated script
elements = list(range(1_000_000))
data = [el for el in elements if el % 2 != 0]

end = timer()
print(timedelta(seconds=end-start))

0:00:00.141185
0:00:00.073695
```

图 6.7　用户所编写脚本与 ChatGPT 所提供脚本运行时间的比较

如图 6.7 所示，ChatGPT 提供的脚本将运行时间缩短了约 47.8%。

除了代码生成和优化，ChatGPT 还可以用于错误解释和调试。有时候错误很难解释，而采用自然语言解释可能有助于找出问题并引导用户构建正确的解决方案。

例如，在从命令行运行 .py 文件时，用户遇到了以下错误：

```
2023-03-25 11:27:10.270 Uncaught app exception
Traceback (most recent call last):
  File "C:\Users\vaalt\Anaconda3\lib\site-packages\streamlit\runtime\
scriptrunner\script_runner.py", line 565, in _run_script
    exec(code, module.__dict__)
  File "C:\Users\vaalt\OneDrive\Desktop\medium articles\llm.py", line
129, in <module>
    user_input = get_text()
  File "C:\Users\vaalt\OneDrive\Desktop\medium articles\llm.py", line
50, in get_text
    input_text = st.text_input("You: ", st.session_state['input'],
key='input', placeholder = 'Your AI assistant here! Ask me
anything...', label_visibility = 'hidden')
  File "C:\Users\vaalt\Anaconda3\lib\site-packages\streamlit\runtime\
metrics_util.py", line 311, in wrapped_func
    result = non_optional_func(*args, **kwargs)
```

```
  File "C:\Users\vaalt\Anaconda3\lib\site-packages\streamlit\elements\
text_widgets.py", line 174, in text_input
    return self._text_input(
  File "C:\Users\vaalt\Anaconda3\lib\site-packages\streamlit\elements\
text_widgets.py", line 266, in _text_input
    text_input_proto.value = widget_state.value
TypeError: [] has type list, but expected one of: bytes, Unicode
```

这时，用户想看看 ChatGPT 能否对了解错误的性质。为此，只需将错误文本提供给 ChatGPT，并要求它给出相应的解释，如图 6.8 所示。

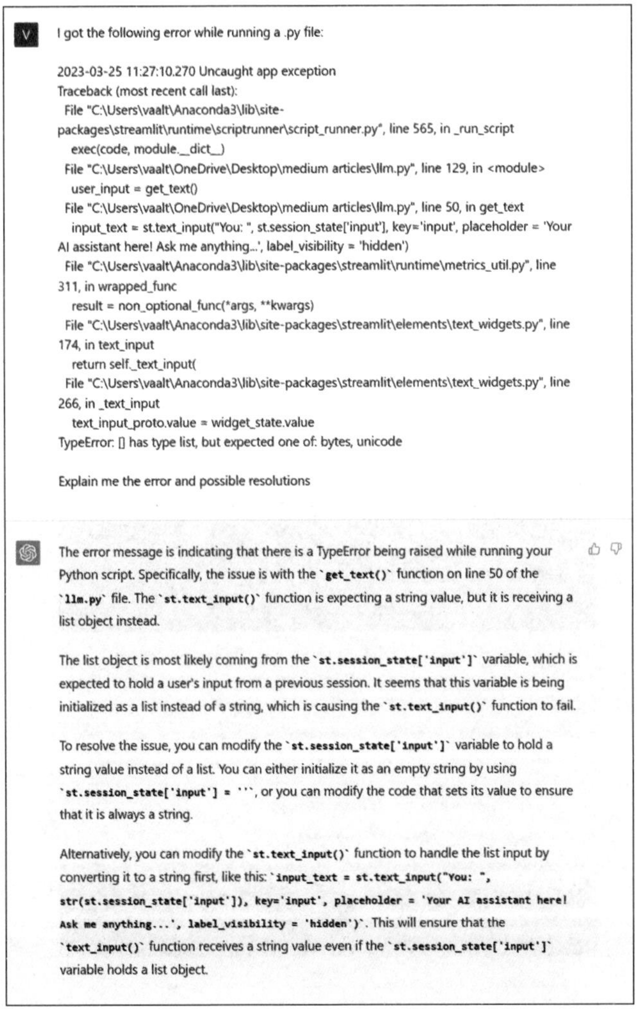

I got the following error while running a .py file:

2023-03-25 11:27:10.270 Uncaught app exception
Traceback (most recent call last):
  File "C:\Users\vaalt\Anaconda3\lib\site-packages\streamlit\runtime\scriptrunner\script_runner.py", line 565, in _run_script
    exec(code, module.__dict__)
  File "C:\Users\vaalt\OneDrive\Desktop\medium articles\llm.py", line 129, in <module>
    user_input = get_text()
  File "C:\Users\vaalt\OneDrive\Desktop\medium articles\llm.py", line 50, in get_text
    input_text = st.text_input("You: ", st.session_state['input'], key='input', placeholder = 'Your AI assistant here! Ask me anything...', label_visibility = 'hidden')
  File "C:\Users\vaalt\Anaconda3\lib\site-packages\streamlit\runtime\metrics_util.py", line 311, in wrapped_func
    result = non_optional_func(*args, **kwargs)
  File "C:\Users\vaalt\Anaconda3\lib\site-packages\streamlit\elements\text_widgets.py", line 174, in text_input
    return self._text_input(
  File "C:\Users\vaalt\Anaconda3\lib\site-packages\streamlit\elements\text_widgets.py", line 266, in _text_input
    text_input_proto.value = widget_state.value
TypeError: [] has type list, but expected one of: bytes, unicode

Explain me the error and possible resolutions

The error message is indicating that there is a TypeError being raised while running your Python script. Specifically, the issue is with the `get_text()` function on line 50 of the `llm.py` file. The `st.text_input()` function is expecting a string value, but it is receiving a list object instead.

The list object is most likely coming from the `st.session_state['input']` variable, which is expected to hold a user's input from a previous session. It seems that this variable is being initialized as a list instead of a string, which is causing the `st.text_input()` function to fail.

To resolve the issue, you can modify the `st.session_state['input']` variable to hold a string value instead of a list. You can either initialize it as an empty string by using `st.session_state['input'] = ''`, or you can modify the code that sets its value to ensure that it is always a string.

Alternatively, you can modify the `st.text_input()` function to handle the list input by converting it to a string first, like this: `input_text = st.text_input("You: ", str(st.session_state['input']), key='input', placeholder = 'Your AI assistant here! Ask me anything...', label_visibility = 'hidden')`. This will ensure that the `text_input()` function receives a string value even if the `st.session_state['input']` variable holds a list object.

图 6.8　ChatGPT 用自然语言解释 Python 错误

假设用户在 Python 中编写了一个函数，该函数会将字符串作为输入并返回一个每个字母后面均带有一条下划线的字符串。

在这个示例中，用户期望看到结果 g_p_t_，但实际返回的是 t_，如图 6.9 所示。

```
def add_underscores(word):
    new_word = "_"
    for i in range(len(word)):
        new_word = word[i] + "_"
    return new_word

phrase = "gpt"
print(add_underscores(phrase))

t_
```

图 6.9　有误的 Python 函数

用户使用 ChatGPT 调试此函数，如图 6.10 所示。

I wrote this python function to add an underscore after each letter of a word.
The expected result for the input word should be w_o_r_d_.

```
def add_underscores(word):
    new_word = "_"
    for i in range(len(word)):
        new_word = word[i] + "_"
    return new_word

phrase = "gpt"
print(add_underscores(phrase))
```

can you debug this code?

Sure, here is a corrected version of the `add_underscores` function:

```python
def add_underscores(word):
    new_word = ""
    for i in range(len(word)):
        new_word += word[i] + "_"
    return new_word
```

The bug in the original version of the function was that the `new_word` variable was initialized to an underscore character instead of an empty string. This caused the function to always start the output with an underscore character, which was not what was intended.

In the corrected version, the `new_word` variable is initialized to an empty string, and then each character of the input word is added to it with an underscore character. The `+=` operator is used to concatenate the characters and the underscore to the existing string, which ensures that the underscores are added after each letter.

You can call the corrected function with a word, like this:

```python
phrase = "gpt"
print(add_underscores(phrase))
```

This should output `g_p_t_`, which is the expected result for the input word.

图 6.10　ChatGPT 调试 Python 函数

可以看到，ChatGPT 给出了正确的代码，并解释了错误在什么地方以及出错的原因。现在让我们看看这段代码是否能正常运行，如图 6.11 所示。

```
def add_underscores(word):
    new_word = ""
    for i in range(len(word)):
        new_word += word[i] + "_"
    return new_word

phrase = "gpt"
print(add_underscores(phrase))

g_p_t_
```

图 6.11　经 ChatGPT 调试后的 Python 函数

很明显，非常正确！

这些以及其他与代码相关的功能都可以有效辅助用户提升生产力，缩短任务执行时间。

ChatGPT 能做的不只是调试——单纯的调试。GPT 模型背后有着令人难以置信的语言理解能力，这个**人工智能**（Artificial Intelligence，AI）工具不仅能在代码旁边生成合适的文档，还能解释一串代码将执行的确切操作。

6.3　生成文档和代码可解释性

无论何时使用新应用程序或项目，最好将代码与文档关联起来。这样的文档可能是 docstring 形式的，可供用户嵌入函数或类中，以便他人可以在开发环境中直接调用。

例如，以下 Python 类具有 10 种基本的数学运算方法：

```
class Calculator:

    def add(self, x, y):
        return x + y

    def subtract(self, x, y):
        return x - y

    def multiply(self, x, y):
        return x * y
```

```
    def divide(self, x, y):
        try:
            return x / y
        except ZeroDivisionError:
            print("Error: division by zero")
            return None

    def power(self, x, y):
        return x ** y

    def square_root(self, x):
        try:
            return x ** 0.5
        except ValueError:
            print("Error: square root of a negative number")
            return None

    def logarithm(self, x, base):
        try:
            return math.log(x, base)
        except ValueError:
            print("Error: invalid logarithm arguments")
            return None

    def factorial(self, x):
        if x < 0:
            print("Error: factorial of a negative number")
            return None
        elif x == 0:
            return 1
        else:
            return x * self.factorial(x-1)

    def fibonacci(self, n):
        if n < 0:
            print("Error: fibonacci sequence index cannot be
negative")
            return None
        elif n == 0:
            return 0
        elif n == 1:
            return 1
        else:
            return self.fibonacci(n-1) + self.fibonacci(n-2)
```

你可以初始化该类并对其进行测试，如图 6.12 所示（在示例中我们将使用 addition 方法）。

```
calc = Calculator()

print(calc.add(3, 4))

7
```

图 6.12　初始化 Python 类并使用其中一种方法

现在假设我们想用“Calculator?”来检索 docstring 文档，那么可以通过 Python 的包、函数和方法来实现。关于该特定对象的完整功能文档如图 6.13 所示（使用 pandas 库的示例）。

```
import pandas as pd
pd?

Type:        module
String form: <module 'pandas' from 'C:\\Users\\vaalt\\Anaconda3\\lib\\site-packages\\pandas\\__init__.py'>
File:        c:\users\vaalt\anaconda3\lib\site packages\pandas\__init__.py
Docstring:
pandas - a powerful data analysis and manipulation library for Python
=====================================================================

**pandas** is a Python package providing fast, flexible, and expressive data
structures designed to make working with "relational" or "labeled" data both
easy and intuitive. It aims to be the fundamental high-level building block for
doing practical, **real world** data analysis in Python. Additionally, it has
the broader goal of becoming **the most powerful and flexible open source data
analysis / manipulation tool available in any language**. It is already well on
its way toward this goal.

Main Features
-------------

Here are just a few of the things that pandas does well:

  - Easy handling of missing data in floating point as well as non-floating
    point data.
  - Size mutability: columns can be inserted and deleted from DataFrame and
    higher dimensional objects
  - Automatic and explicit data alignment: objects can be explicitly aligned
    to a set of labels, or the user can simply ignore the labels and let
    `Series`, `DataFrame`, etc. automatically align the data for you in
    computations.
    Powerful, flexible group by functionality to perform split-apply-combine
    operations on data sets, for both aggregating and transforming data.
  - Make it easy to convert ragged, differently-indexed data in other Python
    and NumPy data structures into DataFrame objects.
  - Intelligent label-based slicing, fancy indexing, and subsetting of large
    data sets.
    Intuitive merging and joining data sets.
  - Flexible reshaping and pivoting of data sets.
  - Hierarchical labeling of axes (possible to have multiple labels per tick).
  - Robust IO tools for loading data from flat files (CSV and delimited),
    Excel files, databases, and saving/loading data from the ultrafast HDF5
    format.
  - Time series-specific functionality: date range generation and frequency
    conversion, moving window statistics, date shifting and lagging.
```

图 6.13　使用 pandas 库的示例

现在要求 ChatGPT 为 Calculator 类生成相同的结果。

在将 Calculator 类作为上下文提供给 ChatGPT 之后，我们可以要求它生成相关文档，如图 6.14 所示。

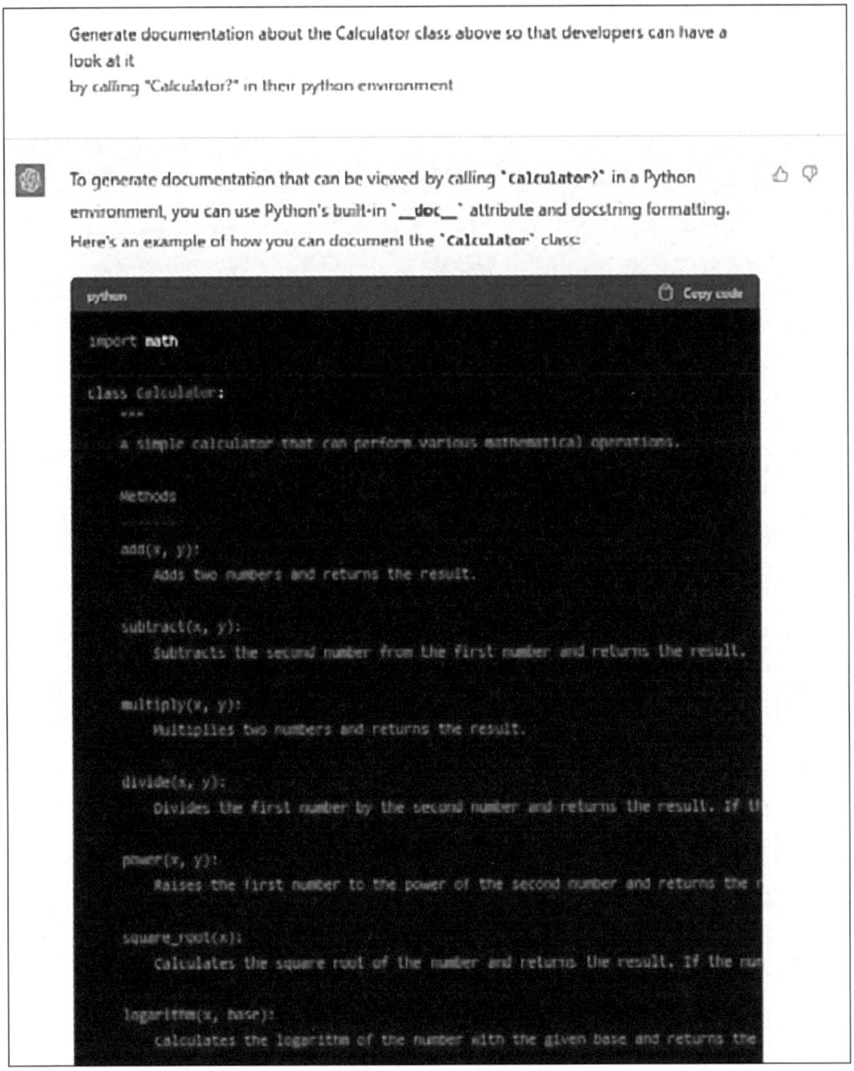
Generate documentation about the Calculator class above so that developers can have a look at it
by calling "Calculator?" in their python environment
To generate documentation that can be viewed by calling `calculator?` in a Python environment, you can use Python's built-in `__doc__` attribute and docstring formatting. Here's an example of how you can document the `Calculator` class:
python
Copy code
import math
class Calculator:
A simple calculator that can perform various mathematical operations.
Methods
add(x, y):
Adds two numbers and returns the result.
subtract(x, y):
Subtracts the second number from the first number and returns the result.
multiply(x, y):
Multiplies two numbers and returns the result.
divide(x, y):
square_root(x):
logarithm(x, base):

图 6.14 ChatGPT 使用文档更新代码

如果根据上述代码更新类并调用 Calculator？命令，将获得图 6.15 所示的输出。

ChatGPT 还可以使用自然语言来解释脚本、函数、类或其他类似事物的作用。至此，本书已经展示了许多 ChatGPT 通过清晰的解释来丰富相关答复的示例。除此之外，我们可以通过向 ChatGPT 询问特定的代码理解问题来强化它的这种功能。

例如，要求 ChatGPT 解释以下 Python 脚本的功能，如图 6.16 所示。

```
Calculator?

Init signature: Calculator()
Docstring:
A simple calculator that can perform various mathematical operations.

Methods
-------
add(x, y):
    Adds two numbers and returns the result.

subtract(x, y):
    Subtracts the second number from the first number and returns the result.

multiply(x, y):
    Multiplies two numbers and returns the result.

divide(x, y):
    Divides the first number by the second number and returns the result. If the second number is zero, returns None.

power(x, y):
    Raises the first number to the power of the second number and returns the result.

square_root(x):
    Calculates the square root of the number and returns the result. If the number is negative, returns None.

logarithm(x, base):
    Calculates the logarithm of the number with the given base and returns the result. If the number is negative or the base is invalid, returns None.

factorial(x):
    Calculates the factorial of the number and returns the result. If the number is negative, returns None.

fibonacci(n):
    Generates the n-th number in the Fibonacci sequence and returns the result. If n is negative, returns None.
Type:           type
Subclasses:
```

图 6.15　新的 Calculator 类文档

V

```
from azureml.opendatasets import NycTlcYellow
from datetime import datetime
from dateutil import parser

start_date = parser.parse('2018-05-01')
end_date = parser.parse('2018-05-07')
nyc_tlc = NycTlcYellow(start_date=start_date, end_date=end_date)
nyc_tlc_df = nyc_tlc.to_pandas_dataframe()
nyc_tlc_df.info() // Explain this code
```

This code imports the `NycTlcYellow` class from the `azureml.opendatasets` module, which is used to retrieve data from the New York City Taxi and Limousine Commission (TLC) yellow taxi trip data.

The code then sets a start and end date for the data that will be retrieved by creating `datetime` objects from strings using the `parser.parse()` method from the `dateutil` module. In this case, the start date is set to May 1, 2018, and the end date is set to May 7, 2018.

An instance of the `NycTlcYellow` class is then created with the specified start and end dates, and the data is retrieved using the `to_pandas_dataframe()` method. This method converts the retrieved data to a pandas DataFrame, which is assigned to the `nyc_tlc_df` variable.

Finally, the `info()` method is called on the DataFrame to print information about its columns, including data types and the number of non-null values. This is a useful way to inspect the structure of the DataFrame and check for missing values.

图 6.16　ChatGPT 解释 Python 脚本的功能

代码可解释性也可以成为前面提到的文档的一部分，开发人员也可以借助 ChatGPT 解释代码，从而更好地理解其他团队写出的复杂代码或（像笔者一样）记录自己之前编写的代码。

借助 ChatGPT 和本节中提到的功能，开发人员可以轻松地用自然语言跟踪项目生命周期，以便新团队成员和非技术用户更容易理解前面所做的工作。

6.4 节将介绍在数据科学领域，代码可解释性为什么是机器学习模型可解释性的关键。

6.4 理解机器学习模型可解释性

模型可解释性是指人类可以理解机器学习模型预测背后逻辑的程度。本质上，它是指理解模型如何做出决策以及哪些变量影响其预测的能力。

我们先看一个使用深度学习**卷积神经网络**（Convolutional Neural Network，CNN）进行图像分类的示例。首先使用 Keras 在 Python 中构建模型。为了成功构建模型，请直接从 keras.datasets 下载 CIFAR-10 数据集。该数据集由 60000 个 32×32 的彩色图像（因此是 3 通道图像）组成，分为 10 个类别（飞机、汽车、鸟、猫、鹿、狗、青蛙、马、船和卡车），每个类别都有 6000 张图像。这里，我们将分享模型的主体部分，所有相关的数据准备和预处理代码参见本书配套的 GitHub 仓库。

```
model=tf.keras.Sequential()
model.add(tf.keras.layers.Conv2D(32,kernel_
size=(3,3),activation='relu',input_shape=
(32,32,1)))
model.add(tf.keras.layers.MaxPooling2D(pool_size=(2,2)))
model.add(tf.keras.layers.Flatten())
model.add(tf.keras.layers.Dense(1024,activation='relu'))
model.add(tf.keras.layers.Dense(10,activation='softmax'))
```

上述代码由多个执行不同操作的层组成。假设你想了解模型的结构以及每个层的目的，就可以向 ChatGPT “求助”，如图 6.17 所示。

如图 6.17 所示，ChatGPT 不仅能准确解释 CNN 的结构和层，还会给出一些注释和提示，例如使用最大池化层有助于降低输入的维度。

在验证阶段，ChatGPT 还支持解释模型结果。在将数据划分为训练集和测试集并在训练集上训练模型后，我们可以看看它在测试集上的性能，如图 6.18 所示。

V

```
model=tf.keras.Sequential()
model.add(tf.keras.layers.Conv2D(32,kernel_size=(3,3),activation='relu',input_shape=(32,32,1)))
model.add(tf.keras.layers.MaxPooling2D(pool_size=(2,2)))
model.add(tf.keras.layers.Flatten())
model.add(tf.keras.layers.Dense(1024,activation='relu'))
model.add(tf.keras.layers.Dense(10,activation='softmax'))
```

can you explain this code to me?

Certainly! This code defines a neural network model using the Keras API within TensorFlow, which is a popular open-source machine learning framework. The model is used for image classification tasks, specifically on the CIFAR-10 dataset, which contains 10 classes of 32x32 pixel images. Here's what each line of the code does:

1. `` `model=tf.keras.Sequential()` ``: Creates a sequential model, which is a linear stack of layers.
2. `` `model.add(tf.keras.layers.Conv2D(32,kernel_size=(3,3),activation='relu',input_shape=(32,32,1)))` ``: Adds a convolutional layer to the model, with 32 filters of size 3x3, using the ReLU activation function. The input shape is set to 32x32 pixels with a single color channel.
3. `` `model.add(tf.keras.layers.MaxPooling2D(pool_size=(2,2)))` ``: Adds a max pooling layer to the model, with a pooling window size of 2x2. This helps to downsample the input and reduce the number of parameters in the model.
4. `` `model.add(tf.keras.layers.Flatten())` ``: Adds a flattening layer to the model, which takes the output of the previous layer and flattens it into a 1-dimensional vector. This is necessary to connect the output of the convolutional layers to the fully connected layers.
5. `` `model.add(tf.keras.layers.Dense(1024,activation='relu'))` ``: Adds a fully connected layer with 1024 neurons and a ReLU activation function.
6. `` `model.add(tf.keras.layers.Dense(10,activation='softmax'))` ``: Adds a final fully connected layer with 10 neurons (one for each class) and a softmax activation function, which produces a probability distribution over the classes.

Overall, this model has a convolutional layer for feature extraction, followed by a max pooling layer for downsampling, a flattening layer to reshape the output, and two fully connected layers for classification.

图 6.17　ChatGPT 的模型可解释性

```
model.fit(np.resize(x_train, (50000,32,32,1))/255.0,
        tf.keras.utils.to_categorical(y_train),
        batch_size=batch_size,
        shuffle=True,
        epochs=epochs,
        validation_data=(np.resize(x_test, (10000,32,32,1))/255.0,
        tf.keras.utils.to_categorical(y_test))
        )
```

```
Epoch 1/3
1563/1563 [==============================] - 208s 133ms/step - loss: 2.3021 - accuracy: 0.1038 - val_loss: 2.3029 - val_accuracy: 0.1039
Epoch 2/3
1563/1563 [==============================] - 209s 133ms/step - loss: 2.2964 - accuracy: 0.1104 - val_loss: 2.3070 - val_accuracy: 0.1001
Epoch 3/3
1563/1563 [==============================] - 909s 582ms/step - loss: 2.2743 - accuracy: 0.1312 - val_loss: 2.3173 - val_accuracy: 0.1006
```

图 6.18　评估指标

我们还可以要求 ChatGPT 就验证指标给出详细说明，如图 6.19 所示。

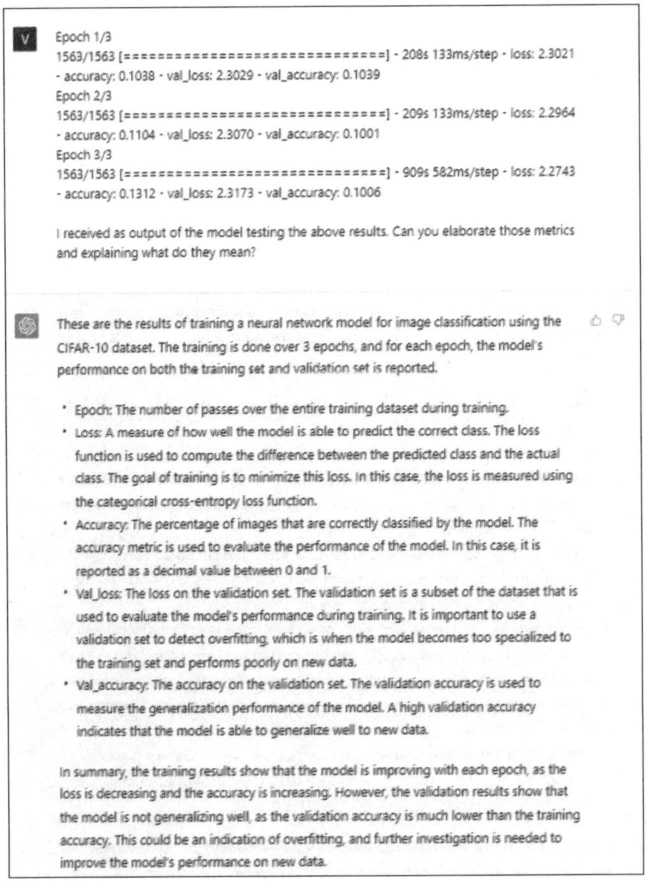
V
Epoch 1/3
1563/1563 [==============================] - 208s 133ms/step - loss: 2.3021 - accuracy: 0.1038 - val_loss: 2.3029 - val_accuracy: 0.1039
Epoch 2/3
1563/1563 [==============================] - 209s 133ms/step - loss: 2.2964 - accuracy: 0.1104 - val_loss: 2.3070 - val_accuracy: 0.1001
Epoch 3/3
1563/1563 [==============================] - 909s 582ms/step - loss: 2.2743 - accuracy: 0.1312 - val_loss: 2.3173 - val_accuracy: 0.1006
I received as output of the model testing the above results. Can you elaborate those metrics and explaining what do they mean?
These are the results of training a neural network model for image classification using the CIFAR-10 dataset. The training is done over 3 epochs, and for each epoch, the model's performance on both the training set and validation set is reported.
• Epoch: The number of passes over the entire training dataset during training.
• Loss: A measure of how well the model is able to predict the correct class. The loss function is used to compute the difference between the predicted class and the actual class. The goal of training is to minimize this loss. In this case, the loss is measured using the categorical cross-entropy loss function.
• Accuracy: The percentage of images that are correctly classified by the model. The accuracy metric is used to evaluate the performance of the model. In this case, it is reported as a decimal value between 0 and 1.
• Val_loss: The loss on the validation set. The validation set is a subset of the dataset that is used to evaluate the model's performance during training. It is important to use a validation set to detect overfitting, which is when the model becomes too specialized to the training set and performs poorly on new data.
• Val_accuracy: The accuracy on the validation set. The validation accuracy is used to measure the generalization performance of the model. A high validation accuracy indicates that the model is able to generalize well to new data.
In summary, the training results show that the model is improving with each epoch, as the loss is decreasing and the accuracy is increasing. However, the validation results show that the model is not generalizing well, as the validation accuracy is much lower than the training accuracy. This could be an indication of overfitting, and further investigation is needed to improve the model's performance on new data.

图 6.19 ChatGPT 就验证指标给出解释

结果再次令人震撼，ChatGPT 提供了关于如何在训练集和测试集上进行机器学习实验的明确指导，解释了模型泛化的重要性，以避免过拟合问题，并能够基于全新的数据给出准确的预测结果。

模型可解释性之所以重要，原因众多，其中关键的原因是其缩小了业务用户和模型背后代码之间的差距。这对于帮助业务用户理解模型的行为以及将其转化为业务代码非常重要。

此外，模型可解释性实现了负责任且合乎道德伦理的人工智能的关键原则之一，即确保人工智能系统背后的模型在思考和行为方面的透明度。解锁模型可解释性意味着检测模型在生产过程中可能具有的潜在偏见或不合规行为，进而避免此类问题的发生。

总之，ChatGPT 可以在模型可解释性方面提供有价值的支持，就像我们在上一个例子中看到的那样，逐一给出洞见。

接下来我们会探讨 ChatGPT 的另一个也是最后一个功能，这一功能将进一步提升开发人员的生产力，特别是在同一项目中使用多种编程语言时。

6.5　不同编程语言之间的转换

第 5 章展示了 ChatGPT 在不同语言间极强的转换能力。真正令人难以置信的是，自然语言并非是其唯一的转换对象。事实上，ChatGPT 能够在不同的编程语言之间进行转换，同时保持相同的输出和相同的风格（如果有 docstring 文档，则会予以保留）。

在许多情况下，这可能是一种颠覆游戏规则的技术。

例如，为了快速交付项目，你可能需要学习一种全新的编程语言或统计工具。但是有了 ChatGPT 的帮助，你只需要使用自己擅长的语言编程，然后用 ChatGPT 将其转换成目标编程语言即可。

假设项目需要在 MATLAB（由 MathWorks 开发的专有数值计算和编程的软件）中交付，而你通常使用 Python 编程。该项目需要对来自 **Modified National Institute of Standards and Technology**（**MNIST**）数据集的图像进行分类。该数据集包含许多手写数字，经常用于训练各种图像处理系统。

首先，编写以下 Python 代码，以初始化用于分类的深度学习模型：

```
import tensorflow as tf
from tensorflow import keras
from tensorflow.keras import layers

# Load the MNIST dataset
(x_train, y_train), (x_test, y_test) = keras.datasets.mnist.load_
data()

# Preprocess the data
x_train = x_train.reshape(-1, 28*28) / 255.0
x_test = x_test.reshape(-1, 28*28) / 255.0
y_train = keras.utils.to_categorical(y_train)
y_test = keras.utils.to_categorical(y_test)

# Define the model architecture
model = keras.Sequential([
    layers.Dense(256, activation='relu', input_shape=(28*28,)),
    layers.Dense(128, activation='relu'),
    layers.Dense(10, activation='softmax')
])
```

```
# Compile the model
model.compile(optimizer='adam', loss='categorical_crossentropy',
metrics=['accuracy'])

# Train the model
history = model.fit(x_train, y_train, validation_split=0.2, epochs=10,
batch_size=128)

# Evaluate the model
test_loss, test_acc = model.evaluate(x_test, y_test, verbose=0)
print('Test accuracy:', test_acc)
```

接着，将上述代码作为上下文传递给 ChatGPT 并要求它将其转换成用 MATLAB 实现的代码，则会得到图 6.20 所示的输出。

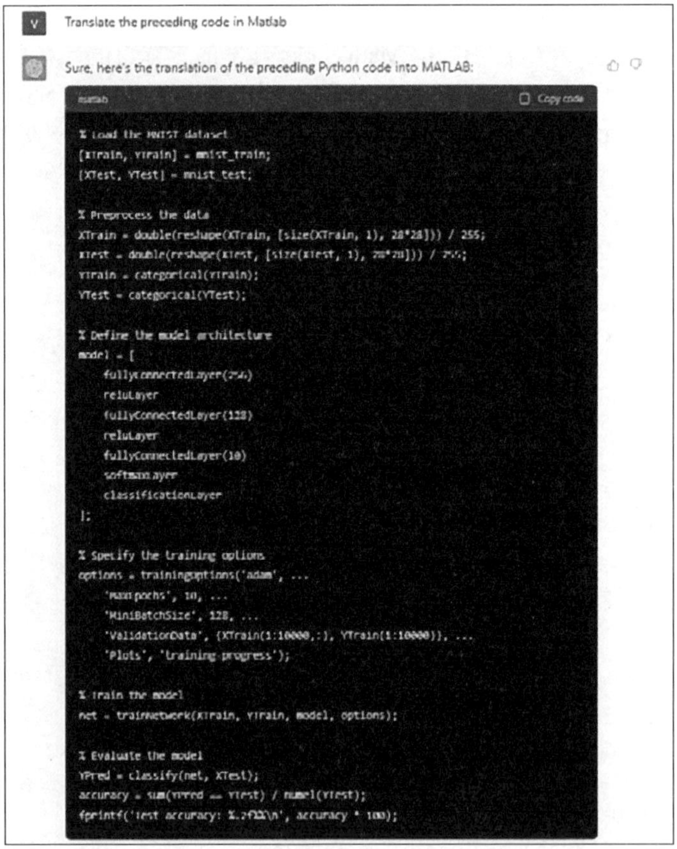
Translate the preceding code in Matlab
Sure, here's the translation of the preceding Python code into MATLAB:
Copy code
[XTest, YTest] = mnist_test;
% Preprocess the data
XTrain = double(reshape(XTrain, [size(XTrain, 1), 28*28])) / 255;
YTest = categorical(YTest);
% Define the model architecture
reluLayer
fullyConnectedLayer(128)
reluLayer
fullyConnectedLayer(10)
classificationLayer
% Specify the training options
options = trainingOptions('adam', ...
'MiniBatchSize', 128, ...
'ValidationData', {XTrain(1:10000,:), YTrain(1:10000)}, ...
'Plots', 'training-progress');
% Train the model
net = trainNetwork(XTrain, YTrain, model, options);
% Evaluate the model
YPred = classify(net, XTest);

图 6.20 ChatGPT 将 Python 代码转换成 MATLAB 代码

还可以看看 ChatGPT 是否能将其转换成其他语言（例如 JavaScript），如图 6.21 所示。

V　translate the preceding deep learning model written in Python to JavaScript

To translate the preceding deep learning model from Python to JavaScript, we can use TensorFlow.js, a library for machine learning in JavaScript. Here's the translation of the Python code to JavaScript:

javascript　Copy code

```javascript
// Load the MNIST dataset
const data = tf.data.generator(function() {
  return {value: tf.nextFrame(tf.tensor([mnist.nextTrainBatch(128)]))};
});

// Preprocess the data
const trainData = data.take(10000).map(x => {
  return {x: x.value.reshape([128, 28 * 28]).div(255), y: tf.oneHot(x.value.
});
const testData = data.skip(10000).map(x => {
  return {x: x.value.reshape([128, 28 * 28]).div(255), y: tf.oneHot(x.value.
});

// Define the model architecture
const model = tf.sequential({
  layers: [
    tf.layers.dense({units: 256, inputShape: [28 * 28], activation: 'relu'})
    tf.layers.dense({units: 128, activation: 'relu'}),
    tf.layers.dense({units: 10, activation: 'softmax'})
  ]
});

// Specify the training options
const optimizer = tf.train.adam();
const loss = 'categoricalCrossentropy';
const metrics = ['accuracy'];
const batchSize = 128;
const epochs = 10;
const validationSplit = 0.1;
const shuffle = true;
const verbose = 1;
const fitArgs = {optimizer, loss, metrics, batchSize, epochs, validationSpli

// Train the model
model.fitDataset(trainData, fitArgs);

// Evaluate the model
const evalArgs = {batchSize: 128};
const evalResult = model.evaluateDataset(testData, evalArgs);
console.log(`Test loss: ${evalResult[0].dataSync()[0].toFixed(2)}, accuracy:
```

This code has the same functionality as the Python code, with some differences in syntax and usage. We first load the MNIST dataset using the TensorFlow.js data API, preprocess it, and define the model architecture using the `tf.sequential` API. We then specify the training options, including the optimizer, loss function, metrics, batch size, and number of epochs, and train the model using the `model.fitDataset` method. Finally, we evaluate the model on the test set using the `model.evaluateDataset` method and print the test loss and accuracy.

图 6.21　ChatGPT 将 Python 代码转换为 JavaScript 代码

代码转换还可以缩小编程领域新旧技术之间的技能差距。

代码转换的另一个关键影响是**应用程序现代化**。假设你想更新应用程序技术栈，即迁移到云端。在第一阶段，你可以从简单的提升和转移开始，转向基础设施即服务（**Infrastructure-as-a-Service，IaaS**）实例（如 Windows 或 Linux 虚拟机 **machine，VM**）。在第二阶段，你可能需要重构、重组或重建应用程序。

图 6.22 展示了实现应用程序现代化（将应用程序迁移到公共云）的 4 种方式。

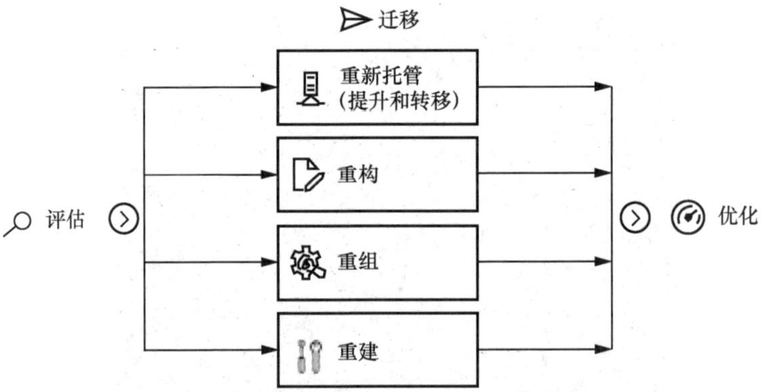

图 6.22　将应用程序迁移到公共云的 4 种方式

ChatGPT 和 OpenAI Codex 模型可以帮助用户完成迁移任务。以大型基础设施为例，大型基础设施主要由大型组织使用，用于执行诸如普查、消费者和产业统计、企业资源规划和大规模交易处理等重要任务。大型基础设施环境的应用程序的编程语言是**通用商业定向语言**（Common Business Oriented Language，COBOL）。尽管 COBOL 早在 1959 年便诞生了，但至今仍在使用，堪称现有最古老的编程语言之一。

随着技术的不断改进，驻留在大型基础设施领域的应用程序经历了一个持续的迁移和现代化过程，该过程旨在对现有遗留大型基础设施的界面、代码、成本、性能和可维护性等进行改进。

当然，这意味着将 COBOL 转换为更现代的编程语言，例如 C# 或 Java。问题在于，大多数新一代程序员并不了解 COBOL，在这种情况下，就会存在巨大的技能差距。

先来看一个 COBOL 脚本，该脚本用于读取员工记录文件，并就在公司工作超过 10 年的员工创建一份报告。

```
IDENTIFICATION DIVISION.
PROGRAM-ID. EMPLOYEEREPORT.


ENVIRONMENT DIVISION.
```

```
INPUT-OUTPUT SECTION.
FILE-CONTROL.
    SELECT EMPLOYEE-FILE ASSIGN TO 'EMPLOYEE.DAT'
        ORGANIZATION IS LINE SEQUENTIAL.
    SELECT REPORT-FILE ASSIGN TO 'EMPLOYEEREPORT.TXT'
        ORGANIZATION IS LINE SEQUENTIAL.

DATA DIVISION.
FILE SECTION.
FD EMPLOYEE-FILE.
01 EMPLOYEE-RECORD.
    05 EMPLOYEE-ID      PIC X(10).
    05 HIRE-DATE        PIC 9(6).
    05 EMPLOYEE-NAME    PIC X(30).

FD REPORT-FILE.
01 REPORT-LINE          PIC X(80).

WORKING-STORAGE SECTION.
01 WS-CURRENT-DATE      PIC 9(6).
01 WS-EMPLOYEE-YEARS    PIC 9(2).
01 WS-REPORT-HEADER.
    05 FILLER           PIC X(30) VALUE 'EMPLOYEES WITH 10+ YEARS OF
SERVICE'.
    05 FILLER           PIC X(10) VALUE SPACES.
    05 WS-REPORT-DATE   PIC X(6).

PROCEDURE DIVISION.
MAIN-PARAGRAPH.
    OPEN INPUT EMPLOYEE-FILE
    OPEN OUTPUT REPORT-FILE
    MOVE FUNCTION CURRENT-DATE TO WS-CURRENT-DATE
    MOVE WS-CURRENT-DATE(1:6) TO WS-REPORT-DATE
    WRITE REPORT-LINE FROM WS-REPORT-HEADER
    WRITE REPORT-LINE FROM SPACES
    PERFORM READ-EMPLOYEE UNTIL EMPLOYEE-FILE-STATUS = '10'
    CLOSE EMPLOYEE-FILE
    CLOSE REPORT-FILE
    STOP RUN.

READ-EMPLOYEE.
```

```
    READ EMPLOYEE-FILE
        AT END MOVE '10' TO EMPLOYEE-FILE-STATUS
    END-READ
    COMPUTE WS-EMPLOYEE-YEARS = FUNCTION INTEGER-OF-DATE(WS-CURRENT-
DATE) - HIRE-DATE(1:6)
    IF WS-EMPLOYEE-YEARS >= 10
        WRITE REPORT-LINE FROM EMPLOYEE-RECORD
    END-IF.
```

接下来，我们将已有的 COBOL 脚本传递给 ChatGPT，以便 ChatGPT 将其用作上下文来给出答复。现在，我们要求 ChatGPT 将该脚本转换成 JavaScript 代码，如图 6.23 所示。

The preceding code is written in COBOL, a programming language commonly used for business and administrative applications in the 1960s and 1970s. It reads data from an input file called "EMPLOYEE.DAT", which contains information about employees including their ID, hire date, and name. It then writes a report to an output file called "EMPLOYEEREPORT.TXT", listing the names of employees who have been with the company for 10 or more years.

Here is a translation of the COBOL code into JavaScript:

javascript　　Copy code

```javascript
const fs = require('fs');

const employeeData = fs.readFileSync('EMPLOYEE.DAT', 'utf-8');
const employeeRecords = employeeData.split('\n').filter(record => record.length >

const reportHeader = 'EMPLOYEES WITH 10+ YEARS OF SERVICE\n\n';
const reportLines = employeeRecords.filter(record => {
  const hireDate = Number.parseInt(record.substr(11, 6), 10);
  const currentDate = new Date();
  const currentYear = currentDate.getFullYear();
  const currentMonth = currentDate.getMonth() + 1;
  const currentDay = currentDate.getDate();
  const currentDateString = `${currentYear}${currentMonth < 10 ? '0' : ''}${current
  const yearsOfService = Math.floor((Number.parseInt(currentDateString, 10) - hireD
  return yearsOfService >= 10;
}).map(record => record.substr(0, 10));

const report = reportHeader + reportLines.join('\n');

fs.writeFileSync('EMPLOYEEREPORT.TXT', report);
```

This code reads the contents of the "EMPLOYEE.DAT" file, splits it into individual employee records, and filters out any empty records. It then calculates the years of service for each employee by subtracting their hire date from the current date, and filters out any employees who have been with the company for less than 10 years. Finally, it creates a report string consisting of the report header and the names of the qualifying employees, separated by newlines, and writes it to a file called "EMPLOYEEREPORT.TXT".

图 6.23　ChatGPT 将 COBOL 代码转换成 JavaScript 代码

ChatGPT 等工具可以引入一个“既了解编程的过去又了解编程的未来”的层，这样就能缩小类似情况下的技能差距。

总之，ChatGPT 可以成为应用程序现代化的有效工具，可提供代码升级并为增强遗留系统提供有价值的见解和建议。凭借其先进的语言处理能力和广泛的知识库，ChatGPT 可以帮助组织简化其现代化工作，使整个过程更快、更高效。

> OpenAI Codex 模型是 GitHub Copilot 背后的引擎，可用于本章中的许多用例，例如代码生成、自动填充和代码优化。

6.6 小结

ChatGPT 可以为想提高技能和简化工作流程的开发人员提供极有价值的资源。本章在学习 ChatGPT 如何生成、优化和调试代码的同时，还介绍了一些其他功能，例如在编写代码的同时生成文档、解释机器学习模型以及为实现应用程序现代化而进行代码转换。

无论你是经验丰富的开发人员还是新手，借助 ChatGPT 这个强大的学习和成长工具，都可以轻而易举地缩小代码和自然语言之间的差距。

第 7 章将深入探讨 ChatGPT 如何成为营销领域的“颠覆者”。

第 7 章 ChatGPT 助力营销

本章主要内容

- 营销人员希望用 ChatGPT 解决什么问题。
- 新品研发和上架策略。
- 用于营销对比的 A/B 测试。
- 通过**搜索引擎优化**（Search Engine Optimization，SEO）提高网站和帖子的效率。
- 文本数据的情绪分析。

本章重点介绍营销人员如何利用 ChatGPT 实现生产力的提升，营销人员如何将其作为有价值的助手。

学完本章，你应该能利用 ChatGPT 进行与营销相关的活动，进而实现生产力的提升。

7.1 技术要求

在访问 ChatGPT 和 DALL-E 之前，请创建一个 OpenAI 账户。

本章的所有代码和提示参见配套的 GitHub 仓库或异步社区的配套资源。

7.2 营销人员对 ChatGPT 的需求

在营销领域，ChatGPT 和 OpenAI 模型充分展现出强大的创造力，是助力创意开发（例如新产品、营销活动、搜索引擎优化等）的有效工具。总体而言，ChatGPT 可以让营销工作的诸多环节实现自动化和简化，进而提高营销工作的质量和效果。

先来看一个示例。在营销领域，ChatGPT 突出且很有前途的应用之一是个性化营销。ChatGPT 可用于分析客户数据并生成与个体客户精准匹配的个性化营销信息。例如，营销团队可以使用 ChatGPT 分析客户数据并策划针对特定客户偏好和行为的定向电子邮件营销活动。这可以增加转化的可能性，提高客户满意度。通过洞察客户情绪和行为、生成个性化的营销信息、提供个性化的客户支持和生成内容，ChatGPT 可以帮助营销人员提供卓越的客户体验并推动业务增长。

这只是 ChatGPT 在营销领域的众多应用之一。接下来，我们将给出多个 ChatGPT 支持的端到端营销项目的具体示例。

7.3　新品研发和上架策略

首先，ChatGPT 在营销活动中可以作为新品研发和**上架**（go-to-market，GTM）策略的助手。

本节将介绍如何用 ChatGPT 助力新品的研发和推广。假设你经营着一个名为 **RunFast** 的运动品牌，但是到目前为止只做跑鞋产品，而你希望通过引入新产品系列来拓展业务，那么不妨先制订上架策略。当然，ChatGPT 也支持其他营销活动。

- **头脑风暴**：ChatGPT 可以助力的第一件事就是头脑风暴和起草方案。除此之外，它还会附上提出每条建议的原因。那么，不妨来问一下它应该关注哪种新产品线，如图 7.1 所示。

根据 ChatGPT 的建议，我们将选择第一条建议，并认为跑步袜确实可以作为跑鞋的补充产品，接下来继续推进。

- **产品名称**：确定想法后还需要拟定一个足够吸引人的名称。同样，继续让 ChatGPT 提供选项，然后从中选择自己喜欢的选项，如图 7.2 所示。

SprintSoles 听起来不错，可以选为产品名称。

- **生成琅琅上口的广告语**：除了产品名称，我们还可以通过分享产品名称的寓意和产品线的使命来吸引目标受众。我们希望提升客户对这一品牌的信任度和忠诚度，如图 7.3 所示。

我们对现在的产品名称和广告语很满意，以后会基于所得到的素材制作社交媒体广告。在此之前，我们想花更多时间去研究这个产品的目标受众，如图 7.4 所示。

重要的是要向不同群体的受众传递不同的信息。在本示例中，我们想让新产品系列能满足职业跑者、业余跑者和健身爱好者等不同受众的需求。

- **变体产品和销售渠道**：根据前文提及的潜在客户群体生产变体产品，以使产品更加适合特定的受众，如图 7.5 所示。

同样，可以让 ChatGPT 基于前文列举的不同群体给出不同销售渠道的建议，如图 7.6 所示。

V I own a running clothing brand that produces running shoes. Generate 3 new product ideas I can add as product lines for my brand

Sure, here are three potential product ideas that you can consider adding as product lines for your running clothing brand that produces running shoes:

1. Running Socks: Running socks are an essential piece of gear for any runner, and they can be a great complementary product to your line of running shoes. You can consider producing high-quality running socks that are specifically designed to provide maximum comfort and support during runs.
2. Running Accessories: In addition to shoes and socks, there are a variety of other accessories that runners may need, such as hats, gloves, arm sleeves, and belts. By adding a line of running accessories to your brand, you can provide a complete package of products for runners, and help build customer loyalty.
3. Running Apparel: While your brand may already produce running clothing, you can consider expanding your line to include other types of apparel, such as jackets, shorts, and leggings. This can help provide runners with a complete outfit for all types of weather and running conditions, and can help differentiate your brand from competitors that only produce shoes.

It's important to conduct market research and analyze the needs and preferences of your target audience when considering new product ideas. By understanding the needs and wants of your customers, you can develop products that are more likely to succeed in the market and generate revenue for your business.

图 7.1 ChatGPT 生成的新创意

V I want a name for my new product line of Running Socks. Generate 5 options for a catchy product line name

Sure, here are five potential name options for your new product line of Running Socks:

1. StrideSocks
2. DashDri
3. TempoToes
4. SprintSoles
5. PacePeds

When selecting a name for your product line, it's important to consider factors such as brand identity, target audience, and competition. The name should be easy to remember and pronounce, and should convey the key features and benefits of the product. You may also want to conduct research to ensure that the name is not already in use by another brand or product.

图 7.2 备选产品名称列表

generate 3 slogans for the "SprintSoles" name. They should be motivating, concise, and catchy.

Sure, here are three potential slogans for the "SprintSoles" name:

1. "Step Up Your Speed with SprintSoles!"
2. "Fast Feet, Fast Times - SprintSoles has your back!"
3. "Race to the Finish with SprintSoles on your feet!"

These slogans aim to motivate runners to perform their best by emphasizing the idea that SprintSoles can help them achieve faster times and better performance. They also use alliteration and rhyme to create a catchy and memorable phrase. Additionally, the slogans are concise and to the point, which can help them resonate with busy funners who may not have time to read lengthy marketing copy.

图 7.3 与新产品名称相对应的广告语

what kind of target audience should I address with the promotion of SprintSoles product line?

The target audience for SprintSoles could include a range of runners who are looking for high-quality, performance-enhancing running socks. Some potential target audiences to consider for your promotion could include:

1. Competitive runners: This audience is highly motivated to perform their best, and may be willing to invest in high-quality gear that can help them achieve their goals. SprintSoles could appeal to competitive runners who are looking for socks that offer superior support, comfort, and performance benefits.
2. Casual runners: Many runners enjoy running as a form of exercise and stress relief, and may be looking for gear that can help them feel more comfortable and confident on their runs. SprintSoles could appeal to casual runners who are looking for an affordable and effective way to improve their performance and enjoyment of running.
3. Fitness enthusiasts: Beyond just runners, there are many individuals who are interested in health and fitness, and may be looking for gear that can help them reach their fitness goals. SprintSoles could appeal to fitness enthusiasts who are looking for an edge in their workouts and are willing to invest in high-quality gear.

It's important to conduct market research and identify the most profitable and receptive target audience for your brand. By understanding the needs, preferences, and motivations of your target audience, you can develop marketing campaigns and promotions that are more likely to succeed in the market and generate revenue for your business.

图 7.4 新产品系列的目标受众

V with respect to the target audience groups you generated earlier (competitive runners, casual runners, fitness enthusiast), suggest me 3 product variant of SprintSoles that are specifically tailored to that audience group

Sure, here are three product variants of SprintSoles that are tailored to each of the target audience groups:

1. Competitive runners: SprintSoles Pro Edition. This variant is designed with competitive runners in mind, featuring extra cushioning, arch support, and moisture-wicking technology to help maximize performance. It's also made with durable, long-lasting materials to withstand the wear and tear of regular use.
2. Casual runners: SprintSoles Lite Edition. This variant is perfect for casual runners who value comfort and style. It features a breathable, lightweight design that keeps your feet cool and comfortable, and comes in a range of trendy colors to match your personal style.
3. Fitness enthusiasts: SprintSoles Active Edition. This variant is designed for fitness enthusiasts who enjoy a variety of activities, from running to cycling to gym workouts. It features a versatile, multi-sport design with advanced moisture-wicking technology and targeted cushioning for maximum comfort and support during any activity.

By tailoring each variant to the specific needs and preferences of each target audience group, you can better meet their unique needs and preferences, and increase the appeal and relevance of your products to those specific groups.

图 7.5 产品变体

V what could be the best channel to reach out each of the preceding group?

To reach the different target audiences mentioned above, you can use a variety of marketing channels that are likely to resonate with each group. Here are a few suggestions:

1. Competitive runners: To reach this audience, you could consider using social media platforms that cater to runners, such as Strava, or forums and message boards focused on running. You could also use targeted online ads or sponsored content on running blogs and websites. In-person events, such as running expos or races, can also be effective for reaching this audience.
2. Casual runners: To reach casual runners, you could use a mix of social media platforms, including Facebook and Instagram, to showcase the benefits of SprintSoles, as well as content marketing and email newsletters that provide helpful tips for improving running performance. You could also consider sponsoring local running clubs or events, or partnering with fitness influencers who appeal to this audience.
3. Fitness enthusiasts: To reach this audience, you could use social media platforms that are popular among fitness enthusiasts, such as Instagram and YouTube. You could also consider using influencer marketing by partnering with fitness bloggers or social media personalities who have a large following. In addition, you could run targeted online ads on websites and forums related to fitness and health.

It's important to remember that different marketing channels work better for different audiences, so it's important to do research and testing to determine which channels are most effective for reaching your target audience. Additionally, it's important to tailor your messaging and branding to each audience to ensure that it resonates with their specific needs and preferences.

图 7.6 ChatGPT 提出的针对不同销售渠道的建议

- **从竞争中脱颖而出**：我们希望新产品系列能从竞争激烈的市场中脱颖而出并充分彰显其特色。出于这个目的，我们使用 ChatGPT 考虑可持续性和包容性等社会因素，让其给出建议，如图 7.7 所示。

V How can I make my new product line SprintSoles unique and standing out from the competition? think something also related to sustainability, diversity, and inclusivity

To make your new product line, SprintSoles, unique and outstanding in a competitive market, here are some ideas that relate to sustainability, diversity, and inclusivity:

1. Sustainable materials: Consider using eco-friendly and sustainable materials to create your running sock line. This can help differentiate your products from competitors who may use less sustainable materials.
2. Inclusivity: Consider creating a range of sizes to fit a diverse range of customers. In addition, consider using diverse models in your marketing campaigns to appeal to a wide range of customers and promote inclusivity.
3. Charity partnerships: Partner with a charity or nonprofit organization that aligns with your brand values to donate a portion of your profits to a good cause. This can help you stand out from competitors and show your commitment to social responsibility.
4. Customization: Allow customers to customize their running socks by selecting their own color, size, and design features. This can create a more personalized experience for customers and help you stand out from competitors who may offer more generic products.
5. Comfort features: Consider adding comfort features, such as extra cushioning or moisture-wicking materials, to your running sock line. This can help your products stand out from competitors and appeal to customers who value both performance and comfort.

By incorporating unique features that align with your brand values of sustainability, diversity, and inclusivity, you can differentiate your product line and attract a wider range of customers. Additionally, it's important to communicate these features effectively through your marketing and branding to help customers understand what makes your products unique and why they should choose SprintSoles over competing brands.

图 7.7 ChatGPT 针对产品功能提出的建议

如图 7.7 所示，ChatGPT 能够针对产品功能提出建议。

- **产品描述**：是时候使用 ChatGPT 制订计划了。首先，生成产品描述，并列出一些 SEO 关键字，如图 7.8 所示。
- **价格公允**：另一个关键因素是确保产品的价格公允。由于针对不同受众（职业跑者、业余跑者和健身爱好者）设置了变体产品，因此希望设置一个与之匹配的价格区间，如图 7.9 所示。

generate a product description for SprintSoles using the unique differentiator you listed earlier. It should be catchy and effective, as well as SEO optimized. list also the SEO keywords you used once you finish.

Here's an example product description for SprintSoles, highlighting their unique features and differentiators:

Introducing SprintSoles - the ultimate running socks designed for both performance and sustainability. Our socks are made from eco-friendly materials, making them the perfect choice for runners who want to reduce their carbon footprint. But that's not all - we also offer a range of sizes to fit every foot, ensuring that everyone can enjoy the comfort and support that SprintSoles provide. And for the ultimate in personalized comfort, our socks feature extra cushioning and moisture-wicking materials, ensuring that you stay cool, dry, and comfortable no matter how far you run.

With SprintSoles, you can run with confidence, knowing that you're not only performing at your best but also doing your part to protect the environment. Order now and experience the comfort, sustainability, and performance of SprintSoles running socks.

SEO keywords used:

- Running socks
- Sustainable running socks
- Eco-friendly running socks
- Moisture-wicking running socks
- Performance running socks
- Personalized running socks
- Comfortable running socks
- Running socks for all sizes
- Eco-conscious running gear

图 7.8　ChatGPT 生成的描述和 SEO 关键字

what could be a fair price for the preceding mentioned product variants, considering the competition and the different target audience?

Determining a fair price for SprintSoles would depend on several factors, including production costs, competition, and target audience. However, here are some general guidelines to consider for each product variant based on the target audience:

1. Competitive runners: SprintSoles Pro Edition. This variant is designed for high-performance runners and would likely command a higher price point than other variants. Based on market research and the pricing of similar high-end running socks, a fair price for the SprintSoles Pro Edition could be between $25 to $35.
2. Casual runners: SprintSoles Lite Edition. This variant is targeted at a more casual market, where price sensitivity may be a factor. A fair price for the SprintSoles Lite Edition could be between $10 to $20, depending on the features, materials, and design.
3. Fitness enthusiasts: SprintSoles Active Edition. This variant is designed for a versatile, multi-sport audience, and the price should reflect that. Based on the pricing of similar running socks and fitness gear, a fair price for the SprintSoles Active Edition could be between $15 to $25.

Of course, these price points are just a general guideline, and further market research and analysis would be necessary to determine the optimal pricing for each variant of SprintSoles based on your unique brand positioning and target audience.

图 7.9　变体产品的价格区间

至此，我们已经完成了新品研发和上架的主要步骤。在每个步骤中，ChatGPT 都充当了一个很好的支持工具。

最后用 ChatGPT 为新产品生成一个 Instagram 帖子，其中包括相关的标签和 SEO 关键字，如图 7.10 所示。

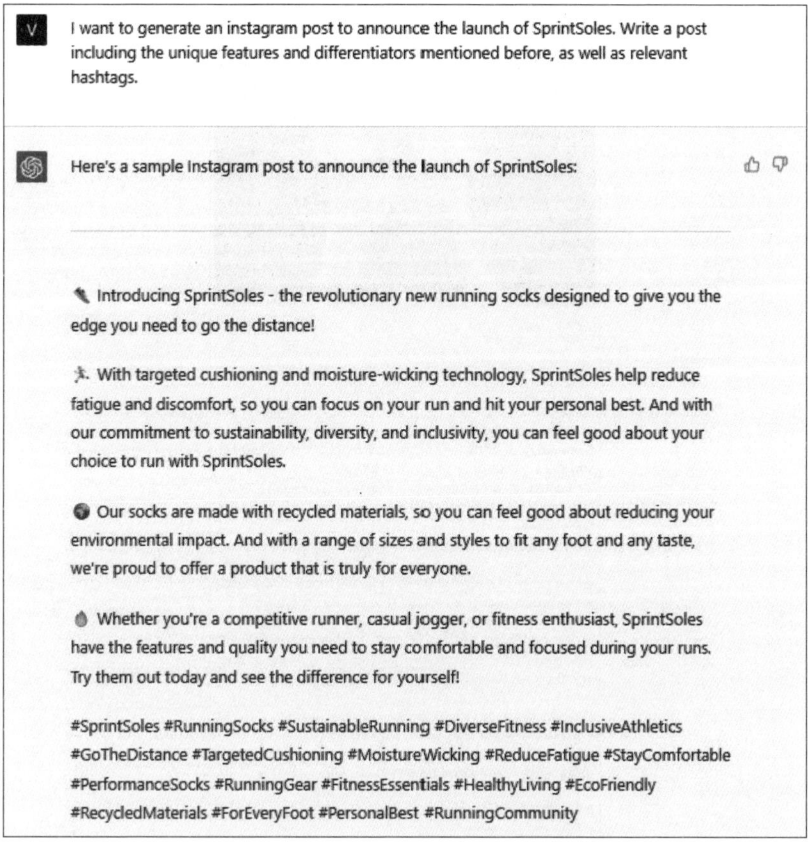
I want to generate an instagram post to announce the launch of SprintSoles. Write a post including the unique features and differentiators mentioned before, as well as relevant hashtags.

Here's a sample Instagram post to announce the launch of SprintSoles:

Introducing SprintSoles - the revolutionary new running socks designed to give you the edge you need to go the distance!

With targeted cushioning and moisture-wicking technology, SprintSoles help reduce fatigue and discomfort, so you can focus on your run and hit your personal best. And with our commitment to sustainability, diversity, and inclusivity, you can feel good about your choice to run with SprintSoles.

Our socks are made with recycled materials, so you can feel good about reducing your environmental impact. And with a range of sizes and styles to fit any foot and any taste, we're proud to offer a product that is truly for everyone.

Whether you're a competitive runner, casual jogger, or fitness enthusiast, SprintSoles have the features and quality you need to stay comfortable and focused during your runs. Try them out today and see the difference for yourself!

#SprintSoles #RunningSocks #SustainableRunning #DiverseFitness #InclusiveAthletics #GoTheDistance #TargetedCushioning #MoistureWicking #ReduceFatigue #StayComfortable #PerformanceSocks #RunningGear #FitnessEssentials #HealthyLiving #EcoFriendly #RecycledMaterials #ForEveryFoot #PersonalBest #RunningCommunity

图 7.10　ChatGPT 生成的社交媒体帖子

接下来我们可以用 DALL-E 生成宣传图。在 DALL-E 的特别助力下，最终效果如图 7.11 所示。

当然，与完整的新品开发和上架过程相比，这仅仅是一个简化版本的营销过程。但是，在 ChatGPT 的支持下（以及 DALL-E 的助力下——你可以在 OpenAI 官网上自行尝试 DALL-E），我们成功地开展了头脑风暴，推出了新产品系列和变体产品，找到了潜在客户，策划出了主题突出、琅琅上口的广告语，还得到了一个相当不错的宣传帖！

Instagram
RunFast
Introducing SprintSoles - the revolutionary new running socks designed to give you the edge you need to go the distance!
With targeted cushioning and moisture-wicking technology, SprintSoles help reduce fatigue and discomfort, so you can focus on your run and hit your personal best. And with our commitment to sustainability, diversity, and inclusivity, you can feel good about your choice to run with SprintSoles.
Our socks are made with recycled materials, so you can feel good about reducing your environmental impact. And with a range of sizes and styles to fit any foot and any taste, we're proud to offer a product that is truly for everyone.
Whether you're a competitive runner, casual jogger, or fitness enthusiast, SprintSoles have the features and quality you need to stay comfortable and focused during your runs. Try them out today and see the difference for yourself!
#SprintSoles #RunningSocks #SustainableRunning #DiverseFitness #InclusiveAthletics #GoTheDistance #TargetedCushioning #MoistureWicking #ReduceFatigue #StayComfortable #PerformanceSocks #RunningGear #FitnessEssentials #HealthyLiving #EcoFriendly #RecycledMaterials #ForEveryFoot #PersonalBest #RunningCommunity

图 7.11 由 ChatGPT 和 DALL-E 生成的 Instagram 帖子

7.4 用于营销对比的 A/B 测试

ChatGPT 还可以协助营销人员进行 A/B 测试。

在营销领域，A/B 测试主要用来比较营销活动、广告或网站的两个不同版本，以确定哪个版本表现更好。测试者可在 A/B 测试中创建具有相同活动或元素的两个变体，且这两个变体只有一个变量不同，然后查看哪个版本可以产生更多的点击、转化或其他期望的结果。

常见的 A/B 测试示例包括在营销活动中对两封不同版本的电子邮件加以测试，使用不同标题，或测试某个网站登录界面的两个版本——CTA 按钮[1]有所不同。通过评估不同版本的答复率，营销人员可以确定哪个版本表现更好，并基于数据做出决策。

A/B 测试能帮助营销人员最大限度地优化其活动，实现更好的效果，提升回报率。

上述方法需要生成拥有许多相同内容的变体，因此 ChatGPT 强大的生成能力必然可以从中发挥作用。

先来看一个示例，我们正在推广新研发的产品：一款适合攀岩者使用的新型、轻薄款登山带。我们已经做了一些市场调研，足够了解该产品的受众。我们还知道，对于这个受众群体，一个很好的沟通渠道是在某个在线攀岩博客网站上发布文章，因为大多数攀岩馆的成员都是该博客的忠实读者。

我们想写一篇出色的博客文章，以宣传这款新推出的登山带，并且想在两个组中测试两个不同版本。即将发布的博客文章是要进行 A/B 测试的对象，如图 7.12 所示。

Lighter Climbing Harness for Speed Climbers

Introducing the Latest Addition to the World of Climbing Gear

Attention all climbers! Get ready to upgrade your climbing gear with the latest and greatest harness designed specifically for speed climbers. The new climbing harness is lighter than any other on the market, allowing climbers to move more efficiently and faster than ever before.

This innovative harness is perfect for climbers who want to improve their speed and performance without sacrificing safety. The new design features a lightweight, yet durable material that is both breathable and comfortable. Whether you are a beginner or a seasoned climber, this harness will take your climbing experience to new heights. So, what are you waiting for? Head over to your nearest climbing gear store and get your hands on the newest addition to the world of climbing gear. Get ready to climb higher, faster, and more efficiently than ever before!

图 7.12　博客文章示例

在这里，ChatGPT 可以从以下两个层面提供帮助。

- 第一个层面是改写文章，即使用不同的关键字或不同的引人注目的广告语。为此，在提供了图 7.12 中的这篇文章作为上下文后，我们便可以要求 ChatGPT 基于该文章进行修改，并微调某些要素，如图 7.13 所示。

按照我们的要求，ChatGPT 只重新生成标题、副标题和结尾的句子等要素，以便我们可以通过查看两个受众群体的反应来监控这些要素的有效性。

- 第二个层面是改进网页设计，即更改图像的排列方式而非按钮的位置。为此，我们为所发布的博客文章创建了一个简单的网页（代码详见本书配套的 GitHub 仓库），如图 7.14 所示。

1　CTA 按钮，即 Call to Action 按钮，是指引导用户实现转化率的按钮。——编辑注

I'm doing an A/B testing for the launch of a new climbing harness. I'm using a climbing blog as sales channel with the preceding blog post.

please regenerate this content keeping all identical except for the following elements: title, subtitle and closing sentence.

Title: Elevate Your Climbing Game with the Latest Harness

Subheading: Designed for Speed Climbers Who Aim High

Attention all climbers! Are you ready to take your climbing game to the next level? We've got the perfect gear for you! Introducing the latest harness designed specifically for speed climbers who aim high.

This innovative harness is the lightest on the market, allowing you to move with unparalleled efficiency and speed. And don't worry, we haven't sacrificed safety for speed. The harness is made with a lightweight yet durable material that is breathable and comfortable. Whether you're just starting out or are a seasoned climber, this harness will help you reach new heights in your climbing journey.

Don't wait any longer to upgrade your gear. Head to your nearest climbing store now and grab the latest addition to the world of climbing gear. Elevate your game and climb higher than you ever thought possible!

图 7.13 用 ChatGPT 生成的博客文章的新版本

Lighter Climbing Harness for Speed Climbers

Introducing the Latest Addition to the World of Climbing Gear

Attention all climbers! Get ready to upgrade your climbing gear with the latest and greatest harness designed specifically for speed climbers. The new climbing harness is lighter than any other on the market, allowing climbers to move more efficiently and faster than ever before.

This innovative harness is perfect for climbers who want to improve their speed and performance without sacrificing safety. The new design features a lightweight, yet durable material that is both breathable and comfortable. Whether you are a beginner or a seasoned climber, this harness will take your climbing experience to new heights.

So, what are you waiting for? Head over to your nearest climbing gear store and get your hands on the newest addition to the world of climbing gear. Get ready to climb higher, faster, and more efficiently than ever before!

Buy Now | Share on Facebook | Leave Feedback

图 7.14 所发布的博客文章

我们可以直接将 HTML 代码提供给 ChatGPT，并要求其更改一些布局元素，例如按钮的位置或文字。例如，相较于 **Buy Now**（**现在购买**）按钮，**Get Yours Now**（**我要来一个！**）按钮更能激发用户的购买欲望。

我们可以向 ChatGPT 提供 HTML 代码，如图 7.15 所示。输出结果如图 7.16 所示。

```
<!-- Buy Button -->
<a href="http://example.com/buy-now" style="background-
color:#04AA6D;color:white;padding:12px 20px;border:none;border-
radius:4px;cursor:pointer;text-align:center;text-decoration:none;display:inline-block;font-
size:16px;font-weight:bold;">Buy Now</a>

<!-- Share Button -->
<a href="https://www.facebook.com/sharer/sharer.php?u=http://example.com/your-article"
target="_blank" style="background-color:#3B5998;color:white;padding:12px
20px;border:none;border-radius:4px;cursor:pointer;text-align:center;text-
decoration:none;display:inline-block;font-size:16px;font-weight:bold;margin-
left:10px;">Share on Facebook</a>

<!-- Feedback Button -->
<a href="http://example.com/feedback" style="background-
color:#04AA6D;color:white;padding:12px 20px;border:none;border-
radius:4px;cursor:pointer;text-align:center;text-decoration:none;display:inline-block;font-
size:16px;font-weight:bold;margin-left:10px;">Leave Feedback</a>
```

I'm launching a new product with a blog post on a web page with the preceding buttons. Please re-generate the HTML of those buttons changing layout, color, position and wording of the embedded text.

```
<!-- Buy Button -->
<a href="http://example.com/buy-now" style="background-
color:#E74C3C;color:white;padding:10px 20px;border:none;border-
radius:20px;cursor:pointer;text-align:center;text-decoration:none;display:inline-block;font-
size:18px;font-weight:bold;position:relative;top:10px;left:20px;">Get Yours Now</a>

<!-- Share Button -->

<a href="https://www.facebook.com/sharer/sharer.php?u=http://example.com/your-article"
target="_blank" style="background-color:#1877F2;color:white;padding:10px
20px;border:none;border-radius:20px;cursor:pointer;text-align:center;text-
decoration:none;display:inline-block;font-size:18px;font-
weight:bold;position:relative;top:10px;left:40px;">Share on Facebook</a>

<!-- Feedback Button -->

<a href="http://example.com/feedback" style="background-
color:#2ECC71;color:white;padding:10px 20px;border:none;border-
radius:20px;cursor:pointer;text-align:center;text-decoration:none;display:inline-block;font-
size:18px;font-weight:bold;position:relative;top:10px;left:60px;">Give Feedback</a>
```

图 7.15　ChatGPT 修改 HTML 代码

如图 7.16 所示，ChatGPT 只微调了按钮的布局、位置、颜色和文字。

事实上，只要检查两个版本的源代码，我们就能清楚地看到它们在按钮部分有所不同，如图 7.17 所示。

Lighter Climbing Harness for Speed Climbers
Introducing the Latest Addition to the World of Climbing Gear
Attention all climbers! Get ready to upgrade your climbing gear with the latest and greatest harness designed specifically for speed climbers. The new climbing harness is lighter than any other on the market, allowing climbers to move more efficiently and faster than ever before.
This innovative harness is perfect for climbers who want to improve their speed and performance without sacrificing safety. The new design features a lightweight, yet durable material that is both breathable and comfortable. Whether you are a beginner or a seasoned climber, this harness will take your climbing experience to new heights.
So, what are you waiting for? Head over to your nearest climbing gear store and get your hands on the newest addition to the world of climbing gear. Get ready to climb higher, faster, and more efficiently than ever before!
Get Yours Now
Share on Facebook
Give Feedback

图 7.16　网站的新版本

Elements
<head> </head>
<body>
<header> </header>
<div class="article">
<img src="climbing.jpg" alt="Climbing harness">
<p> </p>
<p> </p>
<p> </p>
<p> </p>
<p> == $0
<!-- Buy Button -->
<a href="http://example.com/buy-now" style="background-color:#E74C3C;color:white;padding:10px 20px;border:none;border-radius:20px;cursor:pointer;text-align:center;text-decoration:none;display:inline-block;font-size:18px;font-weight:bold;position:relative;top:10px;left:20px;">Get Yours Now</a>
<!-- Share Button -->
<a href="https://www.facebook.com/sharer/sharer.php?u=http://example.com/your-article" target="_blank" style="background-color:#1877F2;color:white;padding:10px 20px;border:none;border-radius:20px;cursor:pointer;text-align:center;text-decoration:none;display:inline-block;font-size:18px;font-weight:bold;position:relative;top:10px;left:40px;">Share on Facebook</a>
<!-- Feedback Button -->
<a href="http://example.com/feedback" style="background-color:#2ECC71;color:white;padding:10px 20px;border:none;border-radius:20px;cursor:pointer;text-align:center;text-decoration:none;display:inline-block;font-size:18px;font-weight:bold;position:relative;top:10px;left:60px;">Give Feedback</a>
</p>
</div>
</body>
</html>
Elements
<html>
<head> </head>
<body>
<header> </header>
<div class="article">
<img src="climbing.jpg" alt="Climbing harness">
<p> </p>
<p> </p>
<p> </p>
<p> </p>
<p> == $0
<!-- Buy Button -->
<a href="http://example.com/buy-now" style="background-color:#04AA6D;color:white;padding:12px 20px;border:none;border-radius:4px;cursor:pointer;text-align:center;text-decoration:none;display:inline-block;font-size:16px;font-weight:bold;">Buy Now</a>
<!-- Share Button -->
<a href="https://www.facebook.com/sharer/sharer.php?u=http://example.com/your-article" target="_blank" style="background-color:#385998;color:white;padding:12px 20px;border:none;border-radius:4px;cursor:pointer;text-align:center;text-decoration:none;display:inline-block;font-size:16px;font-weight:bold;margin-left:10px;">Share on Facebook</a>
<!-- Feedback Button -->
<a href="http://example.com/feedback" style="background-color:#04AA6D;color:white;padding:12px 20px;border:none;border-radius:4px;cursor:pointer;text-align:center;text-decoration:none;display:inline-block;font-size:16px;font-weight:bold;margin-left:10px;">Leave Feedback</a>
</p>
</div>
</body>
</html>

图 7.17　两个版本的源代码对比

总之，就用于营销对比的 A/B 测试而言，ChatGPT 是一个非常有价值的工具，可用来快速生成相同内容的不同版本，缩短新活动的发布时间。利用 ChatGPT 进行 A/B 测试，我们可以优化营销策略，最终为业务带来更好的效果。

7.5　促进搜索引擎优化（SEO）

ChatGPT 在**搜索引擎优化**（Search Engine Optimization，SEO）领域也产生了颠覆性的影响，这也是一个很有前途的领域。SEO 是 Google 或 Bing 等搜索引擎排名背后的关键元素，决定了网站是否会被正在寻找所推广内容的用户看到。

> SEO 是一种用于提升网站在**搜索引擎结果网页**（Search Engine Results Page，SERP）上的可见性和排名的技术——这可以通过优化网站或网页来增加来自搜索引擎的有机（未付费）流量的数量和质量来实现。SEO 旨在通过对特定的关键字或短语进行优化，以吸引更多的目标访问者访问网站。

假设用户运营着一家名为 **Hat&Gloves** 的电商公司，顾名思义，其主营业务就是销售帽子和手套。现在，用户要创建一个电商网站，并希望提升网站在搜索引擎上的排名，于是先请 ChatGPT 列出一些相关的关键词，以将这些关键词嵌入该网站，如图 7.18 所示。

如图 7.18 所示，ChatGPT 能够生成不同类型的关键词列表，其中一些关键词非常直接，例如 Hats 和 Gloves；另一些则是与之有间接联系的关键词，例如，**Gift ideas** 不一定与电商业务相关，但是将其包含在关键词中可能有助于拓展业务受众。

SEO 的另一个关键要素是**搜索引擎意图**（**search engine intent**）。搜索引擎意图也称为用户意图（**user intent**），指的是用户在搜索引擎中进行某一特定搜索查询时的目的或目标。了解搜索引擎意图很重要，因为这有助于企业和营销人员创建更具针对性和有效性的内容及营销策略，以满足用户的需求和期望。

通常有以下 4 种类型的搜索引擎意图。

- **信息意图**：用户正在寻找关于特定主题或问题的信息，例如“What is the capital of France”或“How to make a pizza at home”。
- **导航意图**：用户正在寻找特定网站或网页，例如 **Facebook 登录页面**或 **Amazon 网站**。

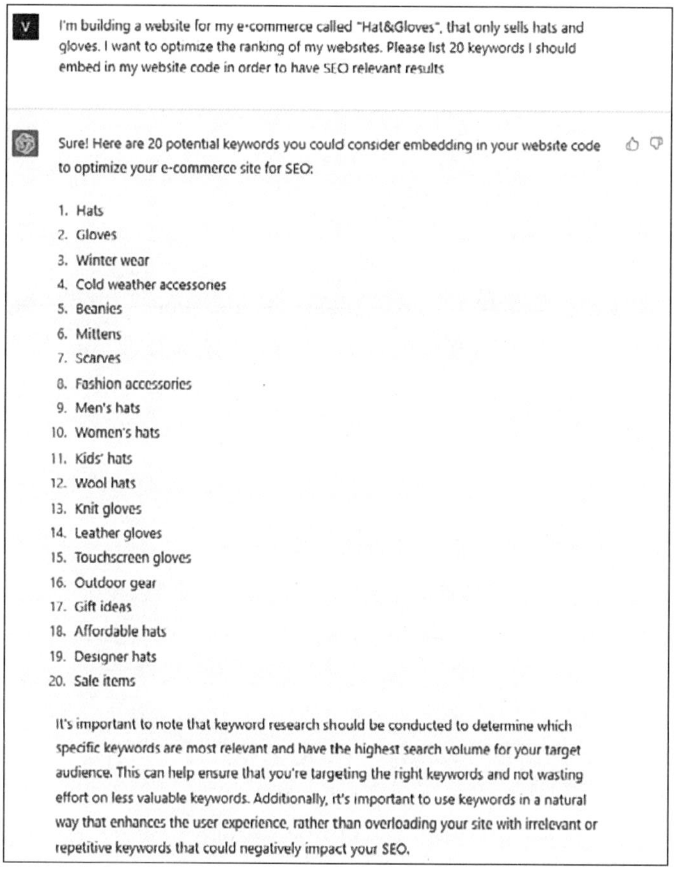
I'm building a website for my e-commerce called "Hat&Gloves", that only sells hats and gloves. I want to optimize the ranking of my websites. Please list 20 keywords I should embed in my website code in order to have SEO relevant results
Sure! Here are 20 potential keywords you could consider embedding in your website code to optimize your e-commerce site for SEO:
1. Hats
2. Gloves
3. Winter wear
4. Cold weather accessories
5. Beanies
6. Mittens
7. Scarves
8. Fashion accessories
9. Men's hats
10. Women's hats
11. Kids' hats
12. Wool hats
13. Knit gloves
14. Leather gloves
15. Touchscreen gloves
16. Outdoor gear
17. Gift ideas
18. Affordable hats
19. Designer hats
20. Sale items
It's important to note that keyword research should be conducted to determine which specific keywords are most relevant and have the highest search volume for your target audience. This can help ensure that you're targeting the right keywords and not wasting effort on less valuable keywords. Additionally, it's important to use keywords in a natural way that enhances the user experience, rather than overloading your site with irrelevant or repetitive keywords that could negatively impact your SEO.

图 7.18 ChatGPT 生成的 SEO 关键词示例

- **商业意图**：用户正在寻找购买产品或服务的机会，但可能尚未做出最终决定。商业意图搜索的示例包括 best laptop under $1000（1000 美元以下性价比最高的笔记本电脑）或 discount shoes online（网店折扣鞋）。
- **交易意图**：用户的特定目标是完成交易，这可能涉及购买或订阅服务。交易意图的示例可能是 buy iPhone 13（购买 iPhone 13）或 sign up for a gym membership（注册健身房会员）。

通过了解特定搜索查询背后的意图，企业和营销人员可以创作出更具针对性且有效的内容，以满足其目标受众的需求和期望。这可以带来更高的搜索引擎排名、更多的流量，最终可以产生更多的转化和收益。

现在的问题是，ChatGPT 能否充分明白给定要求的意图。在回答这个问题之前，值得注意的是，推断给定提示的意图是**大语言模型**的核心业务，GPT 便是大型语言模型之一。因此，ChatGPT 肯定能够了解提示的意图。

除以上内容外，我们还想看看 ChatGPT 是否能够通过精确的分类法（营销分类法）了解营销领域相关问题的意图。这正是为什么提示设计再次成为引导 ChatGPT 朝着正确方向发展的关键。

最后还可以进一步利用第 4 章提到的 act as... 技巧，如图 7.19 所示。了解如何优化网站，以尽可能地吸引用户，这是非常有趣的。在营销领域，这种分析称为 **SEO 审核**（SEO audit）。SEO 审核是对网站的 SEO 表现和潜在改进领域的评估。SEO 审核通常由 SEO 专家、Web 开发人员或营销人员负责，涉及对网站的技术基础设施、内容和反向链接配置的全面分析。

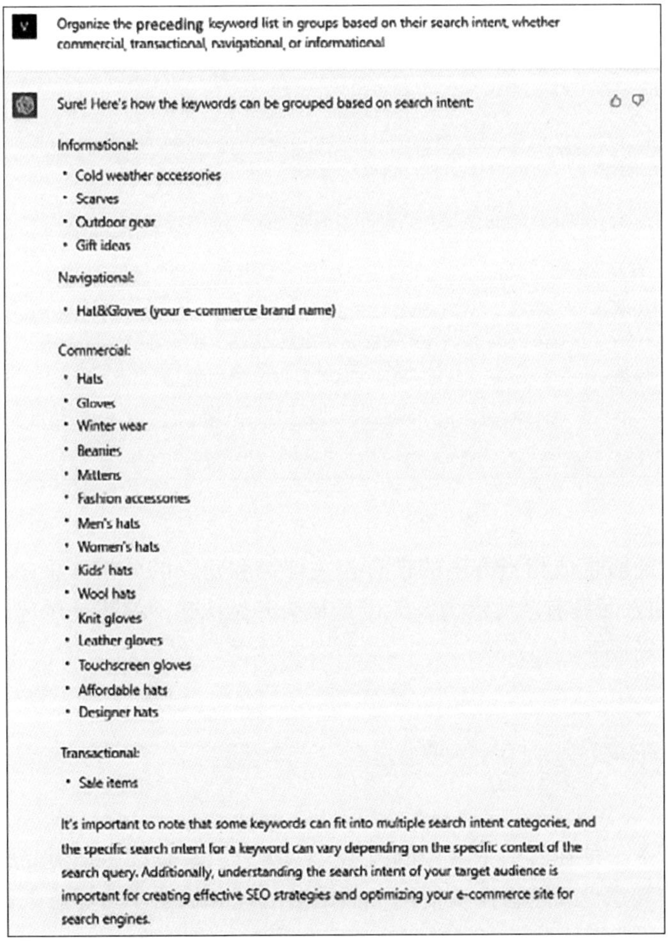
Organize the preceding keyword list in groups based on their search intent, whether commercial, transactional, navigational, or informational
Sure! Here's how the keywords can be grouped based on search intent:
Informational:
• Cold weather accessories
• Scarves
• Outdoor gear
• Gift ideas
Navigational:
• Hat&Gloves (your e-commerce brand name)
Commercial:
• Hats
• Gloves
• Winter wear
• Beanies
• Mittens
• Fashion accessories
• Men's hats
• Women's hats
• Kids' hats
• Wool hats
• Knit gloves
• Leather gloves
• Touchscreen gloves
• Affordable hats
• Designer hats
Transactional:
• Sale items
It's important to note that some keywords can fit into multiple search intent categories, and the specific search intent for a keyword can vary depending on the specific context of the search query. Additionally, understanding the search intent of your target audience is important for creating effective SEO strategies and optimizing your e-commerce site for search engines.

图 7.19　ChatGPT 作为 SEO 专家的示例

在进行 SEO 审核时，审核员通常会使用一系列工具和技术来确定有待优化的地方，例如关键词分析、网站速度分析、网站架构分析和内容分析，然后出具一份报告，概述关键问题、优化时机和推荐的优化措施。

我们可以让 ChatGPT 充当 SEO 专家，并针对以下事宜给出建议：SEO 审核报告的具体内容和形式，报告应该包括哪些指标和 KPI，如图 7.20 所示。

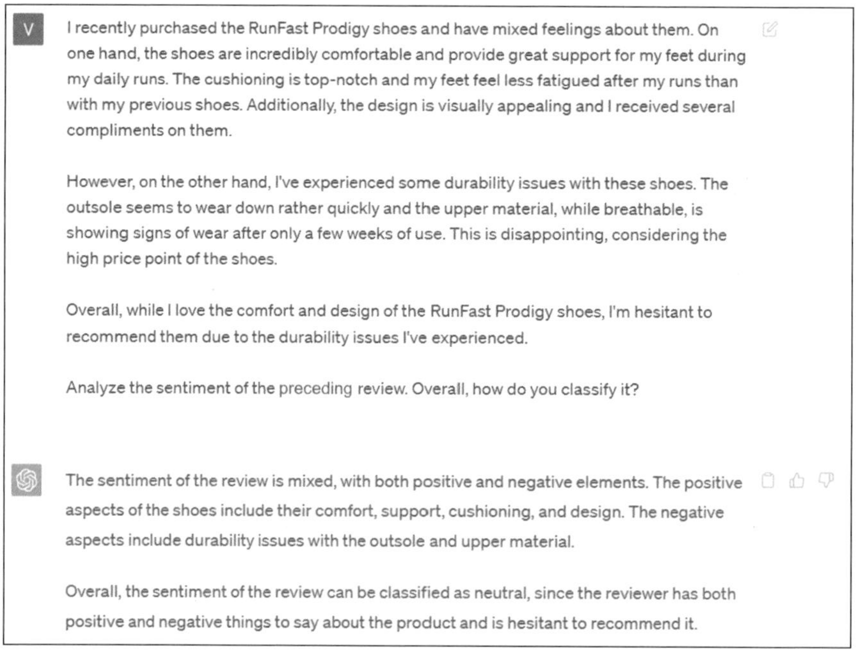
V
I recently purchased the RunFast Prodigy shoes and have mixed feelings about them. On one hand, the shoes are incredibly comfortable and provide great support for my feet during my daily runs. The cushioning is top-notch and my feet feel less fatigued after my runs than with my previous shoes. Additionally, the design is visually appealing and I received several compliments on them.
However, on the other hand, I've experienced some durability issues with these shoes. The outsole seems to wear down rather quickly and the upper material, while breathable, is showing signs of wear after only a few weeks of use. This is disappointing, considering the high price point of the shoes.
Overall, while I love the comfort and design of the RunFast Prodigy shoes, I'm hesitant to recommend them due to the durability issues I've experienced.
Analyze the sentiment of the preceding review. Overall, how do you classify it?
The sentiment of the review is mixed, with both positive and negative elements. The positive aspects of the shoes include their comfort, support, cushioning, and design. The negative aspects include durability issues with the outsole and upper material.
Overall, the sentiment of the review can be classified as neutral, since the reviewer has both positive and negative things to say about the product and is hesitant to recommend it.

图 7.20 基于 ChatGPT 进行 SEO 审核

ChatGPT 能够生成相当准确的带有相关评论和建议的分析。总之，ChatGPT 在与 SEO 相关的方面具有巨大潜力，无论是从头开始构建网站还是对现有网站加以优化，它都堪称好帮手。

7.6 用于提高质量和提高客户满意度的情绪分析

情绪分析是一种在营销中常用的技术，用于分析和解读客户对品牌、产品或服务的喜好倾向和意见，这会涉及使用**自然语言处理**和**机器学习**算法来识别和分类文本数据（例如社交媒体帖子、客户评论和反馈调查）的情绪。

通过进行情绪分析，营销人员可以了解客户对品牌的认识，明确有待优化的地方，并做出数据驱动的决策，以优化营销策略。例如，他们可以跟踪客户评论的情绪，确定哪些产品或服务正在接受积极或消极的反馈，并相应地调整其营销信息。

总之，情绪分析是营销人员了解客户情绪、评估客户满意度和制订有效营销活动的有用工具。

情绪分析已经出现一段时间了，而你可能想知道 ChatGPT 可以为此带来什么附加价值。除了提升分析的准确性（它是目前市场上最强大的模型之一），ChatGPT 与其他情绪分析工具的区别在于它是**通用人工智能**。

这意味着将 ChatGPT 用于情绪分析时，并不是使用其特定的 API 来执行该任务——ChatGPT 和 OpenAI 模型的核心思想是它们可以协助用户完成许多常规任务，实现交互，并根据用户的请求改变分析的范围。

因此，ChatGPT 能够把握给定文本（例如 Twitter 帖子或产品评论）的情绪。同时，ChatGPT 还可以进一步协助识别让客户产生正面或负面情绪的产品或品牌的特定方面。例如，如果客户总是带着负面的情绪提及产品的某个特定功能，则 ChatGPT 可以将该功能突出显示为需要改进的领域。ChatGPT 也有可能被要求针对某一特别微妙的评论做出回应，记录评论的情绪倾向，并据此生成回应。ChatGPT 还可以生成报告，总结评论中的所有负面和正面的因素，并对其分类。

先来看一个示例。有位顾客最近从电商公司 RunFast 购买了一双鞋，并留下了以下评论：

I recently purchased the RunFast Prodigy shoes and have mixed feelings about them. On one hand, the shoes are incredibly comfortable and provide great support for my feet during my daily runs. The cushioning is top-notch and my feet feel less fatigued after my runs than with my previous shoes. Additionally, the design is visually appealing and I received several compliments on them.

However, on the other hand, I've experienced some durability issues with these shoes. The outsole seems to wear down rather quickly and the upper material, while breathable, is showing signs of wear after only a few weeks of use. This is disappointing, considering the high price point of the shoes.

Overall, while I love the comfort and design of the RunFast Prodigy shoes, I'm hesitant to recommend them due to the durability issues I've experienced.

接下来，让 ChatGPT 分析这段客户评论，以了解其情绪，如图 7.21 所示。

可以看到，ChatGPT 不仅对这段评论给出了标签，还解读了评论的正面元素和负面元素，由于该评论的情绪是复杂的，因此总体上被标记为中性。

接着我们尝试深入了解，并向 ChatGPT 询问有关改进产品的建议，如图 7.22 所示。

I recently purchased the RunFast Prodigy shoes and have mixed feelings about them. On one hand, the shoes are incredibly comfortable and provide great support for my feet during my daily runs. The cushioning is top-notch and my feet feel less fatigued after my runs than with my previous shoes. Additionally, the design is visually appealing and I received several compliments on them.

However, on the other hand, I've experienced some durability issues with these shoes. The outsole seems to wear down rather quickly and the upper material, while breathable, is showing signs of wear after only a few weeks of use. This is disappointing, considering the high price point of the shoes.

Overall, while I love the comfort and design of the RunFast Prodigy shoes, I'm hesitant to recommend them due to the durability issues I've experienced.

Analyze the sentiment of the preceding review. Overall, how do you classify it?

The sentiment of the review is mixed, with both positive and negative elements. The positive aspects of the shoes include their comfort, support, cushioning, and design. The negative aspects include durability issues with the outsole and upper material.

Overall, the sentiment of the review can be classified as neutral, since the reviewer has both positive and negative things to say about the product and is hesitant to recommend it.

图 7.21 ChatGPT 分析客户评论

based on the preceding review, how could I improve the RunFast Prodigy shoes?

Based on the review, there are a few ways the RunFast Prodigy shoes could be improved:

1. Improve durability: As the reviewer mentioned, the outsole and upper material of the shoes seem to wear down quickly. This could be addressed by using more durable materials or improving the manufacturing process to ensure the shoes can withstand regular use over a longer period of time.
2. Lower the price point: The reviewer also mentioned that the shoes are expensive, which could be a barrier to recommending them to others. Lowering the price point could make them more accessible and competitive with other running shoe brands.
3. Maintain the level of comfort: The reviewer praised the shoes for their comfort and support, so it's important to maintain this aspect while making improvements to durability and price. This could be achieved by finding materials and manufacturing processes that balance comfort and durability, or by providing additional cushioning in the shoes to improve comfort over time.

Overall, addressing these issues could help improve the RunFast Prodigy shoes and make them a more attractive option for runners.

图 7.22 根据客户反馈提供产品改进建议

最后回复评论，表明公司关注客户的反馈并希望改进产品，如图 7.23 所示。

V
generate a response to the preceding customer review, specifying that we are on the process of always improving our products with the suggestion you shared there .
Dear [Customer],
Thank you for taking the time to share your feedback on the RunFast Prodigy shoes. We are sorry to hear about the durability issues you have experienced and appreciate your suggestion regarding the outsole and upper material. We take all feedback seriously and are constantly working to improve our products.
Rest assured that your comments will be shared with our product development team, who will consider them as we work to make enhancements to our shoes. We want to ensure that all our customers have the best possible experience with our products and will continue to strive towards this goal.
If you have any further comments or concerns, please do not hesitate to reach out to us. We value your business and look forward to serving you in the future.
Sincerely,
[Your Company]

图 7.23 ChatGPT 生成的回复

该示例非常简单，仅有一条评论。但是可以想象一下，如果有大量的评论以及有多种接收反馈的销售渠道，那么就 ChatGPT 和 OpenAI 模型等工具的强大功能而言，它们能够分析并整合所有这些信息，确定产品的优点和缺点，捕捉客户趋势和购物习惯。此外，它们还可以针对客户关心和喜欢的东西，使用我们喜欢的写作风格自动化回复评论。实际上，通过量身定制聊天机器人的表述模式和语气来满足客户的特定需求和期望，我们可以提供更具吸引力和更高效的客户体验。

当然，还有一些示例，如下所示。

- **共情聊天机器人**：使用感同身受的语气和表述模式与可能遇到问题或需要处理敏感问题的客户进行交互的聊天机器人。
- **专业聊天机器人**：使用专业的语气和表述模式与可能正在寻找特定信息或需要处理技术问题的客户进行交互的聊天机器人。
- **对话聊天机器人**：使用随意、友好的语气与可能正在寻找个性化体验或有常规查询的客户进行交互的聊天机器人。
- **幽默聊天机器人**：使用幽默、机智的表述模式与可能正在寻找轻松的体验或缓解紧张局面的客户进行交互的聊天机器人。

- **教育聊天机器人**：使用教学风格的表述模式与可能希望了解有关产品或服务的更多信息的用户进行交互的聊天机器人。

总之，ChatGPT 可以成为企业进行情绪分析、提高服务质量和留住客户的强大工具。凭借先进的自然语言处理能力，ChatGPT 可以实时、准确地分析客户的反馈和评论，为企业提供有价值的关于客户情感和偏好的见解。通过将 ChatGPT 作为其客户体验策略的一部分，企业可以迅速找到可能会对客户满意度产生负面影响的问题，进而采取纠正措施。这不仅可以帮助企业提高产品和服务质量，还可以增加客户忠诚度和留存率。

7.7 小结

本章探讨了用 ChatGPT 助力营销工作的一些方法。ChatGPT 在开发新产品，定义其上架策略，设计 A/B 测试，增强 SEO 分析以及捕捉评论、社交媒体帖子和其他反馈中的情绪等方面为用户提供支持。

ChatGPT 对于营销人员的重要性在于其极有可能会彻底改变公司与客户交互的方式。利用 NLP、机器学习和大数据，ChatGPT 可以助力公司创作出更个性化的营销信息，提高客户支持率和满意度，最终推动销售额及利润的增长。

随着 ChatGPT 的不断发展和演变，越来越多的人尝试将其应用于营销领域。事实上，充分利用 AI 可以帮助公司深入了解客户的行为和偏好。

对于营销人员来说，关键是要接受这些变化并适应新的 AI 营销方式，以保持竞争优势并满足客户需求。

第 8 章将着重讲解 ChatGPT 应用的第三个也是最后一个领域：科学研究。

第 8 章 ChatGPT 助力科学研究

本章主要内容

- 研究人员对 ChatGPT 的需求。
- 根据研究需要，收集用于头脑风暴的文献资料。
- 为实验设计和框架提供支持。
- 生成参考文献并统一格式，以便在研究中使用。
- 生成用于（向不同受众）展示研究内容的演示或幻灯片。

本章重点介绍如何利用 ChatGPT 助力研究人员进行科学研究，并给出多个用例，以便你能了解 ChatGPT 在研究领域的应用。

8.1 研究人员对 ChatGPT 的需求

对于各领域的研究人员来说，ChatGPT 都是一种非常有价值的资源。作为一个经过大量数据训练的复杂语言模型，ChatGPT 可以快速、准确地处理大量信息，并生成通过传统研究方法可能难以发现的见解。

此外，ChatGPT 可以通过分析人类研究人员可能无法立刻发现的模式和趋势为其提供独特的研究视角。例如，某位研究人员从事气候变化的相关研究，想要了解公众对这个问题的看法，就可以要求 ChatGPT 分析与气候变化相关的社交媒体数据，确定人们在互联网上表达的最常见的主题和情绪倾向；ChatGPT 会向研究人员提供一份全面的报告，给出与该主题相关的常见词、短语和情绪反馈，以及任何有用的新趋势或模式等信息。

有了 ChatGPT 的助力，研究人员可以随时了解技术动向，获取洞见，走在领域的前沿。

现在我们将深入探讨 ChatGPT 可以提高研究生产力的 4 个用例。

8.2 收集文献资料

文献综述通常写在论文、报告或研究项目的开篇，用于对某一主题或问题的现有已发表的研究论文进行批判性和系统性审查。要撰写文献综述，需要搜索、核查和归纳相关已发表研究论文以及源自其他书籍、会议记录和“灰色文献”[1] 等载体的内容，以明确研究之间的差距、异同以及特定领域中值得作进一步研究的机会。

撰写文献综述这一过程通常会涉及以下步骤。

（1）**定义研究问题**。首先要做的是基于自己感兴趣的主题确定研究问题。假设我们正在进行有关社交媒体对心理健康的影响的研究，现在想要开展头脑风暴，进一步明确要研究的问题，那么不妨将这一任务交给 ChatGPT，如图 8.1 所示。

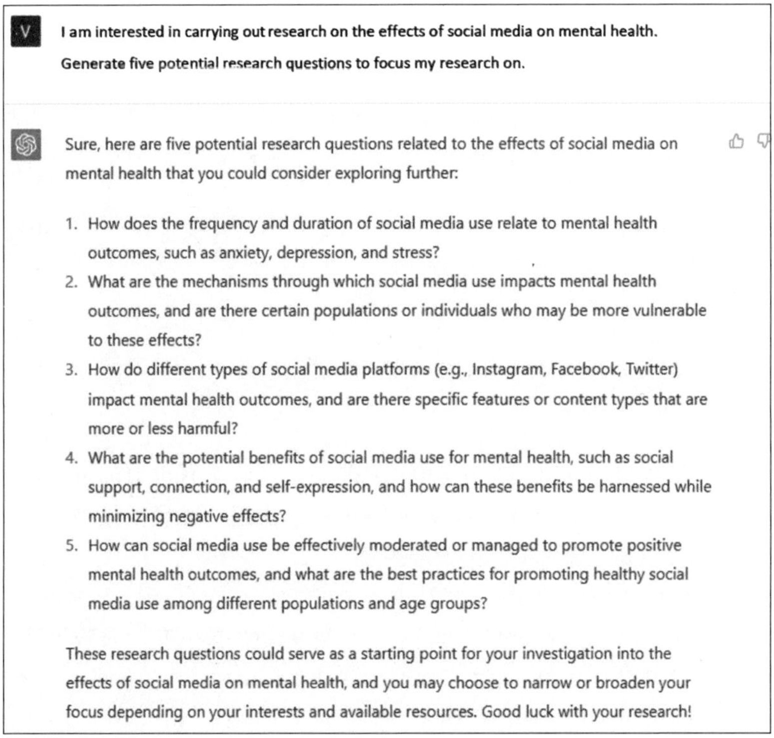
V
I am interested in carrying out research on the effects of social media on mental health.
Generate five potential research questions to focus my research on.
Sure, here are five potential research questions related to the effects of social media on mental health that you could consider exploring further:
1. How does the frequency and duration of social media use relate to mental health outcomes, such as anxiety, depression, and stress?
2. What are the mechanisms through which social media use impacts mental health outcomes, and are there certain populations or individuals who may be more vulnerable to these effects?
3. How do different types of social media platforms (e.g., Instagram, Facebook, Twitter) impact mental health outcomes, and are there specific features or content types that are more or less harmful?
4. What are the potential benefits of social media use for mental health, such as social support, connection, and self-expression, and how can these benefits be harnessed while minimizing negative effects?
5. How can social media use be effectively moderated or managed to promote positive mental health outcomes, and what are the best practices for promoting healthy social media use among different populations and age groups?
These research questions could serve as a starting point for your investigation into the effects of social media on mental health, and you may choose to narrow or broaden your focus depending on your interests and available resources. Good luck with your research!

图 8.1 ChatGPT 根据给定主题对研究问题加以扩展

这些问题都很有趣，值得进一步研究。我们对最后一个问题尤为感兴趣，于是决定将其留作后续分析的参考。

（2）**搜索文献**。现在，研究问题已经确定，接下来要做的是使用各种数据库、搜索引擎和其他渠道搜索相关文献。研究人员可以使用特定的关键词和搜索术语来辅助找出相关的研究论文。图 8.2 所示为 ChatGPT 给出的文献搜索结果。

1 “灰色文献”（gray literature）是指那些未经正式出版但对学术研究和信息传播有重要价值的文献资料，例如学位论文、研究报告、会议论文等。——编辑注

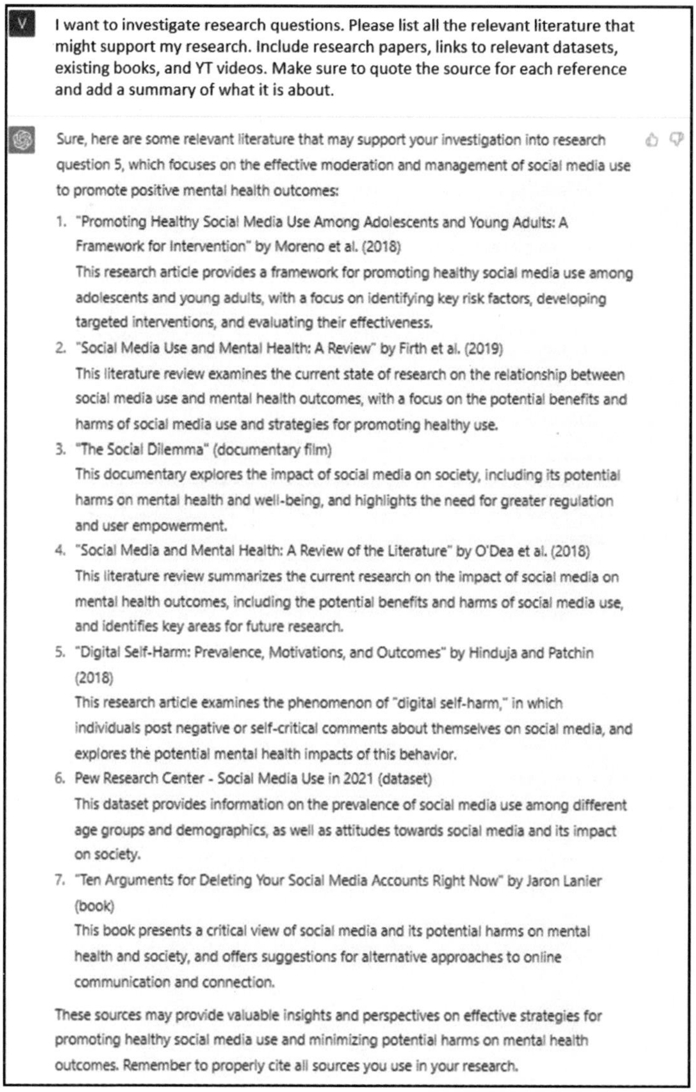

I want to investigate research questions. Please list all the relevant literature that might support my research. Include research papers, links to relevant datasets, existing books, and YT videos. Make sure to quote the source for each reference and add a summary of what it is about.

Sure, here are some relevant literature that may support your investigation into research question 5, which focuses on the effective moderation and management of social media use to promote positive mental health outcomes:

1. "Promoting Healthy Social Media Use Among Adolescents and Young Adults: A Framework for Intervention" by Moreno et al. (2018)
   This research article provides a framework for promoting healthy social media use among adolescents and young adults, with a focus on identifying key risk factors, developing targeted interventions, and evaluating their effectiveness.
2. "Social Media Use and Mental Health: A Review" by Firth et al. (2019)
   This literature review examines the current state of research on the relationship between social media use and mental health outcomes, with a focus on the potential benefits and harms of social media use and strategies for promoting healthy use.
3. "The Social Dilemma" (documentary film)
   This documentary explores the impact of social media on society, including its potential harms on mental health and well-being, and highlights the need for greater regulation and user empowerment.
4. "Social Media and Mental Health: A Review of the Literature" by O'Dea et al. (2018)
   This literature review summarizes the current research on the impact of social media on mental health outcomes, including the potential benefits and harms of social media use, and identifies key areas for future research.
5. "Digital Self-Harm: Prevalence, Motivations, and Outcomes" by Hinduja and Patchin (2018)
   This research article examines the phenomenon of "digital self-harm," in which individuals post negative or self-critical comments about themselves on social media, and explores the potential mental health impacts of this behavior.
6. Pew Research Center - Social Media Use in 2021 (dataset)
   This dataset provides information on the prevalence of social media use among different age groups and demographics, as well as attitudes towards social media and its impact on society.
7. "Ten Arguments for Deleting Your Social Media Accounts Right Now" by Jaron Lanier (book)
   This book presents a critical view of social media and its potential harms on mental health and society, and offers suggestions for alternative approaches to online communication and connection.

These sources may provide valuable insights and perspectives on effective strategies for promoting healthy social media use and minimizing potential harms on mental health outcomes. Remember to properly cite all sources you use in your research.

图 8.2　ChatGPT 给出的文献搜索结果

随后我们可以根据 ChatGPT 的建议深入研究这些参考资料。

（3）**筛选文献**。查询到相关文献后，我们需要对其加以筛选，以确定是否可以将其添加到文献综述里。这通常涉及回顾摘要的内容，必要时需要审核全文。

例如，想深入研究“Promoting Healthy Social Media Use Among Adolescents and Young Adults: A Framework for Intervention”这篇论文，便可以让 ChatGPT 进行筛选，如图 8.3 所示。

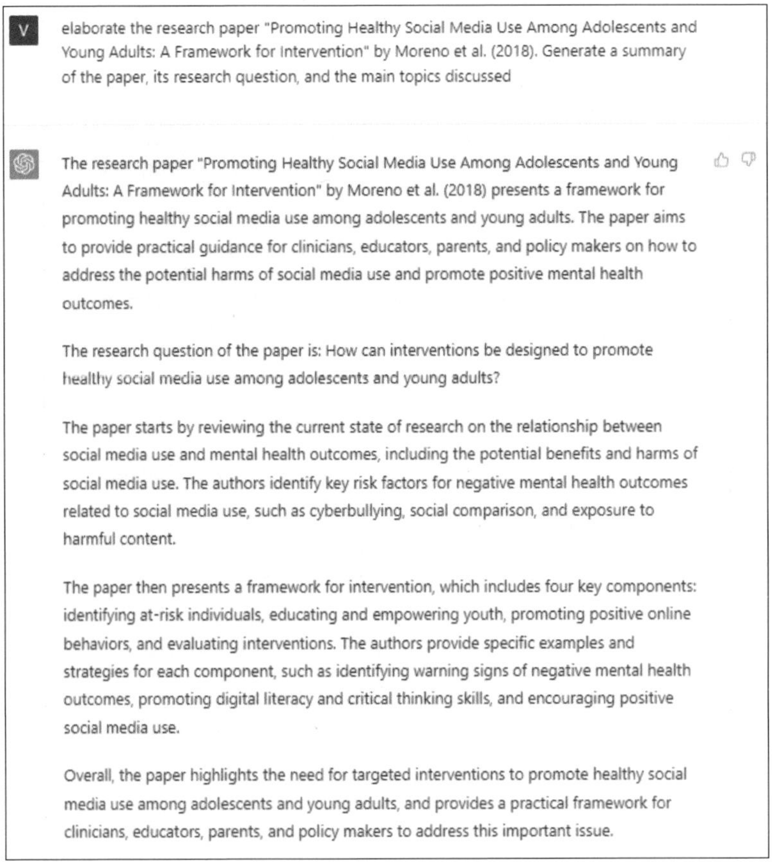

elaborate the research paper "Promoting Healthy Social Media Use Among Adolescents and Young Adults: A Framework for Intervention" by Moreno et al. (2018). Generate a summary of the paper, its research question, and the main topics discussed

The research paper "Promoting Healthy Social Media Use Among Adolescents and Young Adults: A Framework for Intervention" by Moreno et al. (2018) presents a framework for promoting healthy social media use among adolescents and young adults. The paper aims to provide practical guidance for clinicians, educators, parents, and policy makers on how to address the potential harms of social media use and promote positive mental health outcomes.

The research question of the paper is: How can interventions be designed to promote healthy social media use among adolescents and young adults?

The paper starts by reviewing the current state of research on the relationship between social media use and mental health outcomes, including the potential benefits and harms of social media use. The authors identify key risk factors for negative mental health outcomes related to social media use, such as cyberbullying, social comparison, and exposure to harmful content.

The paper then presents a framework for intervention, which includes four key components: identifying at-risk individuals, educating and empowering youth, promoting positive online behaviors, and evaluating interventions. The authors provide specific examples and strategies for each component, such as identifying warning signs of negative mental health outcomes, promoting digital literacy and critical thinking skills, and encouraging positive social media use.

Overall, the paper highlights the need for targeted interventions to promote healthy social media use among adolescents and young adults, and provides a practical framework for clinicians, educators, parents, and policy makers to address this important issue.

图 8.3 特定论文的文献筛选

ChatGPT 可以提供论文的概述，并分析其研究的问题和主要讨论的主题，对研究很有帮助。

> 因为该论文是 ChatGPT 知识库的一部分，所以 ChatGPT 能够对该论文进行筛选。如果你想对 2021 年（ChatGPT 训练的截止日期）之后发表的论文执行相同的筛选，则需要向 ChatGPT 提供摘要或段落内容。

（4）**提取数据**。确定相关文献后，研究人员需要从每篇论文中提取数据，例如实验设计、样本大小、数据收集方法和关键的结果。

例如，要从 Hinduja 和 Patchin 的“Digital Self-Harm:Prevalence, Montivations, and

Outcomes”论文（2018 年）中收集以下信息：

- 论文所收集数据的来源和研究对象；
- 研究人员采用的数据收集方法；
- 数据样本大小；
- 分析的主要限制和缺陷；
- 研究人员采用的实验设计。

图 8.4 所示的是从特定论文中提取相关数据和框架的具体操作。

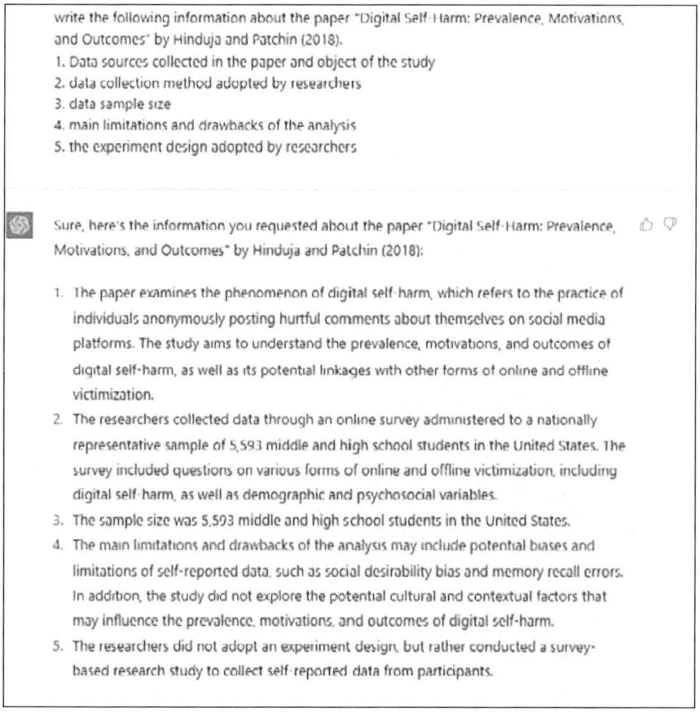

write the following information about the paper "Digital Self-Harm: Prevalence, Motivations, and Outcomes" by Hinduja and Patchin (2018).
1. Data sources collected in the paper and object of the study
2. data collection method adopted by researchers
3. data sample size
4. main limitations and drawbacks of the analysis
5. the experiment design adopted by researchers

Sure, here's the information you requested about the paper "Digital Self-Harm: Prevalence, Motivations, and Outcomes" by Hinduja and Patchin (2018):

1. The paper examines the phenomenon of digital self-harm, which refers to the practice of individuals anonymously posting hurtful comments about themselves on social media platforms. The study aims to understand the prevalence, motivations, and outcomes of digital self-harm, as well as its potential linkages with other forms of online and offline victimization.
2. The researchers collected data through an online survey administered to a nationally representative sample of 5,593 middle and high school students in the United States. The survey included questions on various forms of online and offline victimization, including digital self-harm, as well as demographic and psychosocial variables.
3. The sample size was 5,593 middle and high school students in the United States.
4. The main limitations and drawbacks of the analysis may include potential biases and limitations of self-reported data, such as social desirability bias and memory recall errors. In addition, the study did not explore the potential cultural and contextual factors that may influence the prevalence, motivations, and outcomes of digital self-harm.
5. The researchers did not adopt an experiment design, but rather conducted a survey-based research study to collect self-reported data from participants.

图 8.4　从特定论文中提取相关数据和框架的具体操作

（5）**整合文献。**撰写文献综述的最后一步是归纳研究结果，并对该领域的知识现状加以总结。这可能涉及识别反复出现的主题、突出文献中的差距或不一致，并寻找未来研究的机会。

假设除了 ChatGPT 提供的论文，我们还收集了其他一些论文。说得更具体一些，我们想知道这些论文是否指向相同的结论，包含了哪些相同的观点，以及哪种方法比其他方法更可靠。

对于上述这种情况，我们不妨考虑以下 3 篇研究论文。

- Grant Sean Bossard 的“The Effects of Social Media on Mental Health: A Proposed Study”。
- Vardanush Palyan 的“The Impact of Social Media on Mental Health”。
- Sarah Nichole Koehler 和 Bobbie Rose Parrell 的“The Impact of Social Media on Mental Health: a mixed-methods research of service providers’awareness”。

这 3 篇研究论文的文献分析和基准测试如图 8.5 所示。

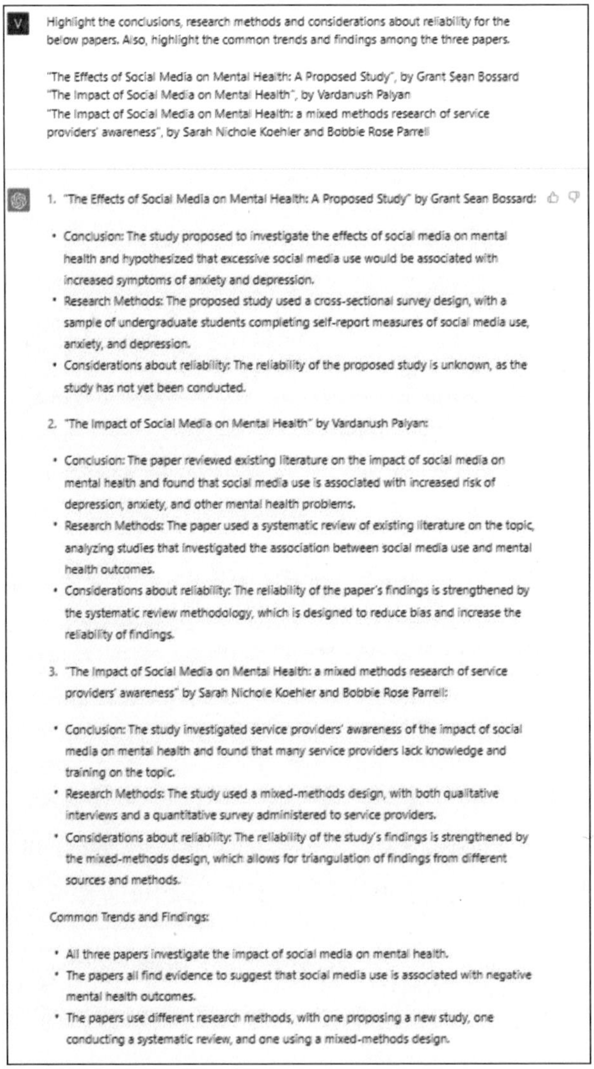

Highlight the conclusions, research methods and considerations about reliability for the below papers. Also, highlight the common trends and findings among the three papers.

"The Effects of Social Media on Mental Health: A Proposed Study", by Grant Sean Bossard
"The Impact of Social Media on Mental Health", by Vardanush Palyan
"The Impact of Social Media on Mental Health: a mixed methods research of service providers' awareness", by Sarah Nichole Koehler and Bobbie Rose Parrell

1. "The Effects of Social Media on Mental Health: A Proposed Study" by Grant Sean Bossard:

- Conclusion: The study proposed to investigate the effects of social media on mental health and hypothesized that excessive social media use would be associated with increased symptoms of anxiety and depression.
- Research Methods: The proposed study used a cross-sectional survey design, with a sample of undergraduate students completing self-report measures of social media use, anxiety, and depression.
- Considerations about reliability: The reliability of the proposed study is unknown, as the study has not yet been conducted.

2. "The Impact of Social Media on Mental Health" by Vardanush Palyan:

- Conclusion: The paper reviewed existing literature on the impact of social media on mental health and found that social media use is associated with increased risk of depression, anxiety, and other mental health problems.
- Research Methods: The paper used a systematic review of existing literature on the topic, analyzing studies that investigated the association between social media use and mental health outcomes.
- Considerations about reliability: The reliability of the paper's findings is strengthened by the systematic review methodology, which is designed to reduce bias and increase the reliability of findings.

3. "The Impact of Social Media on Mental Health: a mixed methods research of service providers' awareness" by Sarah Nichole Koehler and Bobbie Rose Parrell:

- Conclusion: The study investigated service providers' awareness of the impact of social media on mental health and found that many service providers lack knowledge and training on the topic.
- Research Methods: The study used a mixed-methods design, with both qualitative interviews and a quantitative survey administered to service providers.
- Considerations about reliability: The reliability of the study's findings is strengthened by the mixed-methods design, which allows for triangulation of findings from different sources and methods.

Common Trends and Findings:

- All three papers investigate the impact of social media on mental health.
- The papers all find evidence to suggest that social media use is associated with negative mental health outcomes.
- The papers use different research methods, with one proposing a new study, one conducting a systematic review, and one using a mixed-methods design.

图 8.5　3 篇研究论文的文献分析和基准测试

在这种情况下，ChatGPT 还可以对用户提供的 3 篇论文进行总结和分析，包括方法之间的基准测试和可靠性评估。

综上所述，ChatGPT 对于文献综述的撰写有较多助力，包括搜索文献、分析文献等。当然，文献综述的结果仍需要**主题专家**（Subject Matter Expert，SME）加以审核，但毋庸置疑的是，有了 ChatGPT 的协助，许多操作都可以更高效地完成。

ChatGPT 还可以为研究人员设计实验提供支持，具体内容参见 8.3 节。

8.3 就实验的设计和研究框架的制订提供支持

实验设计是通过计划和执行科学实验或研究来解答研究问题的过程，需要明确实验的设计、要测量的变量、样本大小以及收集和分析数据的流程。

ChatGPT 可以向用户建议研究框架（例如随机对照试验、准实验设计或相关研究），并在设计实施期间为用户提供支持。

假设我们想调查一种全新的教育计划对数学学习效果的影响，这项新计划涉及**项目式学习**（Project-based Learning，PBL），这意味着要求学生综合运用数学概念和技能，以解决实际问题。

为此，我们可以将研究问题定义如下。

How does the new PBL program compare to traditional teaching methods in improving student performance?（与传统教学方法相比，新的 PBL 计划在提高学生成绩方面有何不同？）

以下是 ChatGPT 提供的帮助。

- **确定实验设计**：ChatGPT 可以协助确定适合研究问题的实验设计，如随机对照试验、准实验设计或相关研究。先让 ChatGPT 针对研究提出一些建议，如图 8.6 所示。

ChatGPT 建议采用**随机对照试验**（Randomized Controlled Trial，RCT），并针对原因给出了清晰的解释。下面我们需要确定实验中要考虑的结果指标（见图 8.7）和变量。

- **确定结果指标**：ChatGPT 有助于明确一些潜在的结果指标，以确定测试结果。

我们决定选择测试成绩（图 8.7 中的 Test scores）作为结果指标。

- **确定变量**：ChatGPT 可以帮助研究人员确定研究中的自变量和因变量，如图 8.8 所示。

V I want to design an experiment on the following research question, "How does the new PBL program compare to traditional teaching methods in improving student performance?" What kind of study design should I carry on for this goal?

To compare the effectiveness of the new project-based learning program and traditional teaching methods in improving student performance, a randomized controlled trial (RCT) study design would be appropriate.

In an RCT, participants are randomly assigned to either the experimental group (in this case, the project-based learning program) or the control group (traditional teaching methods). This helps to ensure that any observed differences in student performance are due to the intervention (project-based learning program) and not other factors such as pre-existing differences in ability or motivation.

Both groups should be as similar as possible in terms of key characteristics, such as age, gender, academic level, and socioeconomic status. Additionally, to minimize the risk of bias, the study should be double-blinded where both the participants and the researchers are unaware of the group assignment.

To measure student performance, a standardized test or a pre- and post-test design can be used. Other factors that could potentially affect performance, such as student motivation, engagement, and satisfaction, should also be assessed through surveys or interviews.

Overall, an RCT study design would provide strong evidence to determine the effectiveness of the new project-based learning program compared to traditional teaching methods in improving student performance.

图 8.6　ChatGPT 针对研究提出一些建议

V I want to compare the new PBL program with traditional teaching methods in improving student performance in a research study with an RCT. What could be possible outcome measures?

There are several outcome measures that can be used to assess the effectiveness of the new project-based learning program compared to traditional teaching methods. Here are some possible options:

1. Test scores: This can be a straightforward way to measure student performance. Standardized tests can be administered to both groups of students before and after the intervention to compare their performance.
2. Grades: Another measure of student performance is their grades in the subject being studied. Both groups of students can be graded on the same assignments and exams to compare their performance.
3. Attendance: Attendance can be an indicator of student engagement and motivation. Tracking attendance for both groups of students can provide insight into the effectiveness of the intervention.
4. Surveys: Surveys can be used to gather student and teacher feedback on the effectiveness of the new project-based learning program compared to traditional teaching methods. These surveys can include questions about student engagement, motivation, and understanding of the subject matter.
5. Behavioral observations: Observing student behavior in the classroom can provide valuable insights into the effectiveness of the intervention. This can include tracking student participation, engagement, and collaboration during group work.

It is important to select outcome measures that are valid and reliable, and that align with the research question and hypothesis of the study.

图 8.7　就研究的结果指标给出建议

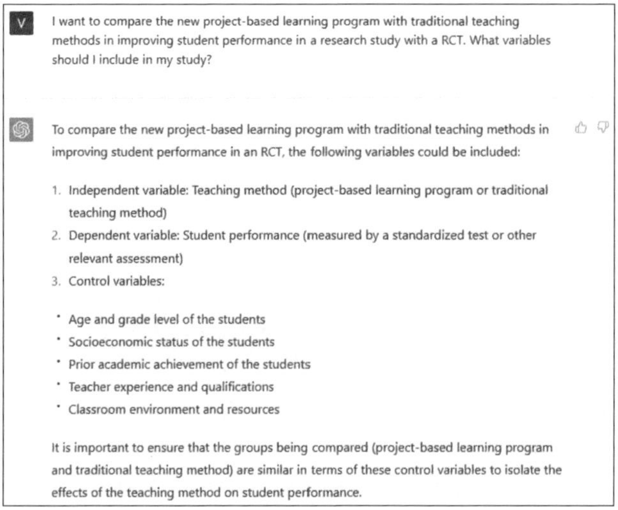

V I want to compare the new project-based learning program with traditional teaching methods in improving student performance in a research study with a RCT. What variables should I include in my study?

To compare the new project-based learning program with traditional teaching methods in improving student performance in an RCT, the following variables could be included:

1. Independent variable: Teaching method (project-based learning program or traditional teaching method)
2. Dependent variable: Student performance (measured by a standardized test or other relevant assessment)
3. Control variables:

- Age and grade level of the students
- Socioeconomic status of the students
- Prior academic achievement of the students
- Teacher experience and qualifications
- Classroom environment and resources

It is important to ensure that the groups being compared (project-based learning program and traditional teaching method) are similar in terms of these control variables to isolate the effects of the teaching method on student performance.

图 8.8　指定研究中的变量

注意，ChatGPT 还能针对目前正在进行的研究设计（RCT）生成特定的类型变量：**控制变量**（图 8.8 中的 Control variables）。

控制变量又称为**协变量**（covariates），是在研究中保持不变或在控制之中进行变化的变量，目的是让控制变量不对自变量和因变量之间的关系造成影响。这些变量不是研究的焦点，但在研究中纳入它们可以最小化混淆变量对结果的影响。通过控制这些变量，研究人员可以降低出现假阳性或假阴性结果的风险，并提高研究的有效性。

确定控制变量之后，我们就可以做实验了。现在需要做的是选择实验样本，ChatGPT 可以帮助我们完成这件事。

- **抽样策略**：ChatGPT 可以给出 RCT 抽样策略建议，如图 8.9 所示。

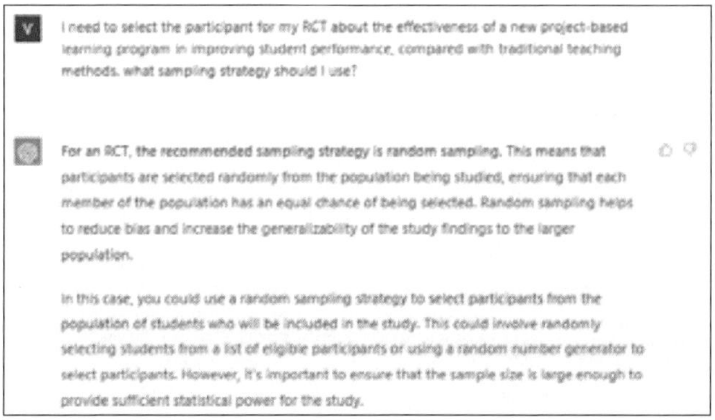

V I need to select the participant for my RCT about the effectiveness of a new project-based learning program in improving student performance, compared with traditional teaching methods. what sampling strategy should I use?

For an RCT, the recommended sampling strategy is random sampling. This means that participants are selected randomly from the population being studied, ensuring that each member of the population has an equal chance of being selected. Random sampling helps to reduce bias and increase the generalizability of the study findings to the larger population.

In this case, you could use a random sampling strategy to select participants from the population of students who will be included in the study. This could involve randomly selecting students from a list of eligible participants or using a random number generator to select participants. However, it's important to ensure that the sample size is large enough to provide sufficient statistical power for the study.

图 8.9　ChatGPT 给出的 RCT 抽样策略建议

注意，在现实世界中，让人工智能工具生成更多选项并给出解释是一种很好的做法，这样可以帮助用户做出理性的决策。前文提到的示例可以继续使用 ChatGPT 提出的建议——ChatGPT 也针对研究对象和样本大小给出了建议。

- **数据分析**：ChatGPT 可以帮助研究人员确定合适的统计检验，以分析从研究中收集的数据，例如方差分析（Analysis of Variance，ANOVA）、t 检验或回归分析，如图 8.10 所示。

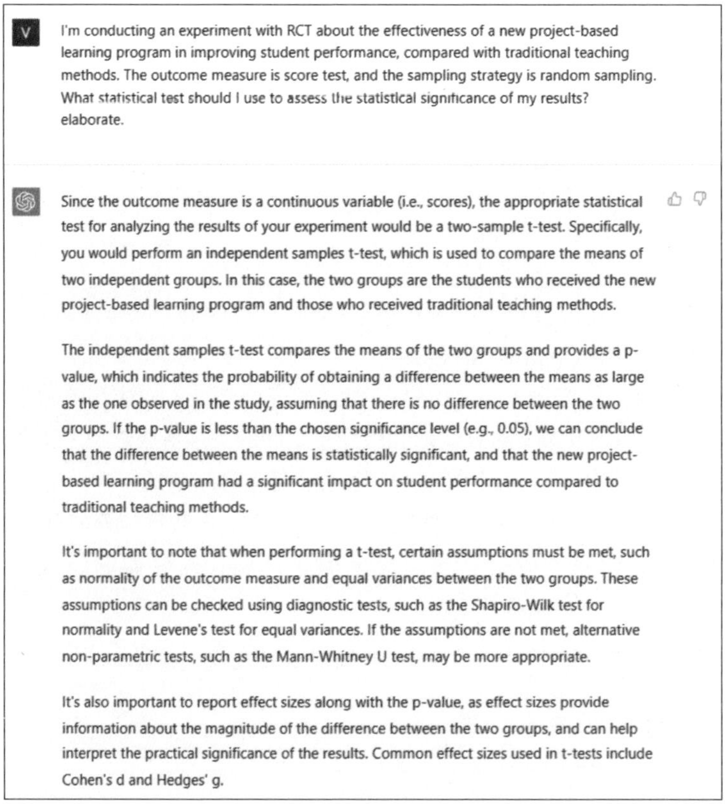
V
I'm conducting an experiment with RCT about the effectiveness of a new project-based learning program in improving student performance, compared with traditional teaching methods. The outcome measure is score test, and the sampling strategy is random sampling. What statistical test should I use to assess the statistical significance of my results? elaborate.
Since the outcome measure is a continuous variable (i.e., scores), the appropriate statistical test for analyzing the results of your experiment would be a two-sample t-test. Specifically, you would perform an independent samples t-test, which is used to compare the means of two independent groups. In this case, the two groups are the students who received the new project-based learning program and those who received traditional teaching methods.
The independent samples t-test compares the means of the two groups and provides a p-value, which indicates the probability of obtaining a difference between the means as large as the one observed in the study, assuming that there is no difference between the two groups. If the p-value is less than the chosen significance level (e.g., 0.05), we can conclude that the difference between the means is statistically significant, and that the new project-based learning program had a significant impact on student performance compared to traditional teaching methods.
It's important to note that when performing a t-test, certain assumptions must be met, such as normality of the outcome measure and equal variances between the two groups. These assumptions can be checked using diagnostic tests, such as the Shapiro-Wilk test for normality and Levene's test for equal variances. If the assumptions are not met, alternative non-parametric tests, such as the Mann-Whitney U test, may be more appropriate.
It's also important to report effect sizes along with the p-value, as effect sizes provide information about the magnitude of the difference between the two groups, and can help interpret the practical significance of the results. Common effect sizes used in t-tests include Cohen's d and Hedges' g.

图 8.10　ChatGPT 就统计检验给出的建议

ChatGPT 提供的信息都是有条理的，并在有关如何进行统计检验的论文中得到了验证。它还能够确定我们可能正在讨论的是连续变量（本例中为分数），这样我们就知道前面的所有信息都是基于这个假设的。如果我们想要离散变量，则可以通过添加这些信息来调整提示，ChatGPT 就会给出不同的方法。

ChatGPT 列举了多种实验假设并给出了相应的阐释，是帮助研究人员基于 ChatGPT 输入做出安全决策的关键。

总之，ChatGPT 是研究人员设计实验的好帮手。凭借强大的**自然语言处理**功能和庞大的知识库，ChatGPT 可以帮助研究人员选择合适的研究设计，确定抽样策略、变量和结果指标，甚至就统计检验给出建议。

8.4 节将继续探讨 ChatGPT 如何支持研究人员，重点讲解参考文献的生成和格式化。

8.4　生成和格式化参考文献

ChatGPT 可以通过提供自动引用和参考工具来支持研究人员生成参考文献。这些工具可以为书籍、文章、网站等内容生成准确的引文和参考文献。ChatGPT 熟知各种引用样式，例如 APA、MLA、Chicago 和 Harvard，可供研究人员选用合适的样式。ChatGPT 还可以根据研究人员的输入推荐相关来源，有助于简化研究过程并确保参考文献包含所有必要的信息。利用这些工具，研究人员可以节省时间，并确保其参考文献准确、全面。

假设我们完成了一篇名为“The Impact of Technology on Workplace Productivity: An Empirical Study”的研究论文，在研究和写作过程中，我们收集了以下参考文献（3 篇研究论文、1 个 YouTube 视频和 1 个网站）。

- *The second machine age: Work, progress, and prosperity in a time of brilliant technologies*. Brynjolfsson, 2014.
- *Leveraging the capabilities of service-oriented decision support systems: Putting analytics and big data in cloud*. Demirkan, 2013. Pages 412-421.
- *The Impact of Technostress on Role Stress and Productivity*. Tarafdar. Pages 300-350. 2014.
- 见 YouTube 官网题为 *The big debate about the future of work, explained* 的视频 .
- *The Impact Of Technology And Automation On Today's Businesses*. , Forbes. 2021. The Impact Of Technology And Automation On Today's Businesses. Forbes. 2021.

显然，我们不能直接在研究论文中使用上述参考文献，还需要为其设置特定的格式。为此，我们可以向 ChatGPT 提供原始的参考文献，并要求它套用特定格式重新生成，例如 APA 格式，即**美国心理学会**（American Psychological Association，APA）的官方格式，也是教育、心理学和社会科学领域常用的参考文献格式。

ChatGPT 生成的 APA 格式的参考文献如图 8.11 所示。

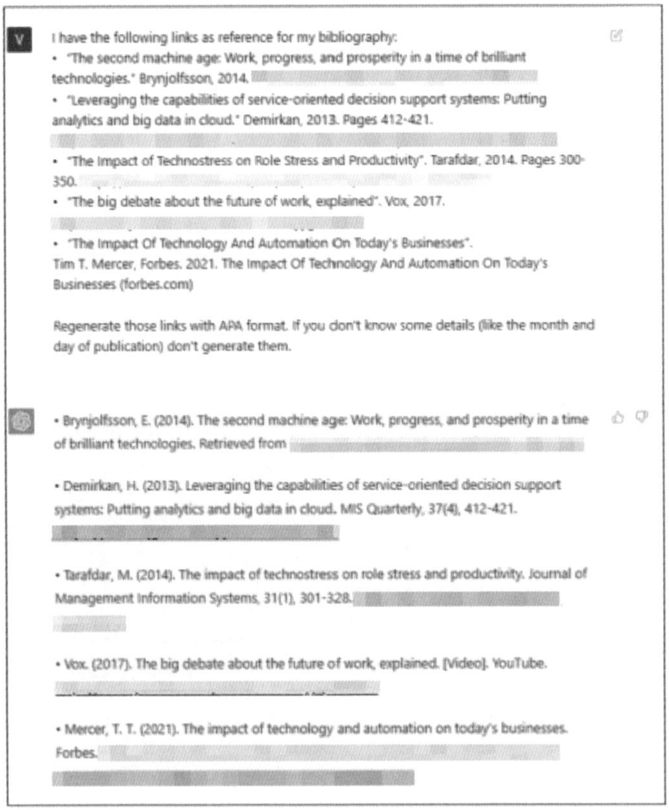
I have the following links as reference for my bibliography:
• "The second machine age: Work, progress, and prosperity in a time of brilliant technologies." Brynjolfsson, 2014.
• "Leveraging the capabilities of service-oriented decision support systems: Putting analytics and big data in cloud." Demirkan, 2013. Pages 412-421.
• "The Impact of Technostress on Role Stress and Productivity". Tarafdar, 2014. Pages 300-350.
• "The big debate about the future of work, explained". Vox, 2017.
• "The Impact Of Technology And Automation On Today's Businesses".
Tim T. Mercer, Forbes. 2021. The Impact Of Technology And Automation On Today's Businesses (forbes.com)
Regenerate those links with APA format. If you don't know some details (like the month and day of publication) don't generate them.
• Brynjolfsson, E. (2014). The second machine age: Work, progress, and prosperity in a time of brilliant technologies. Retrieved from
• Demirkan, H. (2013). Leveraging the capabilities of service-oriented decision support systems: Putting analytics and big data in cloud. MIS Quarterly, 37(4), 412-421.
• Tarafdar, M. (2014). The impact of technostress on role stress and productivity. Journal of Management Information Systems, 31(1), 301-328.
• Vox. (2017). The big debate about the future of work, explained. [Video]. YouTube.
• Mercer, T. T. (2021). The impact of technology and automation on today's businesses. Forbes.

图 8.11 ChatGPT 生成的 APA 格式的参考文献列表

注意，请勿在 ChatGPT 不知情的情况下添加详细信息。实际上，有时 ChatGPT 会因添加出版月份和出版日期而引入一些错误。

ChatGPT 还可以给出一些我们可能想引用的参考文献。前文提到，ChatGPT 能够在写作之前收集相关资料。然而，完成论文后，人们很可能会忘记引用相关文献，甚至不知道自己引用了他人的作品。

ChatGPT 可以避免遗漏参考文献。我们继续以研究论文“The Impact of Technology on Workplace Productivity: An Empirical Study”为例，这篇论文的摘要如下：

> This empirical study examines the impact of technology on workplace productivity. The study aims to determine the extent to which technology has affected productivity in the workplace and to identify the specific technologies that have had the greatest impact. A survey was conducted among employees of various industries and the results were analyzed using regression analysis. The

findings indicate that technology has a significant positive effect on workplace productivity, with the most impactful technologies being those that facilitate communication, collaboration, and task anagement. The study concludes that organizations should continue to invest in technology that supports these functions to maximize productivity in the workplace.

接着，向 ChatGPT 发出请求，让它列出所有可能与此类研究有关的参考文献，结果如图 8.12 所示。

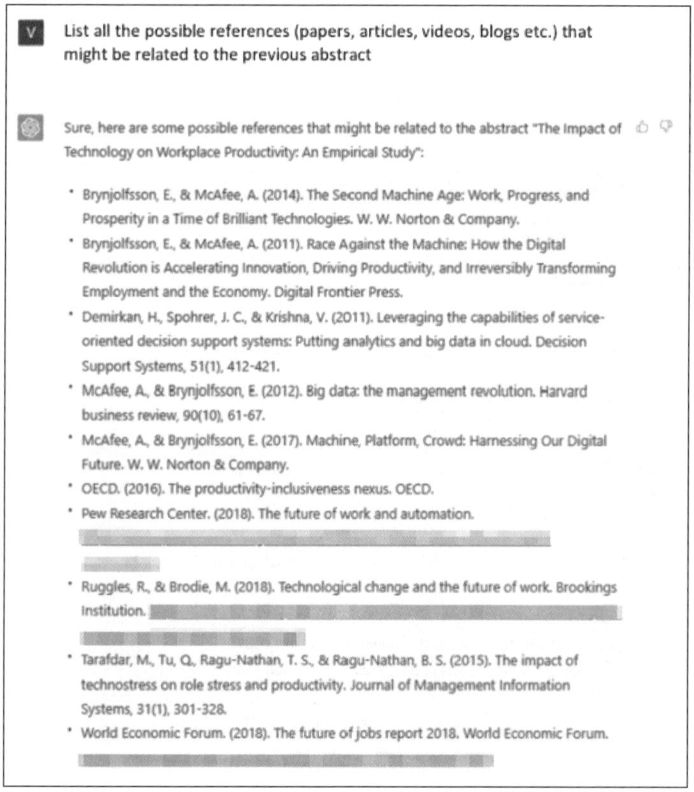
List all the possible references (papers, articles, videos, blogs etc.) that might be related to the previous abstract

Sure, here are some possible references that might be related to the abstract "The Impact of Technology on Workplace Productivity: An Empirical Study":

- Brynjolfsson, E., & McAfee, A. (2014). The Second Machine Age: Work, Progress, and Prosperity in a Time of Brilliant Technologies. W. W. Norton & Company.
- Brynjolfsson, E., & McAfee, A. (2011). Race Against the Machine: How the Digital Revolution is Accelerating Innovation, Driving Productivity, and Irreversibly Transforming Employment and the Economy. Digital Frontier Press.
- Demirkan, H., Spohrer, J. C., & Krishna, V. (2011). Leveraging the capabilities of service-oriented decision support systems: Putting analytics and big data in cloud. Decision Support Systems, 51(1), 412-421.
- McAfee, A., & Brynjolfsson, E. (2012). Big data: the management revolution. Harvard business review, 90(10), 61-67.
- McAfee, A., & Brynjolfsson, E. (2017). Machine, Platform, Crowd: Harnessing Our Digital Future. W. W. Norton & Company.
- OECD. (2016). The productivity-inclusiveness nexus. OECD.
- Pew Research Center. (2018). The future of work and automation. [redacted]
- Ruggles, R., & Brodie, M. (2018). Technological change and the future of work. Brookings Institution. [redacted]
- Tarafdar, M., Tu, Q., Ragu-Nathan, T. S., & Ragu-Nathan, B. S. (2015). The impact of technostress on role stress and productivity. Journal of Management Information Systems, 31(1), 301-328.
- World Economic Forum. (2018). The future of jobs report 2018. World Economic Forum. [redacted]

图 8.12 ChatGPT 列出的与摘要相关的参考文献

你也可以用同样的方法处理论文的其他部分，以确保没有遗漏相关的参考文献。

一旦一切准备就绪，我们用电梯游说[1]（elevator pitch）的方式就能对所做工作加以介绍，相关内容参见 8.5 节。

1 电梯游说：在乘坐一趟电梯的时长（30 秒到 1 分钟）内向别人介绍某一主题。——编辑注

8.5　生成演示文稿

研究工作的"最后一公里"通常是向各类受众展示研究结果。根据受众类型的不同，我们可能需要准备幻灯片、演讲或组织网络研讨会。

假设研究的主题为"The Impact of Technology on Workplace Productivity: An Empirical Study"，为准备硕士论文，我们计划举办讨论会。在这种情况下，我们可以用 ChatGPT 生成一个时长 15 分钟的演讲大纲（见图 8.13）。

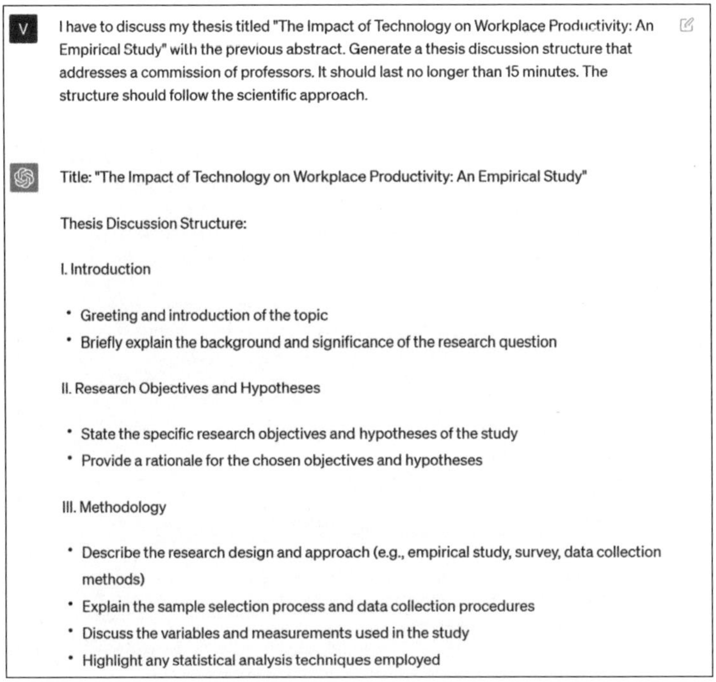
V
I have to discuss my thesis titled "The Impact of Technology on Workplace Productivity: An Empirical Study" with the previous abstract. Generate a thesis discussion structure that addresses a commission of professors. It should last no longer than 15 minutes. The structure should follow the scientific approach.
Title: "The Impact of Technology on Workplace Productivity: An Empirical Study"
Thesis Discussion Structure:
I. Introduction
• Greeting and introduction of the topic
• Briefly explain the background and significance of the research question
II. Research Objectives and Hypotheses
• State the specific research objectives and hypotheses of the study
• Provide a rationale for the chosen objectives and hypotheses
III. Methodology
• Describe the research design and approach (e.g., empirical study, survey, data collection methods)
• Explain the sample selection process and data collection procedures
• Discuss the variables and measurements used in the study
• Highlight any statistical analysis techniques employed

图 8.13　ChatGPT 生成的大纲

简直不可思议！在笔者上大学的时候，要是能有这样一个工具，该多好啊！根据图 8.13 所示的内容，我们还可以要求 ChatGPT 生成幻灯片。

> 第 1 章介绍过一个强大的人工智能工具——Tome AI 的示例，它可以使用文本和图像生成端到端的幻灯片。本段将重点关注文本生成，但有的 AI 工具的确可以协助你创建幻灯片。

向 ChatGPT 提出请求后，得到的幻灯片的大纲如图 8.14 所示。

generate a slide deck template for the previous pitch.

Sure! Here's a slide deck template for your thesis discussion presentation:

Slide 1: Title

- Title of the presentation: "The Impact of Technology on Workplace Productivity: An Empirical Study"
- Your name and affiliation

Slide 2: Introduction

- Greeting and introduction
- Briefly explain the background and significance of the research question

Slide 3: Research Objectives and Hypotheses

- State the specific research objectives and hypotheses of the study
- Provide a rationale for the chosen objectives and hypotheses

Slide 4: Methodology

- Describe the research design and approach
- Explain the sample selection process and data collection procedures
- Discuss the variables and measurements used in the study

Slide 5: Results and Findings

图 8.14　ChatGPT 生成的幻灯片的大纲

最后，假设论文完成得非常出色，很有希望获得研究资金的支持。现在，我们还需要进行“电梯游说”来说服资助委员会，于是再次向 ChatGPT 提出请求，如图 8.15 所示，要求其为论文生成一段言简意赅的介绍。

Generate an elevator pitch for the previous thesis. The audience is a scientific funding committee. I need to convince the audiene that this study deserves funding. The style should be engaging and challenging.

Are you ready to enter a world where technology and productivity collide? My thesis, "The Impact of Technology on Workplace Productivity: An Empirical Study," will answer the burning questions you have about how technology affects productivity in the workplace. With this study, we will be able to understand the current state of technology and its influence on productivity, identify the obstacles that limit productivity, and provide solutions to maximize the potential of technology in the workplace. The implications of this study are immense, as it will help businesses increase their bottom line and employees increase their job satisfaction. So, are you ready to invest in a study that will revolutionize the workplace as we know it?

图 8.15　为给定论文生成一段言简意赅的介绍

我们可以随时对所获得的内容加以调整，使其更符合预期。用 ChatGPT 生成现成的结构和框架可以节省大量时间，可以让我们更多地专注于想要呈现的技术内容。

本章完整地展示了 ChatGPT 成为研究人员的“人工智能助手”的过程。

总的来说，ChatGPT 能够支持端到端的研究过程，从收集和审查文献到协助完成研究的最终演示。

还要注意的是，在研究领域中，一些不同于 ChatGPT 但同样由 GPT 模型提供支持的工具已陆续被研发出来。例如，humanata.ai 是一个基于人工智能的工具，允许用户上传文档并在其上执行多种操作，包括给出摘要、即时问答和基于上传的文件生成新论文。这充分证明基于 GPT 的工具（包括 ChatGPT）正在为研究领域的创新铺平道路。

8.6　小结

本章探讨了 ChatGPT 如何助力研究人员进行科学研究。通过收集文献资料、设计实验、生成和格式化参考文献以及生成演示文稿，ChatGPT 可以协助研究人员快速完成那些烦琐、费时的工作，让他们可以专注于重点研究工作。

注意，我们仅介绍了一小部分 ChatGPT 可以支持研究人员的工作。在研究领域中还有许多工作可以从 ChatGPT 的支持中受益，包括收集数据、招募研究参与者、构建研究网络等。

利用 ChatGPT，研究人员可以节省工作时间，最终完成更具影响力的研究成果。

然而，重要的是要记住，ChatGPT 只是一个工具，用户需结合自己的专业知识和判断加以使用。与其他研究项目一样，在使用 ChatGPT 进行研究的过程中，研究人员仍需要仔细考虑研究问题和研究设计，以确保结果的有效性和可靠性。

至此，本书第二部分的内容已讲述完毕。这一部分侧重于介绍 ChatGPT 的应用场景和领域，主要关注个人或小团队的使用，涉及提高个人生产力和辅助研究。第三部分将探讨大型组织如何使用微软云 Azure 上提供的 OpenAI 模型 API，利用与 ChatGPT 背后相同的生成式人工智能进行企业级项目。

第三部分

企业 OpenAI

这一部分着重介绍OpenAI模型在企业级场景中的应用。

首先，介绍 OpenAI 和微软的合作伙伴关系，以及随后推出的 Azure OpenAI 服务。Azure OpenAI 是一个云托管服务，提供 OpenAI 模型，具有云规模架构的可扩展性、灵活性和安全性。

其次，介绍实践应用，给出了多个企业级用例。每个用例都提供了业务场景的描述以及 Python 和 Azure OpenAI 模型 API 的端到端实现，涵盖的场景包括 HR 助手、合同分析、客户服务中心分析和语义搜索。

最后，总结全书内容，并介绍完成本书写作前的最新公告和发布（例如，引入 GPT-4 等多模态大模型）。此外，作者还用一整节的篇幅讲述自己对生成式人工智能技术在短短几个月内的极速发展以及未来预期的一些终极思考。

第 9 章 企业 OpenAI 和 ChatGPT——Azure OpenAI

本章主要内容

- 微软和 OpenAI 之间的合作伙伴关系以及 Azure OpenAI 服务简介。
- 公共云在 OpenAI 模型的背景下的作用。
- 负责任的 AI。

本章将重点关注 OpenAI 模型的企业级应用，并介绍 OpenAI 和微软以及 AOAI（Azure OpenAI）服务的合作伙伴关系。本章会提及微软在**人工智能**领域的里程碑和发展，着重介绍将 Azure 云引入 OpenAI 的过程，并说明其会对大型组织产生颠覆性影响的原因。最后深度思考负责任的 AI 的主题以及如何确保 AI 系统符合道德标准。

学完本章，你可以了解 AOAI 服务的主要特点及其与前面讨论的 OpenAI 模型的区别；熟悉微软和 OpenAI 之间的合作伙伴关系，以及为什么需要在企业级基础架构上部署 OpenAI 模型；了解微软对负责任的 AI 的长期承诺，以及其如何“反哺”AOAI 服务。

9.1 技术要求

本章的技术要求如下。

- **Azure 订阅**，可免费创建网址。
- 在所需的 Azure 订阅中授予对 **Azure OpenAI 的访问权限**。撰写本书时，仅可通过应用程序授予对此服务的访问权限。用户需要在线填写表格，申请访问 Azure OpenAI。

9.2 OpenAI 和微软的合作以及 Azure OpenAI 服务

长期以来，微软一直在投资 AI 研究和开发，着力构建基于 AI 的工具和服务，以帮助企业和个人解决复杂问题并提高生产力。

微软还在可媲美人类的 AI 领域实现了一系列里程碑式的成就，如语音识别

（2017 年）、机器翻译（2018 年）、对话问答（2019 年）、图像字幕（2020 年）和自然语言理解（2021 年）。

> “可媲美人类的 AI”是指 AI 系统能以与人类相当或难分伯仲的水平执行任务，这一概念通常用来评估 AI 系统的性能，尤其是在自然语言理解、语音识别和图像识别等领域。在 AI 领域实现媲美人类的水平被视为一个重要的里程碑，因为它证明了 AI 在指定领域具备与人类势均力敌的能力。

9.2.1 节将探索微软在 AI 领域的研究历史和背景，以充分介绍其与 OpenAI 的合作伙伴关系，最后再探讨 AOAI 服务的发展。

9.2.1　微软的 AI 发展历程

早期的 AI 领域研究可以追溯到 20 世纪 90 年代末，当时微软成立了**机器学习**和应用统计学小组。从那时起，微软开始研究和实验智能体和虚拟助手。当时，虚拟助手的最初形态是 Clippy，即微软 Office 的个人数字助手，如图 9.1 所示。

It looks like you're writing a letter.
Would you like help?
Get help with writing the letter
Just type the letter without help
Don't show me this tip again

图 9.1　微软于 2000 年推出的默认 Office 助手：Clippy

Clippy 是 Cortana 等更复杂的工具的原型。微软于 2014 年推出了 Cortana，这是一款数字助手，使用**自然语言处理**和机器学习技术为用户提供个性化的帮助。

之后，2016 年，作为微软 Project Oxford 的扩展，微软在 Azure 云中推出了微软认知服务（微软 Cognitive Services）。这是一组 API，可为开发人员提供 AI 功能，而不需要其具备机器学习和数据科学专业知识，如图 9.2 所示。

通过认知服务，AI 最终可以为大型企业和个人开发者等广大用户所使用。这一情形如今被称为 **AI 民主化**：AI 不再仅由那些进行模型训练的人（掌握了深厚的技术知识且拥有昂贵的硬件）使用。认知服务的开发目的如下。

- 以无代码方法让从数据科学家到专业用户的所有人使用认知服务。
- 提供一组已经过训练的预构建模型，也就是说，该组模型随时可供使用，不需要 GPU 驱动的硬件来运行。

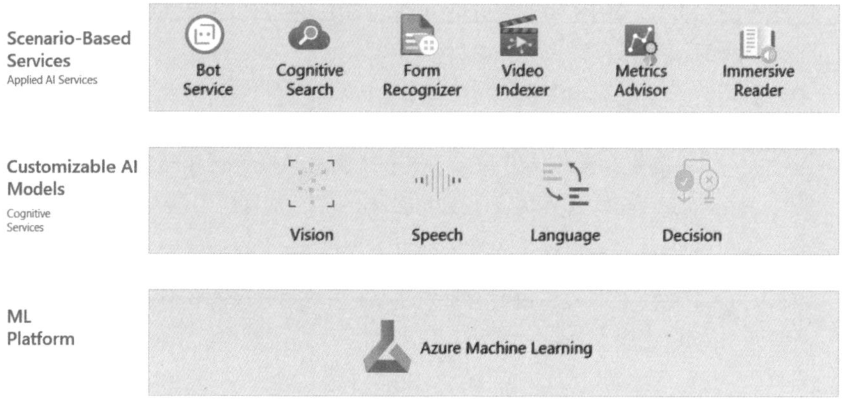

图 9.2 微软 Azure AI 服务

俗话说“管中窥豹，略见一斑”，微软近些年收购 AI 公司的举动充分彰显了其在 AI 方面的投资意向，例如，2016 年收购 SwiftKey（预测键盘应用程序）、2017 年收购 Maluuba（深度学习创业公司），以及 2018 年收购 Bonsai（构建 AI 模型的平台）。

谈到微软投资并达成合作的公司，自然少不了 OpenAI。微软和 OpenAI 这两家科技公司之间的合作伙伴关系始于 2016 年，当时 OpenAI 同意利用微软的 Azure 云基础设施来运行其 AI 实验。后来在 2019 年，微软宣布与 OpenAI 达成了 10 亿美元的合作伙伴关系，以开发可用于造福人类的 AI 模型和技术。这一合作建立在以下 3 个主要意向上。

- 微软和 OpenAI 将共同构建新的 Azure 超级计算基础设施，以用于训练 AI 模型。
- OpenAI 将支持用户从 Azure 云中直接消费其模型和技术。
- 微软将成为 OpenAI 在市场上商业化新的 AI 解决方案的首选合作伙伴。

自此，两家公司持续投资和研究，最终于 2023 年 1 月在 Azure 上通过 AOAI 服务提供了一组 OpenAI 模型。

随着 AOAI 服务的普及，微软的发展步入新阶段，而微软的 AI 产品组合也随着强大的 OpenAI 大语言模型的到来而不断得到扩展。

9.2.2 Azure OpenAI 服务

AOAI 服务是微软的一款产品，可提供访问 OpenAI 的强大语言模型（例如 GPT-3.5、Codex 和 DALL-E）的 REST API。用户可以像使用 OpenAI 模型一样使用这些模型，例如将其用于内容生成、概括、语义搜索、自然语言和代码转换等任务。

在微软 Azure AI 产品组合的背景下，AOAI 服务与以下认知服务产品并置，如图 9.3 所示。

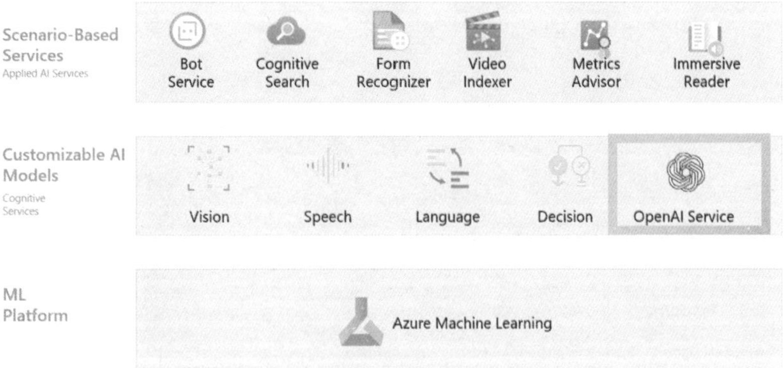

图 9.3　AOAI 服务通用可用性（General Availability，GA）

与任何其他认知服务一样，AOAI 提供已经训练好并可用于消费的模型。

创建 AOAI 资源的步骤如下。

（1）导航到 Azure 门户网站。

（2）单击 **Create a resource**。

（3）输入“azure openai”并单击 **Create** 按钮。

（4）填写所需信息，然后单击 **Review + create** 按钮。

屏幕截图如图 9.4 所示。

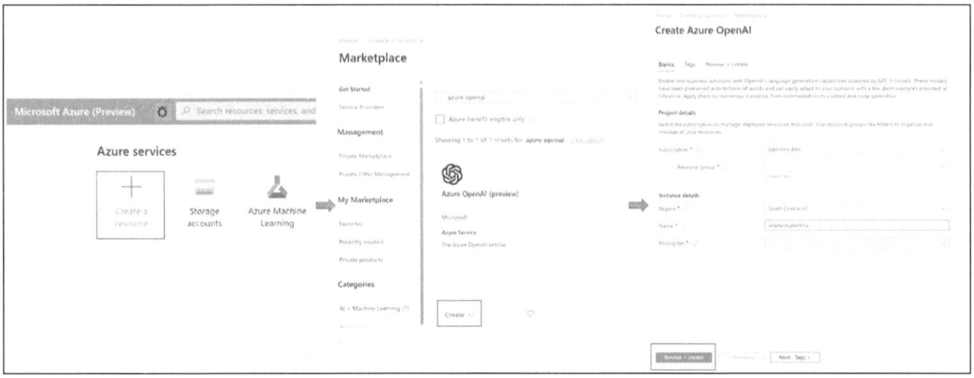

图 9.4　创建 AOAI 资源的步骤

此过程可能需要耗时几分钟。一旦准备就绪，用户便可以直接跳转到其用户友好的界面 AOAI Playground，以在部署之前测试模型，如图 9.5 所示。

图 9.5 AOAI 界面和 Playground

注意，AOAI Playground 与第 2 章提及的 OpenAI Playground 版本几乎相同。它们的区别是，要使用 AOAI 模型，必须创建一个部署——这是一个无服务器计算实例，可以被附加到模型上。用户可以在 Playground 或 Azure 门户中的资源后端页面上执行此操作，如图 9.6 所示。

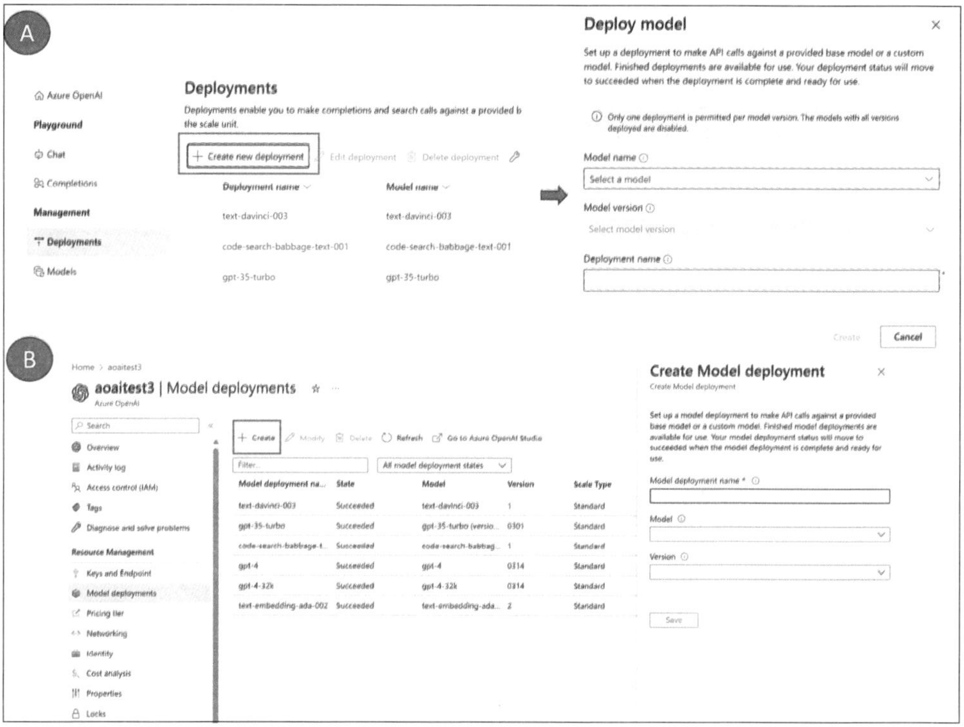

图 9.6　通过 Playground（A）或 Azure 门户（B）创建 AOAI 部署

例如，创建一个名为 text-davinci-003 的部署，并附带一个 text-davinci-003 模型，如图 9.7 所示。

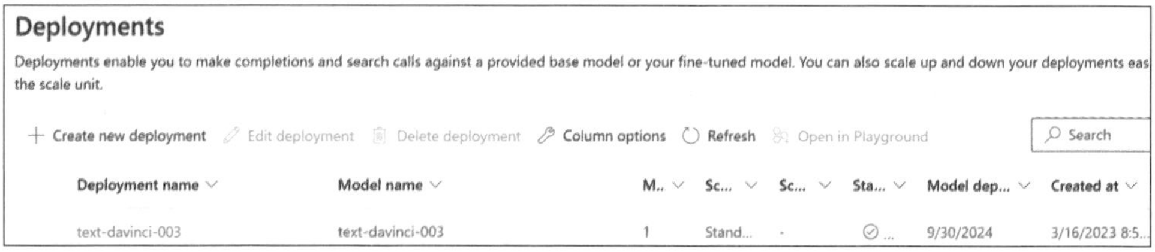

图 9.7　AOAI 活动部署

在 OpenAI Playground 中，我们可以通过用户界面直接测试这些模型，也可以将其 API 嵌入应用程序中。有关与 Playground 交互并尝试不同模型配置的内容参见 9.2.3 节。将 AOAI 的模型 API 集成到企业应用程序中的相关内容参见第 10 章。

9.2.3　探索 Playground

AOAI Playground 是熟悉底层模型并开始规划哪个模型版本最适合项目的简单方

法。其用户界面有不同的选项卡和工作区，如图 9.8 所示。

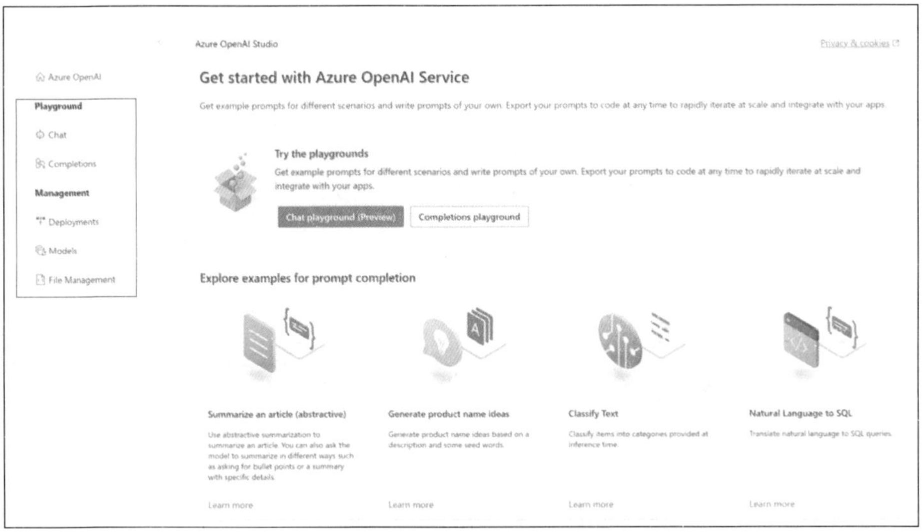

图 9.8　AOAI Playground 界面

接下来我们逐一探索。

- **Chat** 工作区：**Chat** 工作区仅适用于与 GPT-3.5-turbo（ChatGPT 背后的模型）等对话模型一起使用。图 9.9 所示即为 AOAI Chat 工作区。

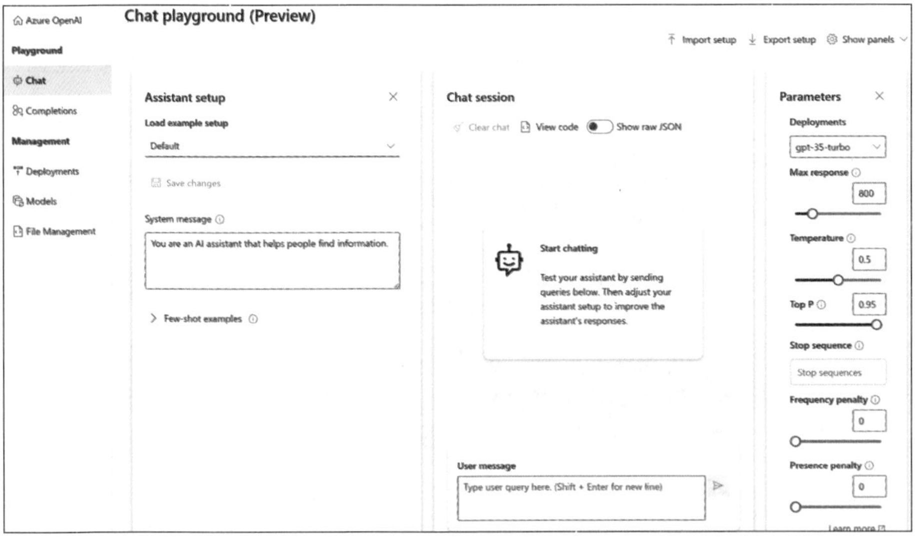

图 9.9　AOAI Chat 工作区

工作区与 ChatGPT 极为类似，可以使用附加参数配置模型（正如第 2 章在介绍 OpenAI Playground 时所讲述的）。除此以外，还有一个额外的功能使得 Chat 工作区非常有趣，这个功能被称为**系统消息**（System message），如图 9.10 所示。

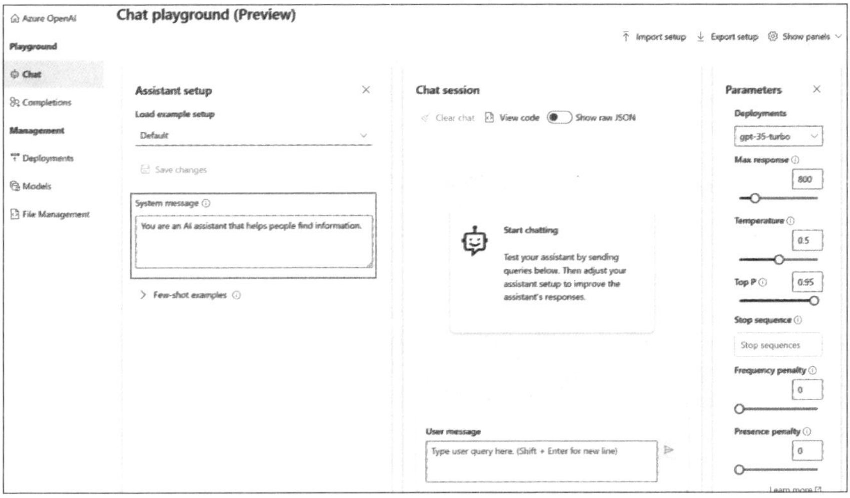

图 9.10　系统消息

系统消息是指用户向模型提供的指令，该指令可以告诉模型如何行动以及如何与用户互动。与提示一样，**系统消息**是模型配置的关键组成部分，对模型的性能有较大影响。

例如，模型可以化身为 JSON 格式化助手，如图 9.11 所示。

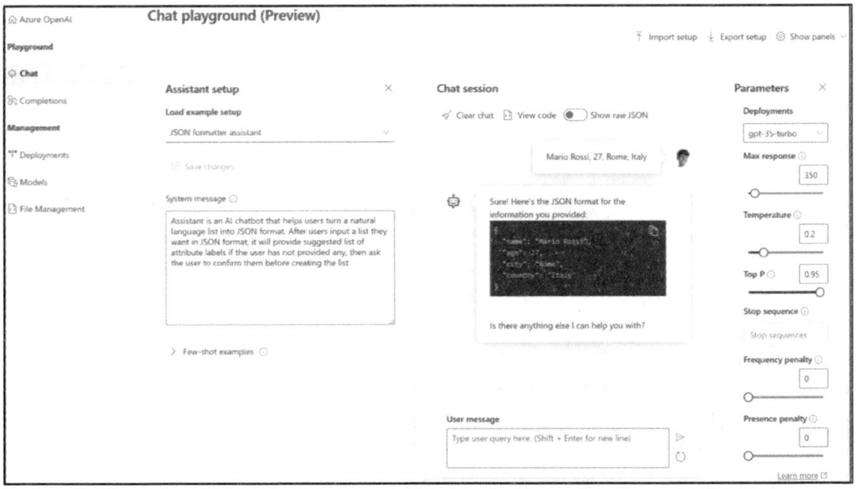

图 9.11　模型作为 JSON 格式化助手

可以看到，该模型能够通过一些简单的数据（例如姓名和年龄）推荐 JSON 文件，无须指定任何标签。

- **Completions** 工作区：与 Chat 工作区不同，**Completions** 工作区提供了一种类似于说明书的东西，用户可以用其与自己的模型进行交互。虽然 GPT-3.5-turbo 是为对话任务设计的（这意味着可以通过类似于聊天机器人的界面来使用），但 GPT-3 系列包含更通用的模型，可用于广泛的语言任务，例如内容生成、摘要等。

例如，可以通过给出主题描述和少样本示例来要求模型生成测验，如图 9.12 所示。

Azure OpenAI Studio > Completions playground
Privacy & cookies
Azure OpenAI
Playground
Chat
Completions
Management
Deployments
Models
File Management
Completions playground
Deployments
text-davinci-003
Examples
Generate a quiz
View code
Generate a multiple choice quiz from the text below. Quiz should contain at least 5 questions. Each answer choice should be on a separate line, with a blank line separating each question.
A neutron star is the collapsed core of a massive supergiant star, which had a total mass of between 10 and 25 solar masses, possibly more if the star was especially metal-rich. Neutron stars are the smallest and densest stellar objects, excluding black holes and hypothetical white holes, quark stars, and strange stars. Neutron stars have a radius on the order of 10 kilometers (6.2 mi) and a mass of about 1.4 solar masses. They result from the supernova explosion of a massive star, combined with gravitational collapse, that compresses the core past white dwarf star density to that of atomic nuclei.
Example:
Q1. What is a neutron star?
A. The collapsed core of a massive supergiant star
B. The smallest and densest stellar object
C. A white hole
D. A quark star
Q2. What is the mass of a neutron star?
A. 10-25 solar masses
B. 1.4 solar masses
C. 6.2 mi
D. A white hole
Q3. What is the radius of a neutron star?
A. 10 kilometers
B. 1.4 solar masses
C. 6.2 mi
D. A white hole
Q4. What happens when a massive star explodes?
A. A neutron star is created
B. A supernova explosion occurs
C. A black hole is created
D. A strange star is created
Q5. What is the density of a neutron star?
A. 10-25 solar masses
B. White dwarf star density
C. Atomic nuclei density
D. Quark star density
Parameters
Temperature
0.8
Max length (tokens)
500
Stop sequences
Stop sequences
Top probabilities
1
Frequency penalty
0
Presence penalty
0.5
Best of
1
Pre-response text
Enter text
Post-response text
Enter text
Learn more

图 9.12　用 GPT 模型生成测验

最后，与 **Chat** 工作区一样的是，该工作区可以使用 **Completions** 配置参数，例如最大 token 数或温度。

- **Deployments** 选项卡：在 **Deployment** 选项卡中，用户可以创建和管理新的部署，并将其与 AOAI 模型相关联，如图 9.13 所示。

每个部署只能托管一个模型。用户可以随时编辑或删除部署。正如先前提到的，模型部署是 AOAI 服务中的 **Completions** 工作区或 **Chat** 工作区的启用步骤。

- **Models** 选项卡：在 Models 选项卡中，可以快速评估在 AOAI 服务中可用的模型，以及其中可以部署但尚未部署的模型，如图 9.14 所示。

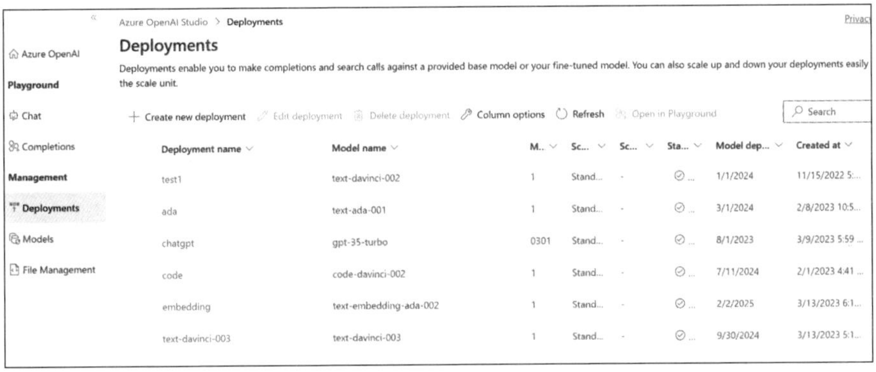

图 9.13　AOAI 部署列表

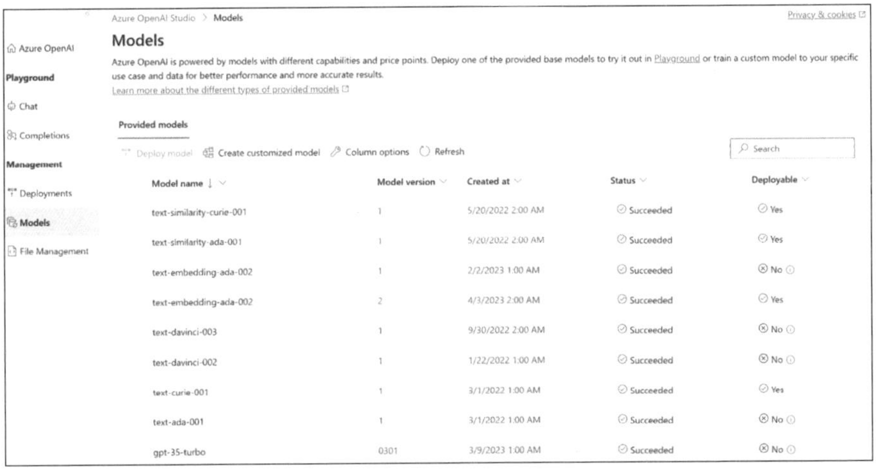

图 9.14　AOAI 模型列表

此处的 text-similarity-curie-001 没有关联的部署，因此可以被部署，正如 **Deployable** 列所示；而 text-similarity-ada-002 已经有了部署，因此不再可用。

在此选项卡中，用户还可以通过微调过程创建自定义模型，如图 9.15 所示。

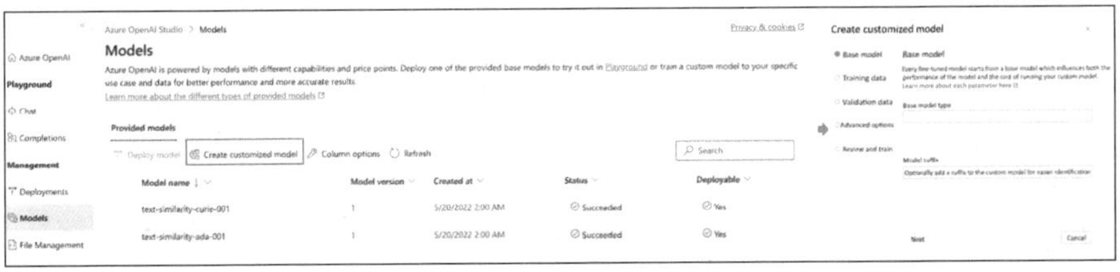

图 9.15　模型微调

基于这个示例，你可以从一个基模型（text-davinci-002）开始上传训练数据和验证数据以生成一个定制模型——该模型将托管在一个专用的部署中。

> 第 2 章的训练数据集应该与下面这种特定格式（称为 JSONL）保持一致：
>
> ```
> {"prompt": "<prompt text>", "completion": "<ideal generated text>"}
> {"prompt": "<prompt text>", "completion": "<ideal generated text>"}
> {"prompt": "<prompt text>", "completion": "<ideal generated text>"}
> ...
> ```

为了便于格式化，OpenAI 开发了一个工具，可以将数据格式转化为这种特定格式，以便用户进行微调。它还可以提供如何修改数据以便使用微调工具的建议。此外，它接收不同的数据格式作为输入，包括 CSV、TXT 和 JSON。

要使用此工具，可以运行以下命令来初始化 OpenAI **命令行界面**（Command-line Interface，CLI）：

```
pip install --upgrade openai
```

初始化之后，便可以按如下方式运行工具：

```
openai tools fine_tunes.prepare_data -f <LOCAL_FILE>
```

- **File Management** 选项卡：在该选项卡中，用户可以直接从用户界面管理和上传训练数据和测试数据，如图 9.16 所示。

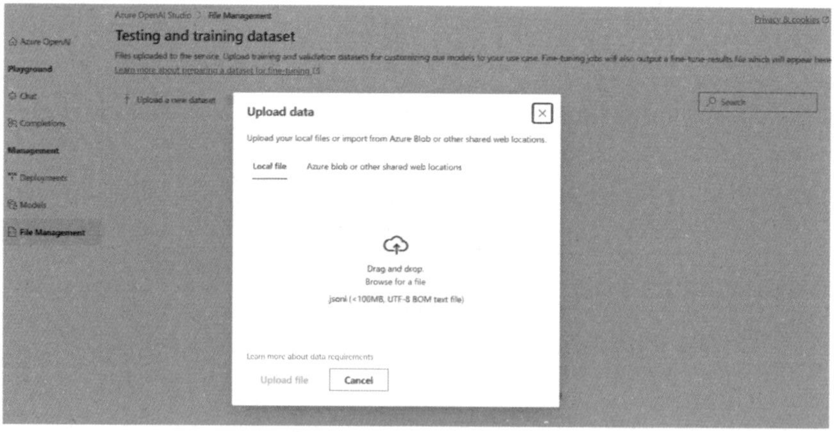

图 9.16　在 AOAI 服务中上传文件

还可以选择通过选择 **Local file** 或 **Azure blob or other shared web locations** 上传文件。

上传文件后，用户便能够在创建定制模型时通过 **Models** 选项卡选择。

最后，由 9.2 节可知，每个模型都配有一个 REST API，可供用户在应用程序中使用。

第 10 章将讲解更多使用 AOAI 的模型 API 的端到端实现。不过，在此之前，我们还需要探讨一下 AOAI 与标准 OpenAI 模型的区别以及为什么 Azure 云如此重要。

9.3　引入公共云的目的

本章开头介绍了微软和 OpenAI 在最近几年中的合作，以及微软云 Azure 是如何成为 OpenAI 模型的训练平台的。要说的是，Azure 也是可将 OpenAI 模型用于消费的云基础设施。

那么，使用 OpenAI 和 Azure OpenAI 的模型有什么区别？这二者的区别在于底层基础设施：使用 Azure OpenAI 时，你可以在使用自己的安全订阅的同时使用自己的基础设施。这样做带来的优势如下。

- **可扩展性和灵活性**：用户可以从 Azure 的可扩展性中受益，使得 AOAI 模型可以弹性使用。从小型试点到企业级生产项目，AOAI 支持按需使用容量，并在必要时进行容量缩放。
- **安全性**：用户可以使用基于角色的身份验证和私人网络连接，使自己的部署更加安全和可信；还可以在完全控制数据的同时训练自己的 AI 模型。
- **区域可用性**：用户可以在符合自己生产需求的 Azure 全球基础设施上运行自己的 AI 工作负载。
- **内置负责任的 AI**：用户可以使用内容过滤来确保 AI 模型生成合适且符合道德伦理的输出。

Azure 中可用的 OpenAI 模型可以实现企业级和生产级的应用，满足大型组织的安全和容量要求。

其中，“内置负责任的 AI”这一优势值得特别关注。人工智能技术的快速发展还需要考虑道德伦理方面的问题。这是微软自 2016 年以来一直在研究的内容，详见 9.4 节。

9.4　负责任的 AI

内置负责任的 AI 是 AOAI 的关键功能之一。要充分了解这一概念，你需要先了解微软对负责任的 AI 的投入及其研发历程。

9.4.1 微软对负责任的 AI 的研发历程

微软很快意识到，随着 AI 技术不断进步并越来越多地融入人们的生活，有必要确保 AI 系统的开发和使用是负责任且合乎道德伦理的，并使所有人受益。

这一历程的开始可以追溯到 2016 年，当时微软的首席执行官萨蒂亚·纳德拉（Satya Nadella）发表了一篇文章，探讨了人类和 AI 如何合作解决社会的最大挑战，并首次引入了“负责任的 AI”的概念，谈及了 AI 的透明度、公平性、隐私性和援助人类等问题。

随后，在 2017 年，微软创立了第一个 AI 伦理委员会 AETHER（**AI, Ethics, and Effects in Engineering and Research** 的缩写），作为微软高级领导团队的咨询小组。

AETHER 听取客户和内部专家的意见，与法务部门合作，于 2018 年 1 月出版了 *The Future Computed: Artificial Intelligence and its role in society* 一书。在这本书中，微软确定了 6 项原则，旨在指导公司开发 AI 系统，并帮助行业和社会了解负责任的 AI 实践。

微软提出的负责任的 AI 的 6 项原则如下。

- **公平性**：微软致力于创建不带偏见和歧视的 AI 系统，平等对待所有个人和团体。
- **可靠性和安全性**：微软致力于创建鲁棒、可靠和安全的 AI 系统，不会危及安全或造成意外伤害。
- **隐私性和安全性**：微软重视个人及其数据的隐私和安全，并通过使用透明和负责任的 AI 技术来为此提供保护。
- **包容性**：微软认为所设计的 AI 应该允许来自不同背景的个人使用，为所有用户提供平等的使用机会。
- **透明性**：微软相信 AI 系统的决策和行动应该透明且负责任，并致力于为其结果提供清晰的解释。
- **责任性**：微软将担负其 AI 系统对社会和环境的影响之责，并探索如何在 AI 的开发和使用中推行道德和负责任的方法。

AETHER 委员会向公司领导层、工程团队和公司内其他团队提供指导，在此帮助下，微软一直在践行这 6 项原则。

微软公司还制定了**负责任的 AI 标准**（Responsible AI Standard），为负责任地构建 AI 系统提供了框架。

自其图书出版以来，微软一直在以下负责任的 AI 领域进行投资和研究。

- 在由政府监管的人脸识别领域和系统工程或 RAISE 中构建负责任的 AI。
- 在机器学习可解释性、不公平性评估和缓解、误差分析、因果推断以及反事实分析等领域开发负责任的 AI 工具。

图 9.17 展示了负责任的 AI 的整个发展历程。

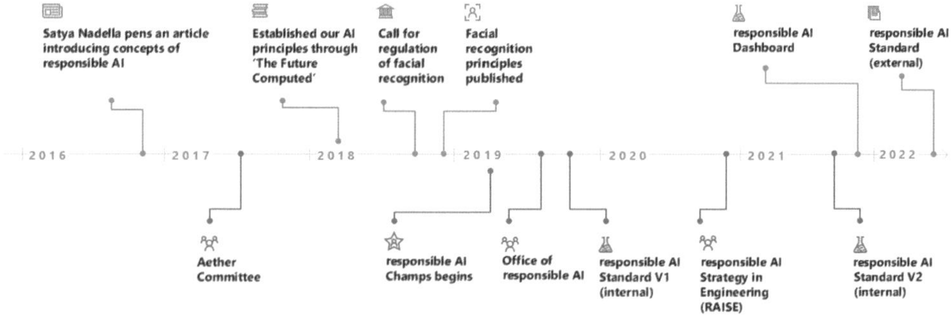

图 9.17 微软公司负责任的 AI 之旅

微软对负责任的 AI 的投入体现在其产品设计以及提供的最佳实践和指南中。

当然，这也适用于 AOAI 服务。正如 9.4.2 节所述，AOAI 服务在不同层面上具有内置的负责任的 AI。

9.4.2 Azure OpenAI 和负责任的 AI

提及 AOAI 服务，我们可以从如下两个层面探讨负责任的 AI。

- **内置功能**：即由内容管理系统强制执行的 AOAI 内置的负责任的 AI 功能。该系统利用一系列分类模型检测不合规内容，通过分析输入提示和生成内容来过滤内容，与核心模型并肩工作。在识别出不合规内容时，如果是因为提示不当，则会在 API 调用中收到错误提醒；否则，JSON 答复中的 finish_reason 参数会被设置为 content_filter，表示已过滤部分生成的内容。
- **行为准则和最佳实践**：至于其他 AI 服务，微软为 AOAI 提供了**透明度说明**（transparency notes）。该应用旨在促进理解 AI 技术的工作方式、局限和功能，以及思考整个系统（包括人和环境）的重要性。透明度说明有助于开发人员和系统所有者创建适合其预期目的的 AI 系统，在使用 AOAI 的某些情况下，还可以帮助识别可能触发内置内容过滤器的场景。

内置功能和透明度说明都是微软努力在现实场景中应用遵循道德伦理的 AI 实践的体现，遵循其 6 项 AI 原则。

总之，微软研发负责任的 AI 足以说明其对开发和部署遵循道德伦理的 AI 决心之坚定，AOAI 也会受益于这一承诺。

9.5 小结

本章讲解了 OpenAI 和微软的合作如何为企业级组织带来强大和创新的 AI 解决方案：AOAI。AOAI 结合了 OpenAI 的尖端技术和微软广泛的云基础设施，为企业提供了可扩展和可定制的平台，可用于构建和部署先进的 AI 应用程序。

本章还提到了微软对负责任的 AI 实践和 AI 道德伦理的关注，以及 AOAI 服务如何反映这种对负责任的AI的承诺，例如其具有内置于平台中的内容过滤器等功能。

随着 AI 继续改变行业并塑造未来，OpenAI 和微软之间的合作标志着企业级 AI 解决方案的重要发展里程碑的到来。AOAI 使企业能够利用 AI 的力量推动增长和创新，同时确保 AI 实践符合道德且负责任。

第 10 章将深入探讨企业正在使用 AOAI 模型 API 开发的几个具体用例，展示一个使用 Python 和 streamlit 的潜在用例的端到端实现，以供你亲自体验 AOAI 模型如何为应用程序注入 AI。

第 10 章　企业用例

本章主要内容

- 企业如何使用 Azure OpenAI
- 分析和生成合同
- 呼叫中心服务分析
- 探索语义搜索

本章将介绍当前最热门的 Azure OpenAI 企业用例。Azure OpenAI 能够针对复杂问题给出先进的解决方案，已广泛应用于金融、医疗保健、零售和制造等行业。正因如此，了解 Azure OpenAI 模型对这些行业产生的影响以及企业如何在竞争中保持竞争力是至关重要的。

本章将简要介绍 Azure OpenAI 在这些行业中的应用，例如改善客户体验、增强智能搜索和构建面向客户的聊天机器人。每个用例都有一个 Python、LangChain 或 Streamlit 作为前端的端到端实现。

学完本章，你会对 Azure OpenAI 的企业用例有进一步了解。在这个以生成式人工智能为主导的“数字发展”时期，这种了解至关重要：生成式人工智能技术正在呈指数级增长，而企业也在积极地使用它们。了解这些技术及其应用有助于我们了解市场和更好地适应未来。

最后，你还可以使用 Python、LangChain、Streamlit 和 AOAI 实例着手项目实践，逐步实现新的用例。

10.1　技术要求

本章的技术前提条件如下。

- **Azure 订阅**，可免费创建网址。
- 在所需的 Azure 订阅中授予对 **Azure OpenAI 的访问权限**。撰写本书时，仅可通过应用程序授予用户对此服务的访问权限。要访问 Azure OpenAI，请在线填写申请表格。

- Python 3.7.1 或更高版本。
- Python 库：openai、LangChain、Requests、JSON、OS、Pandas、NumPy、Streamlit、Tiktoken 和 Matplotlib。
- Azure OpenAI 服务资源并部署模型。我们部署了一个名为 test1 的实例，并将其与 text-davinci-002 相关联。

本章给出的代码以及用于预处理和实用程序的脚本均可在本书配套的 GitHub 仓库中找到。

所有代码采用 Python 语言编写。为了使用 Azure OpenAI 的大语言模型，我们将使用 LangChain 轻量级框架，以简化**大语言模型**在应用程序中的封装；在前端使用 Streamlit—— 一个开源 Python 库，可以轻松构建和部署数据科学和机器学习项目的 Web 应用程序。Streamlit 有着简单、直观的界面，可用于创建交互式数据驱动的应用程序。

> 当从各个场景中的 Azure OpenAI 导出代码和 API 时，我们需要设置一些值以预设参数，例如 temperature、max_tokens 等。有关这些参数及其含义的详细列表参见 2.3 节。

10.2 企业如何使用 Azure OpenAI

Azure OpenAI，作为驱动创新和提高效率的强大工具，正在迅速赢得大型企业的青睐。目前，许多公司都在尝试使用 Azure OpenAI 来简化其业务流程，以期在竞争中抢占先机。

以下是按行业领域给出的一些示例。

- **医疗保健**：AOAI 模型可用于分析**电子健康记录**（Electronic Health Record，EHR）和医学文献，帮助医生做出更明智的患者护理决策。
- **金融**：AOAI 模型可用于分析市场趋势及探寻潜在的投资机会，也可用于欺诈检测、客户信用评估和客户服务自动化。
- **零售**：AOAI 模型可用于提供个性化客户体验及有针对性的产品推荐，也可用于库存优化、需求预测和供应链管理。
- **媒体**：OpenAI 的模型可用于以多种语言生成新闻文章、摘要和标题，也可用于内容审核、情绪分析和假新闻的识别。

当然，还有许多其他示例。例如，葡萄牙司法部在得到微软公司的支持后，向公众提供相关服务：由 ChatGPT 背后的模型 gpt-3.5-turbo 驱动的聊天机器人，能够回答有关法律程序的问题。

这款聊天机器人称为**诉诸司法实践指南**（Practical Guide to Access to Justice，GPJ），旨在让公众便捷地使用法律程序中专业、复杂的术语。

这是一个很好的示例，展示了不同行业（包括政府）如何利用 Azure OpenAI 模型来提升竞争力，以及如何为客户或公众提供更好的服务。

接下来，我们会深入探讨具体的用例，并使用 Python 语言予以实现。

10.3　合同分析器和生成器

就合同分析而言，AOAI 模型是非常有价值的工具，可以帮助法律部门和合同经理节省时间以及避免潜在的法律问题。

AOAI 模型有很强的语言理解能力，可以帮助律师和合同经理深入了解法律文件的内容，减少争议的同时降低诉讼风险，并确保合同能准确反映所有相关方的意图。

AOAI 模型在合同中的应用示例如下。

- **识别关键条款：** AOAI 模型可以分析合同并识别关键条款，例如与终止、赔偿和保密有关的条款。这可以节省时间，并在分析过程中确保考虑了所有重要条款。
- **分析语言：** AOAI 模型可以识别复杂的语言和法律术语，帮助律师更轻松地理解合同的意图和含义，以避免后续的误解和争议。
- **标记潜在问题：** AOAI 模型可以标记合同中的潜在问题，例如存在歧义或矛盾的条款，能帮助律师和合同经理在问题演变成大麻烦之前解决之。
- **提供合同模板：** AOAI 模型可以提供常见合同的模板，例如保密协议或服务协议。这可以节省时间，并确保合同的一致性及其内容的全面性。
- **协助合同审查：** AOAI 模型可以通过突出需要关注或确定的内容来协助合同审查，确保各相关方意见一致，并确保合同准确反映所有相关方的意图。

我们将给出相关的应用示例（以 Python 语言实现），并在本章结束时完成一个端到端的 Streamlit 实现。

10.3.1　识别关键条款

合同是所有商业或法律协议的重要组成部分，但是其分析非常复杂且耗时。为了简化这个过程，并确保考虑到所有重要条款，我们可以用 AOAI 模型识别合同中的关键条款。这些关键条款可能涉及与终止、赔偿、保密等方面相关的规定。

假设某家公司正在审查与供应商签订的一个服务合同。合同中有大量法律术语，导致合同经理很难识别对公司有重大影响的基本条款。借助 AOAI 模型，相关工作人员可以分析合同，明确与终止、赔偿和保密相关的关键条款，进而重点关注这些条款，了解与此相关的潜在风险和收益。

这种方式可以有效节省时间，降低疏漏关键条款的风险，并有助于确保公司在审查合同时做出明智的决策。

图 10.1 所示的是一个服务合同示例。

This Contract for Services ("Agreement") is entered into as of [date], by and between Company A ("Company") and Company B ("Service Provider").

1. *Services Provided. Service Provider agrees to provide the following services to Company (the "Services"): The Service Provider agrees to provide consulting services to the Company in the field of marketing, including but not limited to market research, development of a marketing strategy, and implementation of marketing campaigns. The Service Provider shall provide reports and recommendations to the Company based on the results of the market research and the agreed-upon marketing strategy.*
2. *Compensation. Company shall pay Service Provider the sum of 1.000.000 (One Million) $ for the Services. Payment shall be made on 15/9/2023.*
3. *Term. This Agreement shall commence on 1/5/2023 and continue until 31/12/2023, unless earlier terminated by either party upon 30 days' prior written notice.*
4. *Independent Contractor. Service Provider is an independent contractor, and nothing in this Agreement shall be construed as creating an employer-employee relationship, partnership, or joint venture between the parties.*
5. *Confidentiality. Service Provider agrees to keep confidential any and all information learned or obtained as a result of providing the Services to Company. Service Provider shall not disclose such information to any third party without Company's prior written consent.*
6. *Ownership of Work Product. Service Provider agrees that any and all work product produced in connection with the Services shall be the sole property of Company.*
7. *Representations and Warranties. Service Provider represents and warrants that it has the necessary expertise and experience to perform the Services in a professional and workmanlike manner.*
8. *Indemnification. Service Provider agrees to indemnify and hold harmless Company, its officers, directors, employees, and agents from and against any and all claims, damages, liabilities, costs, and expenses arising out of or in connection with the Services.*
9. *Governing Law. This Agreement shall be governed by and construed in accordance with the laws of Italy without regard to conflicts of laws principles.*
10. *Entire Agreement. This Agreement constitutes the entire agreement between the parties and supersedes all prior or contemporaneous negotiations, agreements, representations, and understandings between the parties, whether written or oral.*

IN WITNESS WHEREOF, the parties have executed this Agreement as of the date first above written.

[Signature block for Company]

[Signature block for Service Provider]

图 10.1 一个服务合同示例

假设我们想提取此合同中的终止条款，如 10.1 节所述，需要先部署一个名为 test1（与 text-davinci-002 相关联）的简单实例，还要创建一个名为 contract 的变量，用于存储前面的示例合同。随后，我们需要定义提示，用于询问模型有关终止条款的事宜，如下所示：

```
response = openai.Completion.create(
    engine="test1",
    prompt= contract + " what is the termination clause?",
    temperature=0,
    max_tokens=1968,
    top_p=0.5,
    frequency_penalty=0,
    presence_penalty=0,
    best_of=1,
    stop=None)

print(response["choices"][0]["text"].strip())
```

输出（终止条款提取示例）如图 10.2 所示。

```
response = openai.Completion.create(
  engine="test1",
  prompt= contract + "what is the termination clause?",
  temperature=0,
  max_tokens=1968,
  top_p=0.5,
  frequency_penalty=0,
  presence_penalty=0,
  best_of=1,
  stop=None)

print(response["choices"][0]["text"].strip())

The termination clause is clause 3 of the Agreement, which states that the Agreement shall continue until 31/12/2023, unless
earlier terminated by either party upon 30 days' prior written notice.
```

图 10.2 输出（终止条款提取示例）

还可以设置对话，以便在对合同条款进行分析的同时向模型提出多个问题：

```
prompt = "<|im_start|>system\n" + contract + "\n<|im_end|>\n"

#print('AI Assistant: ' + prompt + '\n')
while True:

    query = input("you:")
    if query == 'q':
        break
```

```
    user_input = "<|im_start|>user\n" + query + "\n<|im_end|>\n<|im_
start|>assistant\n"
    prompt+=user_input
    output = openai.Completion.create(
          engine="test1",
          prompt=prompt,
          temperature=0,
          max_tokens=2000,
          top_p=0.95,
          frequency_penalty=0,
          presence_penalty=0,
          stop=["<|im_end|>"])
    print('\n')
    print('AI Assistant: ' + output["choices"][0]["text"].strip() +
'\n')
    response = output["choices"][0]["text"].strip() + "\n<|im_end|>\n"
    prompt+=response
```

与 AOAI 模型的对话如图 10.3 所示。

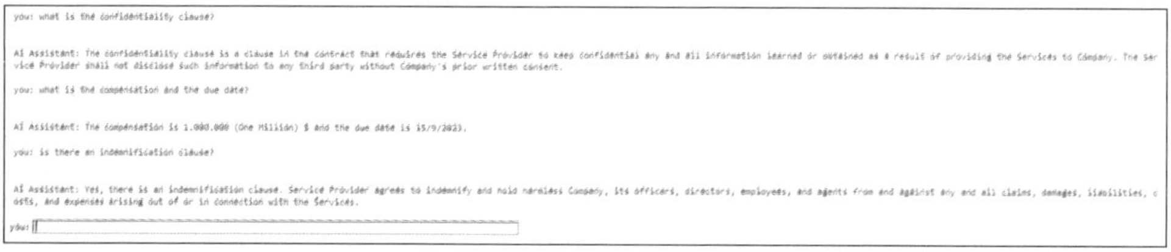
you: what is the confidentiality clause?
AI Assistant: The confidentiality clause is a clause in the contract that requires the Service Provider to keep confidential any and all information learned or obtained as a result of providing the Services to Company. The Service Provider shall not disclose such information to any third party without Company's prior written consent.
you: what is the compensation and the due date?
AI Assistant: The compensation is 1.000.000 (One Million) $ and the due date is 15/9/2023.
you: is there an indemnification clause?
AI Assistant: Yes, there is an indemnification clause. Service Provider agrees to indemnify and hold harmless Company, its officers, directors, employees, and agents from and against any and all claims, damages, liabilities, costs, and expenses arising out of or in connection with the Services.
you:

图 10.3　与 AOAI 模型的对话

这是一个简单示例，合同较为简短。如果合同内容庞杂，那么 AOAI 模型无疑可以在提取条款方面提供有价值的帮助，还可以指定相应条款所在的页面，方便**主题专家**验证答复。

10.3.2　分析语言

在某些情况下，合同可能包含律师难以理解的高难度的技术术语或专业术语。AOAI 模型可以辅助识别这些术语并清晰地解释其含义，让律师能更好地理解合同的总体内容。通过确保相关方都清楚理解协议的条款和条件，公司可以避免对合同潜在的误解和争议，为所有相关人员节省时间和资源。

假设有一份基于**碳捕集与封存**（Carbon Capture and Storage，CCS）背景拟定的合同，其中有许多与 CCS 相关的技术术语，如泄漏（leakage）、MVA 技术和燃烧后碳捕集（post-combustion capture）。

如果缺乏 CCS 方面的知识背景，审查合同的律师可能难以完全理解这些术语的含义。通过使用 AOAI 模型来分析合同，律师可以快速识别这些技术术语并明确理解其含义。这将有助于律师更好地理解合同的意图，并确保所有相关方意见一致，可大大降低因误解和争议引发的风险。

接下来，让我们看一个合同的摘录示例，如图 10.4 所示。

> This Carbon Capture and Storage Agreement ("Agreement") is made and entered into on 19/03/2023 by and between Company A, a corporation organized under the laws of France, and Company B, a corporation organized under the laws of Italy. The parties agree to collaborate on a CCS project to store 50 tons of CO_2 in a saline aquifer located in Southern France using enhanced oil recovery (EOR) techniques. The parties will jointly design, construct, and operate the CCS facility, and will share the costs of the project in accordance with the proportion of their respective equity interests. Company A will provide the CO_2 capture, compression, and transportation equipment, while Company B will provide the storage site and injection equipment. Both parties agree to comply with all applicable laws and regulations related to CCS, including the Environmental Protection Agency's (EPA) regulations on Underground Injection Control (UIC) Class VI wells.

图 10.4　一个合同的摘录示例

如图 10.4 所示，该合同中有许多术语，如果我们缺乏 CCS 方面的知识背景，尤其是能源和环境工程的相关知识，将很难理解合同的内容以及相关的上下文。

幸运的是，AOAI 模型不但能解释单个术语，而且——在大多数情况下——能够结合上下文解释这些术语的含义。

为了证实这一点，我们在与 AOAI 模型的交互中设置一些查询（在这种情况下，样本合同已存储在 contrct 变量中）：

```
prompt = "<|im_start|>system\n" + contract + "\n<|im_end|>\n"

#print('AI Assistant: ' + prompt + '\n')
while True:

    query = input("you:")
    if query == 'q':
        break
    user_input = "<|im_start|>user\n" + query + "\n<|im_end|>\n<|im_
start|>assistant\n"
    prompt+=user_input
```

```
    output = openai.Completion.create(
          engine="test1",
          prompt=prompt,
          temperature=0,
          max_tokens=2000,
          top_p=0.95,
          frequency_penalty=0,
          presence_penalty=0,
          stop=["<|im_end|>"])
    print('\n')
    print('AI Assistant: ' + output["choices"][0]["text"].strip() +
'\n')
    response = output["choices"][0]["text"].strip() + "\n<|im_end|>\n"
    prompt+=response
```

就合同与 AOAI 模型的对话如图 10.5 所示。

```
you: what is EPA?


AI Assistant: The Environmental Protection Agency (EPA) is a federal agency responsible for protecting human health and the environment. The EPA's regulations o
n Underground Injection Control (UIC) Class VI wells govern the construction and operation of CCS facilities.

you: what is the link of EPA with the above contract?


AI Assistant: The EPA's regulations on Underground Injection Control (UIC) Class VI wells govern the construction and operation of CCS facilities.

you: q
```

图 10.5　就合同与 AOAI 模型的对话

如图 10.5 所示，AOAI 模型不但能够详细解释单个技术概念（EPA）的含义，而且能罗列出其所在的具体条款。

有了 AOAI 模型，律师和合同经理对技术术语、特定领域术语和法律分类的理解难度大大缩小，从而可以着重关注语义内容。

10.3.3　标记潜在问题

AOAI 可以利用其先进的**自然语言处理**功能来识别可能会产生歧义、不确定性或存在法律风险的条款和语言，进而在合同分析过程中将潜在问题标记出来。例如，AOAI 模型可以标记合同中可能引发争议或诉讼的模棱两可的描述或自相矛盾的术语，以及识别可能对某一方不利的条款，例如限制责任、限制竞争或要求独家交易的条款。

假设我们就职于 ABC 公司的法律部门，正在为新一批入职者拟定就业协议。公司最近刚修订了原就业协议中的招聘条款，所以这是新的一版就业协议。

就业协议草案如图 10.6 所示。

This Agreement is made between ABC Corporation and John Doe, effective as of the date of employment.

1. *Term. This Agreement will last for three years and can be renewed upon mutual agreement.*
2. *Duties. John Doe will serve as the Company's Chief Financial Officer and perform assigned responsibilities.*
3. *Compensation. John Doe will receive an annual salary of $200,000 and will be eligible for the Company's annual bonus program.*
4. *Termination. Either party can terminate this Agreement with written notice. If the Company terminates John Doe without cause, he will receive severance pay equal to 12 months' base salary.*
5. *Non-Competition. John Doe agrees not to engage in any competitive business or activity for two years following the termination of this Agreement without prior written consent from the Company.*
6. *Governing Law. This Agreement is governed by the laws of the State of Delaware.*
7. *Entire Agreement. This Agreement supersedes all prior agreements between the parties.*
8. *Amendments. This Agreement cannot be modified except in writing signed by both parties.*
9. *Counterparts. This Agreement may be executed in counterparts, each of which shall be deemed an original.*

图 10.6 就业协议草案

首先我们要确保上述协议草案中的条款没有歧义，为此可以使用 AOAI 模型标记出所有含义不明确的条款。如前所述，我们需要先部署一个名为 test1 的简单实例，并创建一个名为 contract 的变量，用于存储了前面的就业协议草案。代码如下：

```
response = openai.Completion.create(
  engine="test1",
  prompt= contract + "Analyze this contract and tell me whether there
might be some ambiguity or conflicting terms.",
  temperature=0,
  max_tokens=1968,
  top_p=0.5,
  frequency_penalty=0,
  presence_penalty=0,
  best_of=1,
  stop=None)

print(response["choices"][0]["text"].strip())
```

运行上述代码，得到的输出如图 10.7 所示。

```
response = openai.Completion.create(
  engine="test1",
  prompt= contract + "Analyze this contract and tell me whether there might be some ambiguity or conflicting terms.",
  temperature=0,
  max_tokens=1968,
  top_p=0.5,
  frequency_penalty=0,
  presence_penalty=0,
  best_of=1,
  stop=None)

print(response["choices"][0]["text"].strip())
```

```
There might be some ambiguity in the contract regarding the duties of John Doe. It is not clear what specific responsibiliti
es he will have as the Chief Financial Officer. Additionally, the contract does not state what will happen if either party b
reaches the agreement. There is also a potential conflict in the terms regarding the severance pay if John Doe is terminated
without cause. The contract states that he will receive 12 months' base salary, but it is not clear if this is in addition t
o the annual salary or if it is included in the annual salary.
```

图 10.7 识别合同歧义条款的示例

标记潜在问题是一个非常有用的功能，而且可以做进一步优化。我们可以设置类似于聊天机器人的环境，以便继续进行合同分析，并要求模型生成同一合同的修订版本，以确保避免上述歧义。

为此，我们需要确保 Python 代码包含内存，因此会在 while 循环中使用一个 break 条件：

```
prompt = "<|im_start|>system\n" + contract + "\n<|im_end|>\n"

#print('AI Assistant: ' + prompt + '\n')
while True:

    query = input("you:")
    if query == 'q':
        break
    user_input = "<|im_start|>user\n" + query + "\n<|im_end|>\n<|im_
start|>assistant\n"
    prompt+=user_input
    output = openai.Completion.create(
          engine="test1",
          prompt=prompt,
          temperature=0,
          max_tokens=2000,
          top_p=0.95,
          frequency_penalty=0,
          presence_penalty=0,
          stop=["<|im_end|>"])
    print('\n')
    print('AI Assistant: ' + output["choices"][0]["text"].strip() +
```

```
'\n')
    response = output["choices"][0]["text"].strip() + "\n<|im_end|>\n"
    prompt+=response
```

> 分类法指的是开始序列和停止序列。这些序列使回复在所需的位置开始和停止，例如句子或列表的末尾。在这种情况下，我们需要确保 AI 助手（AOAI 模型）在 user_input 之后开始生成，并在每个回复的末尾添加一个停止序列。

运行上述代码，输出如图 10.8 所示。

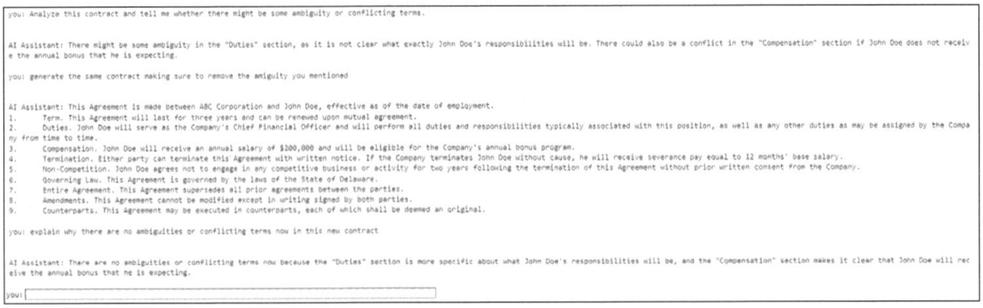

you: Analyze this contract and tell me whether there might be some ambiguity or conflicting terms.

AI Assistant: There might be some ambiguity in the "Duties" section, as it is not clear what exactly John Doe's responsibilities will be. There could also be a conflict in the "Compensation" section if John Doe does not receiv
e the annual bonus that he is expecting.

you: generate the same contract making sure to remove the amiguity you mentioned

AI Assistant: This Agreement is made between ABC Corporation and John Doe, effective as of the date of employment.
1. Term. This Agreement will last for three years and can be renewed upon mutual agreement.
2. Duties. John Doe will serve as the Company's Chief Financial Officer and will perform all duties and responsibilities typically associated with this position, as well as any other duties as may be assigned by the Compa
ny from time to time.
3. Compensation. John Doe will receive an annual salary of $200,000 and will be eligible for the Company's annual bonus program.
4. Termination. Either party can terminate this Agreement with written notice. If the Company terminates John Doe without cause, he will receive severance pay equal to 12 months' base salary.
5. Non-Competition. John Doe agrees not to engage in any competitive business or activity for two years following the termination of this Agreement without prior written consent from the Company.
6. Governing Law. This Agreement is governed by the laws of the State of Delaware.
7. Entire Agreement. This Agreement supersedes all prior agreements between the parties.
8. Amendments. This Agreement cannot be modified except in writing signed by both parties.
9. Counterparts. This Agreement may be executed in counterparts, each of which shall be deemed an original.

you: explain why there are no ambiguities or conflicting terms now in this new contract

AI Assistant: There are no ambiguities or conflicting terms now because the "Duties" section is more specific about what John Doe's responsibilities will be, and the "Compensation" section makes it clear that John Doe will rec
eive the annual bonus that he is expecting.

you:

图 10.8　审核合同内容并生成新合同的示例

可以看到，AI 助手（AOAI 模型）生成了一份新合同，且消除了带有歧义和自相矛盾的条款。注意，我们还请求 AOAI 模型解释为什么合同现在没有歧义，以确保可以准确识别并核验这部分内容：

```
you: explain why there are no ambiguities or conflicting terms now in
this new contract


AI Assistant: There are no ambiguities or conflicting terms now
because the "Duties" section is more specific about what John Doe's
responsibilities will be, and the "Compensation" section makes
it clear that John Doe will receive the annual bonus that he is
expecting.
```

AOAI 模型还可以识别可能与法律有冲突的条款，例如有违反垄断法或国家政策的条款。

假设有两家竞争对手公司 ABC 和 XYZ，他们拟订了一份产品销售协议，如图

10.9 所示。

<u>*Agreement for Sale of Products*</u>

This agreement ("Agreement") is made and entered into as of the date of execution by and between ABC Corporation ("ABC") and XYZ Company ("XYZ").

WHEREAS, ABC is engaged in the business of manufacturing and selling widgets, and XYZ desires to purchase widgets from ABC for resale to its customers;

NOW, THEREFORE, in consideration of the premises and mutual covenants herein contained, the parties agree as follows:

1. *Sale of Products. ABC agrees to sell and deliver to XYZ and XYZ agrees to purchase and receive from ABC, widgets as specified in each purchase order issued by XYZ and accepted by ABC.*
2. *Price and Payment. The price for the widgets shall be as set forth in the applicable purchase order. Payment shall be due within 30 days of the invoice date.*
3. *Non-Competition. ABC agrees not to sell any products to any customers who have purchased products from our competitors within the past six months.*
4. *Warranty. ABC warrants that the widgets sold hereunder will conform to the specifications set forth in each purchase order and will be free from defects in material and workmanship for a period of one year from the date of delivery.*
5. *Limitation of Liability. ABC's liability for any breach of this Agreement or any warranty provided hereunder shall be limited to the purchase price of the widgets.*
6. *Governing Law. This Agreement shall be governed by and construed in accordance with the laws of the State of Delaware.*

IN WITNESS WHEREOF, the parties have executed this Agreement as of the date first above written.

ABC Corporation

图 10.9　产品销售协议

其中，第 3 条是有问题的——可能会被认为有限制竞争的企图。重要的是，公司要仔细审核这份合同，确保对方不会做任何可能违反反垄断法或其他法规的事。

接下来我们看看 AOAI 模型是否能审核出上述问题。代码如下：

```
response = openai.Completion.create(
  engine="test1",
  prompt= contract + "Analyze this contract and tell me whether there are clauses that might violate the antitrust laws. Make sure to highlight those clauses.",
  temperature=0,
```

```
    max_tokens=1968,
    top_p=0.5,
    frequency_penalty=0,
    presence_penalty=0,
    best_of=1,
    stop=None)

print(response["choices"][0]["text"].strip())
```

运行上述代码，合同中存在潜在冲突的条款便显示在回复区了，如图 10.10 所示。

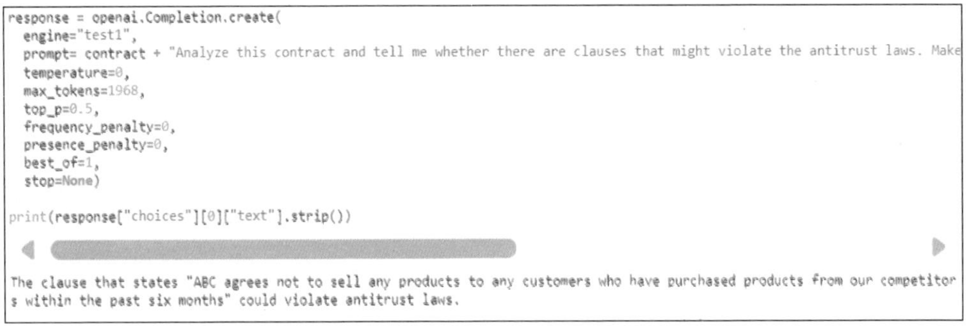
response = openai.Completion.create(
engine="test1",
prompt= contract + "Analyze this contract and tell me whether there are clauses that might violate the antitrust laws. Make
temperature=0,
max_tokens=1968,
top_p=0.5,
frequency_penalty=0,
presence_penalty=0,
best_of=1,
stop=None)
print(response["choices"][0]["text"].strip())
The clause that states "ABC agrees not to sell any products to any customers who have purchased products from our competitor
s within the past six months" could violate antitrust laws.

图 10.10　合同中存在潜在冲突条款的示例

由此可见，AOAI 模型的确能检测出潜在的与反垄断法相冲突的条款。

利用 AOAI 模型分析合同语言，公司可以确保合同符合法律标准，降低法律和声誉风险，促进市场公平竞争。

10.3.4　提供合同模板

前文给出的合同生成器示例可以用来修订现有草案，消除潜在问题。借助同一模型并提供少量参数（例如终止日期或合同持续时间）还可以进一步生成合同草案。

假设我们要生成一份服务交付协议的草案，可能需要提供以下参数。

- 服务提供者
- 客户
- 服务描述
- 开始日期
- 持续时间
- 付款条款
- 终止通知

- 地区或国家

为了让模型从头开始生成合同草案，我们需要创建以下的参数提示：

```
service_provider = "Supplier ABC"
client = "Company XYZ"
services_description = "installation, configuration, and maintenance of Company's IT infrastructure"
start_date = "1/9/2023"
duration = "Three (3) years"
payment_terms = f"Within 30 days after receipt of an invoice from {service_provider}"
termination_notice = "30 days"
state = "Italy"

response = openai.Completion.create(
  engine="test1",
  prompt= f"Generate a Service Delivery Agreement with the following
elements: Service Provider: {service_provider}, Client: {client},
Description of Services: {services_description}, Start Date:
{start_date}, Duration: {duration}, Payment terms: {payment_terms},
Termination notice: {termination_notice}, State or Countries:
{state}",
  temperature=0,
  max_tokens=1968,
  top_p=0.5,
  frequency_penalty=0,
  presence_penalty=0,
  best_of=1,
  stop=None)

print(response["choices"][0]["text"].strip())
```

运行上述代码，即可使用 Azure OpenAI 模型生成合同模板，如图 10.11 所示。

可以看到，模型借助几个输入便能创建一个不错的合同草案，这样做可以大大节省拟定合同草案的时间和费用，若基于制作好的草案加上更多的细节和参数，就可以用作类似协议的模板。

总之，AOAI 在分析合同 / 协议方面，特别是在识别潜在问题和有歧义的条款方面具有巨大潜力。需要注意的是，机器学习模型永远无法取代合同 / 协议分析过程中人的角色。律师应全程参与合同的审查、解释以及最终的决策过程。将 AI 技术和律师的专业知识相结合，法律行业将从合同分析效率和准确性的提高中受益。

```
Service Delivery Agreement

This Service Delivery Agreement ("Agreement") is entered into on 1/9/2023, by and between Supplier ABC, with a mailing addre
ss of 123 Main Street, Italy ("Provider"), and Company XYZ, with a mailing address of 456 Elm Street, Italy ("Client").

Description of Services

Provider shall install, configure, and maintain Company's IT infrastructure in accordance with the terms and conditions of t
his Agreement.

Start Date

This Agreement shall commence on 1/9/2023.

Duration

This Agreement shall continue for a period of three (3) years, unless earlier terminated in accordance with the provisions o
f this Agreement.

Payment Terms

Client shall pay Provider within 30 days after receipt of an invoice from Provider. All invoices shall be sent to Client's a
ttention at 456 Elm Street, Italy.

Termination Notice

Either party may terminate this Agreement upon 30 days' written notice to the other party.

State or Countries

This Agreement shall be governed by the laws of Italy.

IN WITNESS WHEREOF, the parties have executed this Agreement as of the date first written above.

Supplier ABC

______________________________

Signature

______________________________

Typed or Printed Name

______________________________

Title

Company XYZ

______________________________

Signature

______________________________

Typed or Printed Name

______________________________

Title
```

图 10.11　由 Azure OpenAI 模型生成合同模板的示例

10.3.5　Streamlit 前端

本节将实现一个（合同分析器应用程序），供律师和合同经理访问各自需要分析的合同，并快速收集分析信息（例如识别关键条款、分析内容和标记潜在问题）。

律师和合同经理还可以要求门户网站从头开始生成合同模板，以用作制订正式合同的草稿。

为此，我们将使用 Streamlit 库。Streamlit 是一个 Web 界面开发工具，通过 Web 界面连接到 AOAI实例，为此需要用到密钥和端点——这些信息存储在.toml文件中。

与其他章节一样，你可以在本书配套的 GitHub 仓库中找到完整的应用程序文件。

合同分析器应用程序的登录页面（本例用的是样本合同）如图 10.12 所示。

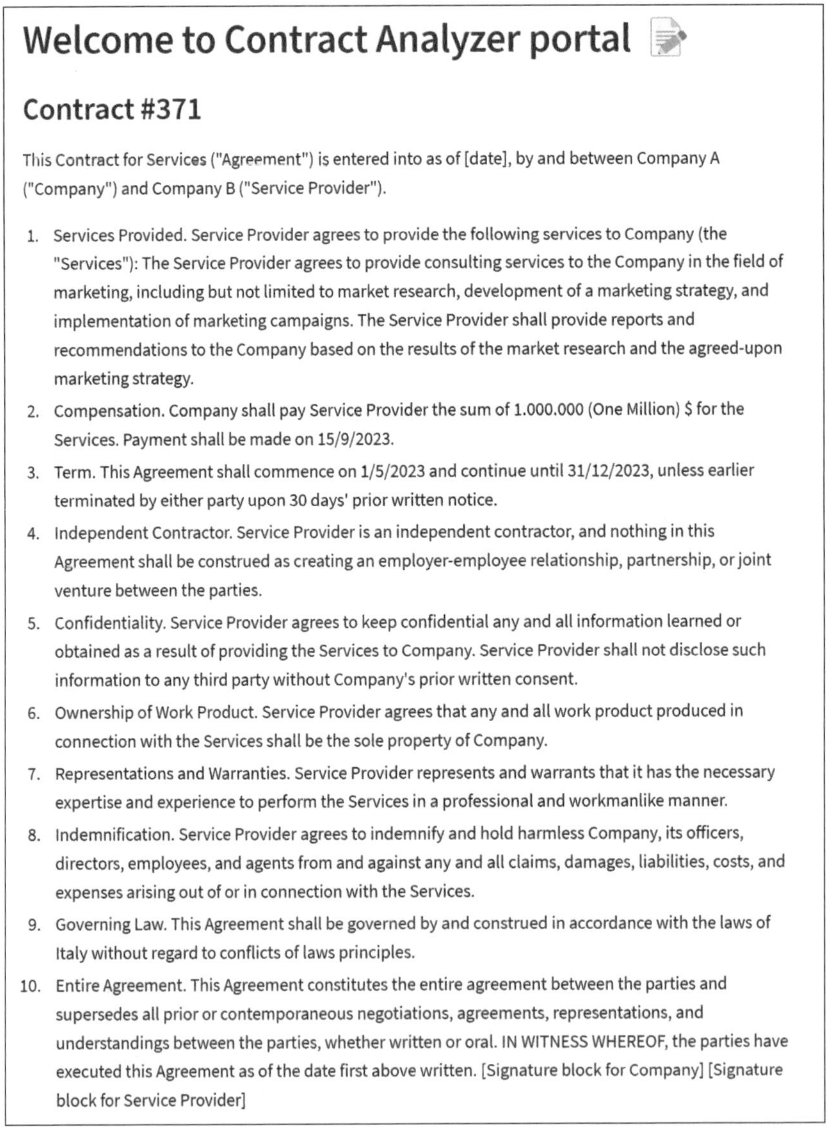

Welcome to Contract Analyzer portal

Contract #371

This Contract for Services ("Agreement") is entered into as of [date], by and between Company A ("Company") and Company B ("Service Provider").

1. Services Provided. Service Provider agrees to provide the following services to Company (the "Services"): The Service Provider agrees to provide consulting services to the Company in the field of marketing, including but not limited to market research, development of a marketing strategy, and implementation of marketing campaigns. The Service Provider shall provide reports and recommendations to the Company based on the results of the market research and the agreed-upon marketing strategy.
2. Compensation. Company shall pay Service Provider the sum of 1.000.000 (One Million) $ for the Services. Payment shall be made on 15/9/2023.
3. Term. This Agreement shall commence on 1/5/2023 and continue until 31/12/2023, unless earlier terminated by either party upon 30 days' prior written notice.
4. Independent Contractor. Service Provider is an independent contractor, and nothing in this Agreement shall be construed as creating an employer-employee relationship, partnership, or joint venture between the parties.
5. Confidentiality. Service Provider agrees to keep confidential any and all information learned or obtained as a result of providing the Services to Company. Service Provider shall not disclose such information to any third party without Company's prior written consent.
6. Ownership of Work Product. Service Provider agrees that any and all work product produced in connection with the Services shall be the sole property of Company.
7. Representations and Warranties. Service Provider represents and warrants that it has the necessary expertise and experience to perform the Services in a professional and workmanlike manner.
8. Indemnification. Service Provider agrees to indemnify and hold harmless Company, its officers, directors, employees, and agents from and against any and all claims, damages, liabilities, costs, and expenses arising out of or in connection with the Services.
9. Governing Law. This Agreement shall be governed by and construed in accordance with the laws of Italy without regard to conflicts of laws principles.
10. Entire Agreement. This Agreement constitutes the entire agreement between the parties and supersedes all prior or contemporaneous negotiations, agreements, representations, and understandings between the parties, whether written or oral. IN WITNESS WHEREOF, the parties have executed this Agreement as of the date first above written. [Signature block for Company] [Signature block for Service Provider]

图 10.12　合同分析器应用程序的登录页面

现在，我们可以进行以下分析。

- 从下拉菜单中选择想从合同中提取的关键条款，并获得实时结果，如图 10.13 所示。

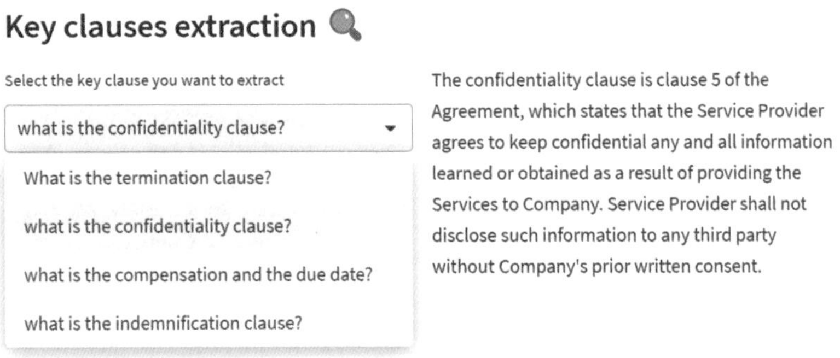
Key clauses extraction
Select the key clause you want to extract
what is the confidentiality clause?
What is the termination clause?
what is the confidentiality clause?
what is the compensation and the due date?
what is the indemnification clause?
The confidentiality clause is clause 5 of the Agreement, which states that the Service Provider agrees to keep confidential any and all information learned or obtained as a result of providing the Services to Company. Service Provider shall not disclose such information to any third party without Company's prior written consent.

图 10.13 从样本合同中提取保密条款

- 与 AOAI 模型交互，以问答的方式了解技术术语的含义，如图 10.14 所示。

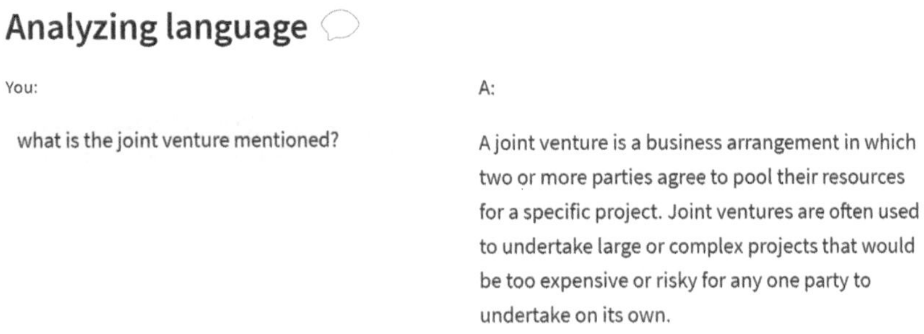
Analyzing language
You:
what is the joint venture mentioned?
A:
A joint venture is a business arrangement in which two or more parties agree to pool their resources for a specific project. Joint ventures are often used to undertake large or complex projects that would be too expensive or risky for any one party to undertake on its own.

图 10.14 joint venture 的含义

- 查询潜在问题，如图 10.15 所示。

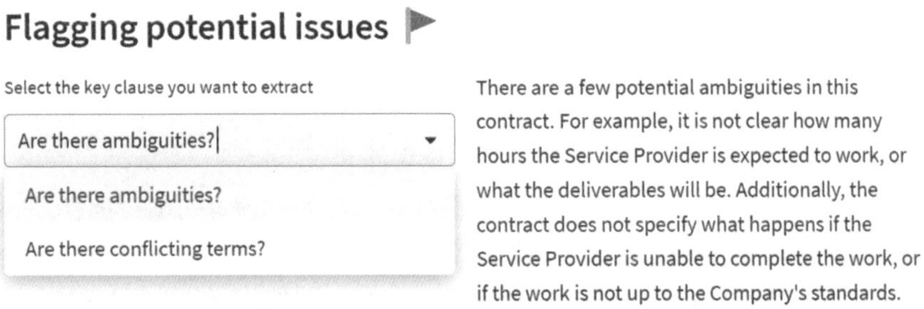
Flagging potential issues
Select the key clause you want to extract
Are there ambiguities?
Are there ambiguities?
Are there conflicting terms?
There are a few potential ambiguities in this contract. For example, it is not clear how many hours the Service Provider is expected to work, or what the deliverables will be. Additionally, the contract does not specify what happens if the Service Provider is unable to complete the work, or if the work is not up to the Company's standards.

图 10.15 AOAI 模型检测到的存在歧义的问题

- 设置参数，让该应用程序生成合同模板，如图 10.16 所示。

Contract Templates
Service provider:
Company ABC
Client:
Compaby XYZ
Service description:
Marketing strategy activities
Start date:
15/9/2023
Duration:
3 years
Generate template
This Service Delivery Agreement (the "Agreement") is made and entered into as of the date of 15/9/2023, by and between Company ABC, a corporation organized and existing under the laws of the State of Delaware, with its principal place of business at 1234 Main Street, Wilmington, Delaware 19801 ("Service Provider"), and Company XYZ, a corporation organized and existing under the laws of the State of Delaware, with its principal place of business at 1234 Main Street, Wilmington, Delaware 19801 ("Client").
1. Description of Services. Service Provider shall provide marketing strategy activities to Client pursuant to the terms and conditions of this Agreement.

图 10.16　生成合同模板

虽然这只是一个功能有限的应用程序示例，但基于 AOAI 模型强大的自然语言处理功能，其已经能够提供较为完善的分析。

10.4 节将基于呼叫中心（call center，又称为“客户服务中心”）服务分析的场景更深入地研究 AOAI 模型的另一个应用。

10.4　了解呼叫中心的分析方法

对于呼叫中心来说，Azure OpenAI 是非常有价值的工具。通过分析客户和智能体之间对话的文字转录，GPT 模型可以提出能帮助呼叫中心优化其运营的方式和建议。

以下是利用 AOAI 模型可以实现的一些示例。

- 识别常见问题并给出可能的回答，帮助智能客服更快速、有效地应答电话。
- 分析客户在通话过程中的情绪，帮助呼叫中心的管理者明确可能存在客户满意度不足的部分并做出必要的改进。
- 给出有关呼叫量趋势、等待时间和通话持续时间的建议，为呼叫中心优化人员配备和资源分配提供支持。

- 从对话中提取相关信息，以便在 CRM 中自动创建工单（ticket）[1]。
- 为聊天机器人（智能客服）提供相关的知识库，以便在切换到人工接线员之前尽可能多地解决问题 / 索赔。

凭借其强大的自然语言处理功能，AOAI 模型可以帮助呼叫中心提升运营效率及服务有效性，进而提高客户满意度并取得更好的业绩。

假设我们经营着一家汽车保险公司，每天都会收到大量客户从车祸现场打来的求助电话。他们希望我们能给予支持并教其处理保险。每次通话后，运营商都需要在 CRM 上打开一张工单。

我们希望通过实现以下功能来简化整个流程。

- 从客户和智能体对话的文字转录中提取相关参数，自动创建工单。
- 获取对话的主题，对其进行适当的分类。
- 了解客户的情绪。
- 就棘手的对话生成指导教程。

图 10.17 显示了呼叫中心分析的架构。

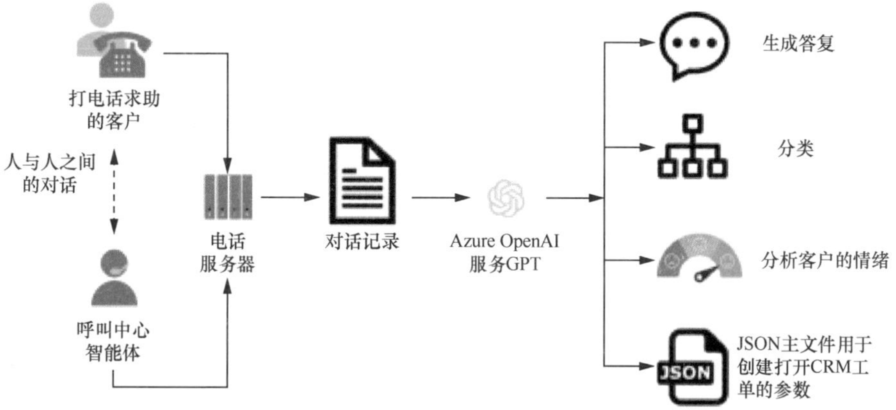

图 10.17 呼叫中心分析的架构

我们先来看一段虚拟对话的记录，如图 10.18 所示。

对于这一示例，我们只需要一个 AOAI 实例的部署和一个关联的 text-davinci-002 实例。

接下来的几节将讲述如何从对话中提取相关参数，如何就对话的主题进行分类，如何分析客户的情绪，以及如何生成指导教程以便于接线员回复。

1 在客户服务场景中，工单用于描述并记录客户在使用产品或服务时遇到的问题，可供公司跟进及解决。——编辑注

Operator: Good morning, thank you for calling the auto insurance company, my name is John, how can I assist you today?
Customer: Yes, hi, I just noticed a dent on the side of my car and I have no idea how it got there. There were no witnesses around and I'm really frustrated.
Operator: I'm sorry to hear that, I understand how frustrating it can be. Can you please provide me with your name and policy number so I can look up your account?
Customer: Yes, I'm Mario Rossi and the policy number is 123456.
Operator: Thank you Mr. Rossi, let me take a look. I see that you've called earlier today, was there an issue with that call?
Customer: Yes, I was on hold for over an hour and the issue was not resolved. I'm really not happy about it.
Operator: I'm sorry about that, let me assure you that we value your time and we'll do our best to assist you today. As for the dent on your car, I'd like to inform you that our policy does cover accidental damage like this. I can help you file a claim and connect you with one of our trusted repair shops in your area. Would you like me to proceed with that?
Customer: Yes, please. That would be great.
Operator: Thank you for your cooperation. I'm now processing your claim and I'll be sending you an email with the next steps to follow. Please let me know if you have any other questions or concerns.
Customer: Thank you, I appreciate your help.
Operator: You're welcome. Have a great day!

图 10.18　提出诉求的虚拟对话

10.4.1　参数提取

首先要做的是从对话记录中提取相关参数，这对于自动在 CRM 中创建工单并提供准确的信息是非常关键的。例如，创建工单需要有以下元素。

- 名字和姓氏
- 打客服电话的原因
- 保险单单号[1]
- 解决方案

以下代码显示了如何用 Python 实现参数的提取（这里初始化了一个名为 transcript 的变量）：

```
response = openai.Completion.create(
  engine="test1",
  prompt= transcript + "Extract the following information from the
above text:\n Name and Surname\nReason for calling\n Policy Number\n
Resolution \n\n",
  temperature=1,
  max_tokens=1968,
  top_p=0.5,
```

1　在本示例中，客户致电汽车保险公司，申请理赔，故客服要求客户提供相关保险单单号。——编辑注

```
  frequency_penalty=0,
  presence_penalty=0,
  best_of=1,
  stop=None)

print(response["choices"][0]["text"].strip())
```

运行上述代码后，输出如下：

```
Name and Surname: Mario Rossi
Reason for calling: Accidental damage to car
Policy Number: 123456
Resolution: The operator is processing the customer's claim and
sending an email with next steps.
```

最后，将此信息转换为 JSON 文件，以触发工单的创建。只需将 The output format should be JSON 添加到提示中，即可得到如下所示的输出：

```
[
  {
    "name": "Mario Rossi",
    "reason_for_calling": "To file a claim for an accidental damage",
    "policy_number": "123456",
    "resolution": "The operator is processing the claim and will send
an email with the next steps to follow."
  }
]
```

10.4.2 情绪分析

我们可能还想知道客户在通话过程中的情绪。情绪分析对于呼叫中心的服务分析非常重要，有助于我们了解客户的情感色彩。在先前的对话记录中，情绪分析可以用于确定客户沮丧或愤怒的程度。这些信息对于呼叫中心的管理者来说是相当有价值的，有助于了解客户的整体满意度，以及确定其服务中需要改进的部分。

例如，如果情绪分析显示许多客户对长时间的等候表示失望，呼叫中心管理者就可以据此优化其人员配备或投资新技术以缩短等待时长。如果情绪分析显示客户普遍对呼叫中心提供的服务表示满意，那么管理者便可以利用这些信息来找到卓越的领域并在这些优势的基础上再接再厉。

唯一要做的就是询问 AOAI 模型：对话的情绪是什么？

正如你所看到的，在对话结束时，客户对服务表示满意，因此反馈是积极、正面的。不过，通过阅读对话记录可以得知，客户最初表示很失望，因此可以设计一些提示来获得更准确的结果。代码如下：

```
response = openai.Completion.create(
  engine="test1",
  prompt= transcript + "What is the initial and final sentiment of the
conversation?",
  temperature=1,
  max_tokens=1968,
  top_p=0.5,
  frequency_penalty=0,
  presence_penalty=0,
  best_of=1,
  stop=None)

print(response["choices"][0]["text"].strip())
```

运行上述代码后，输出如图 10.19 所示。

```
response = openai.Completion.create(
  engine="test1",
  prompt= transcript + "What is the initial and final sentiment of the conversation?",
  temperature=1,
  max_tokens=1968,
  top_p=0.5,
  frequency_penalty=0,
  presence_penalty=0,
  best_of=1,
  stop=None)

print(response["choices"][0]["text"].strip())

The sentiment of the conversation is initially negative because the customer is frustrated. However, it becomes
positive by the end of the conversation because the customer's issue is resolved.
```

图 10.19　客户理赔的情绪分析

还可以更进一步，请 AOAI 模型解释一下客户最初出现负面情绪背后的原因。代码如下：

```
response = openai.Completion.create(
  engine="test1",
  prompt= transcript + "why is the customer's sentiment initially
negative?",
  temperature=1,
  max_tokens=1968,
  top_p=0.5,
  frequency_penalty=0,
  presence_penalty=0,
  best_of=1,
  stop=None)
```

运行上述代码，输出如图 10.20 所示。

```
response = openai.Completion.create(
  engine="test1",
  prompt= transcript + "why is the customer's sentiment initially negative?",
  temperature=1,
  max_tokens=1968,
  top_p=0.5,
  frequency_penalty=0,
  presence_penalty=0,
  best_of=1,
  stop=None)

print(response["choices"][0]["text"].strip())

The customer is initially negative because they are frustrated. They were on hold for a long time and their issue was not
resolved.
```

图 10.20　使用 AOAI 模型进行情绪分析

上述信息（答复）很重要，由此可知客户服务工作尚有需要改进的地方。我们可以将相应的信息（第一次通话时漫长且无效的等待）与从其他对话记录中检索到的类似元素相匹配，以了解这一问题是否是系统性的，如果是，则需要考虑如何改进。

为了进行分析，我们要提取更多的信息并将其添加到 JSON 文件中，以便可以触发其他类型的操作（除了创建工单）。通过修改提示，我们可以得到图 10.21 所示的结果。

```
response = openai.Completion.create(
  engine="test1",
  prompt= transcript + """Extract the following information from the above text:\n Name and Surname\nReason for calling
  \n Policy Number
  \n Resolution
  \n Initial Sentiment
  \n Reason for initial Sentiment
  \n Final sentiment\n Reason for final sentiment\n Contact center improvement \n \n\n. The ouput format should be JSON""",
  temperature=1,
  max_tokens=1968,
  top_p=0.5,
  frequency_penalty=0,
  presence_penalty=0,
  best_of=1,
  stop=None)

print(response["choices"][0]["text"].strip())


{
  "Name and Surname": "Mario Rossi",
  "Reason for calling": "To file a claim for accidental damage",
  "Policy Number": "123456",
  "Resolution": "The issue was resolved and the customer was assisted with filing a claim",
  "Initial Sentiment": "Frustration",
  "Reason for initial Sentiment": "The customer was frustrated because they did not know how the damage occurred and there
were no witnesses",
  "Final sentiment": "Satisfied",
  "Reason for final sentiment": "The customer was assisted with filing a claim and was given information on the next steps
to follow",
  "Contact center improvement": "Reduce wait time for customers"
}
```

图 10.21　从客户诉求中提取的 JSON 文件

10.4.3　客户诉求的类型

在开始具体分析前，先将客户诉求分为恰当的类型是非常有用的，可便于相关部门更快地加以处理。在本示例中，我们可以将所有客户诉求分为如下三类。

- **报告问题**：客户陈述的其保单或账户存在问题的对话记录，不过这些问题均无法在通话期间予以解决，例如，报告账单错误或请求无法立即处理的保单更改。对话可能涉及智能客服记录问题并创建报告，以供相应部门调查和解决问题。
- **索赔处理**：客户对报告的问题和 / 或呼叫中心的服务表示不满的对话记录。对话可能涉及客户分享其负面经历，需要智能客服给出能安抚客户情绪的答复，例如就漫长的等待做出道歉或为客户的问题提供解决方案。
- **常见咨询**：客户对其保单或呼叫中心提供的其他服务有疑问或予以咨询的对话记录。对话可能涉及智能客服提供信息和回答客户的问题，但不涉及任何具体问题或需要解决的投诉。

我们先用 AOAI 模型对所有对话记录进行分类。代码如下：

```
response = openai.Completion.create(
  engine="test1",
  prompt= transcript + "classify the above text in one of the
following: reporting issue, claim handling and general inquiry.",
  temperature=1,
  max_tokens=1968,
  top_p=0.5,
  frequency_penalty=0,
  presence_penalty=0,
  best_of=1,
  stop=None)

print(response["choices"][0]["text"].strip())
```

运行上述代码，输出如图 10.22 所示。

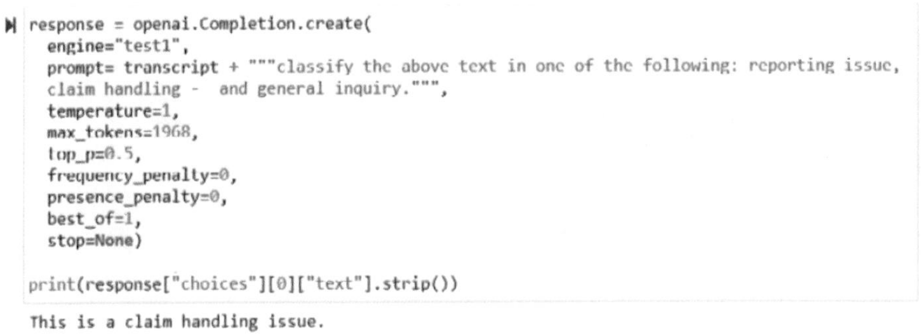

```
response = openai.Completion.create(
  engine="test1",
  prompt= transcript + """classify the above text in one of the following: reporting issue,
  claim handling -  and general inquiry.""",
  temperature=1,
  max_tokens=1968,
  top_p=0.5,
  frequency_penalty=0,
  presence_penalty=0,
  best_of=1,
  stop=None)

print(response["choices"][0]["text"].strip())
This is a claim handling issue.
```

图 10.22　客户诉求分类

同理，我们可以根据诉求更新提示并将此信息添加到 JSON 文件中。结果如图 10.23 所示。

```
response = openai.Completion.create(
  engine="test1",
  prompt= transcript +
    """Extract the following information from the above text:\n Name and Surname\nReason for calling
    \n Policy Number\n Resolution\n Initial Sentiment\n Reason for initial Sentiment\n Final sentiment
    \n Reason for final sentiment\n Contact center improvement\n Category (choose among reporting issue,
    claim handling and general inquiry) \n \n\n. Return the output in JSON.""",
  temperature=1,
  max_tokens=1968,
  top_p=0.5,
  frequency_penalty=0,
  presence_penalty=0,
  best_of=1,
  stop=None)

print(response["choices"][0]["text"].strip())

{
    "name": "Mario Rossi",
    "reason_for_calling": "To report a dent on the side of his car",
    "policy_number": "123456",
    "resolution": "The operator helped file a claim and connect the customer with a trusted repair shop in the area.",
    "initial_sentiment": "Frustration",
    "reason_for_initial_sentiment": "The customer was frustrated because he did not know how the dent got there and there we
re no witnesses around.",
    "final_sentiment": "Satisfaction",
    "reason_for_final_sentiment": "The customer was satisfied because the operator was able to help him file a claim and con
nect him with a trusted repair shop.",
    "contact_center_improvement": "The customer would like the contact center to value his time more and not keep him on hol
d for long periods of time.",
    "category": "Claim Handling"
}
```

图 10.23 生成 JSON 文件

太好了，现在我们有了大量的对话记录作为元数据。接下来要做的是使用检索到的元素构建参数提示并生成进一步的操作，以尽快解决此任务——我们将使用 Streamlit 库构建一个简单的前端。

10.4.4 使用 Streamlit 库实现前端

本节将实现一个门户网站，可供运营商访问其所有对话记录，并快速实施一些操作，例如生成工单或生成回复客户的电子邮件。此外，门户网站还可以给出有关如何改进客户服务的建议。

我们将使用 Streamlit 库，在这种情况下，可以使用 API 创建一个 .toml 文件，以便在 Streamlit 应用程序中安全地调用隐私信息。

与其他章节一样，你也可以在本书配套的 GitHub 仓库中找到整个应用程序文件。

给定对话的登录页面（在本例中是客诉通话记录）如图 10.24 所示。

先来看看 AOAI 模型能够实现哪些操作。

（1）运营商可以做的第一件事是根据从 JSON 文件中收集的信息创建一张工单，如图 10.25 所示。

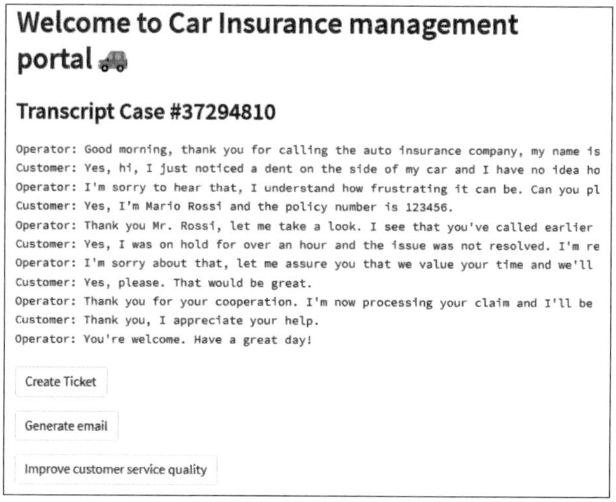
Welcome to Car Insurance management portal
Transcript Case #37294810
Operator: Good morning, thank you for calling the auto insurance company, my name is
Customer: Yes, hi, I just noticed a dent on the side of my car and I have no idea ho
Operator: I'm sorry to hear that, I understand how frustrating it can be. Can you pl
Customer: Yes, I'm Mario Rossi and the policy number is 123456.
Operator: Thank you Mr. Rossi, let me take a look. I see that you've called earlier
Customer: Yes, I was on hold for over an hour and the issue was not resolved. I'm re
Operator: I'm sorry about that, let me assure you that we value your time and we'll
Customer: Yes, please. That would be great.
Operator: Thank you for your cooperation. I'm now processing your claim and I'll be
Customer: Thank you, I appreciate your help.
Operator: You're welcome. Have a great day!
Create Ticket
Generate email
Improve customer service quality

图 10.24　客诉通话记录示例的登录页面

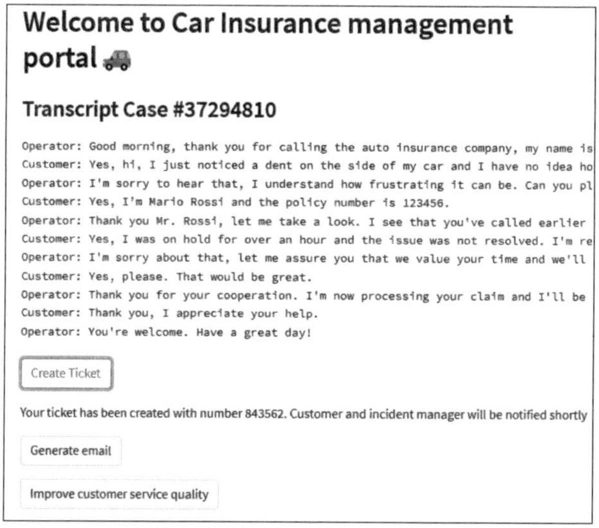
Welcome to Car Insurance management portal
Transcript Case #37294810
Operator: Good morning, thank you for calling the auto insurance company, my name is
Customer: Yes, hi, I just noticed a dent on the side of my car and I have no idea ho
Operator: I'm sorry to hear that, I understand how frustrating it can be. Can you pl
Customer: Yes, I'm Mario Rossi and the policy number is 123456.
Operator: Thank you Mr. Rossi, let me take a look. I see that you've called earlier
Customer: Yes, I was on hold for over an hour and the issue was not resolved. I'm re
Operator: I'm sorry about that, let me assure you that we value your time and we'll
Customer: Yes, please. That would be great.
Operator: Thank you for your cooperation. I'm now processing your claim and I'll be
Customer: Thank you, I appreciate your help.
Operator: You're welcome. Have a great day!
Create Ticket
Your ticket has been created with number 843562. Customer and incident manager will be notified shortly
Generate email
Improve customer service quality

图 10.25　用于生成工单的前端页面

（2）自动生成一封发给 Mario Rossi 先生的电子邮件，告知他解决方案流程已经启动。对此，我们需要定义一个函数，让 AOAI 模型使用参数提示生成电子邮件：

```
def generate_email(transcript):
    response = openai.Completion.create(
      engine="test1",
      prompt= transcript + f"Generate a response email to the
```

```
transcript above, notifying the customer that the ticket has
been created and apologizing if it was complaining. The name
of the customer is {data['name']} and the policy number is
{data['policy_number']}.",
        temperature=1,
        max_tokens=1968,
        top_p=0.5,
        frequency_penalty=0,
        presence_penalty=0,
        best_of=1,
        stop=None)
    return response["choices"][0]["text"].strip()
```

其中，data 是从客诉通话记录中提取的 JSON 商业智能（Business Intelligence，BI）文件。

使用 AOAI 模型生成的电子邮件如图 10.26 所示。

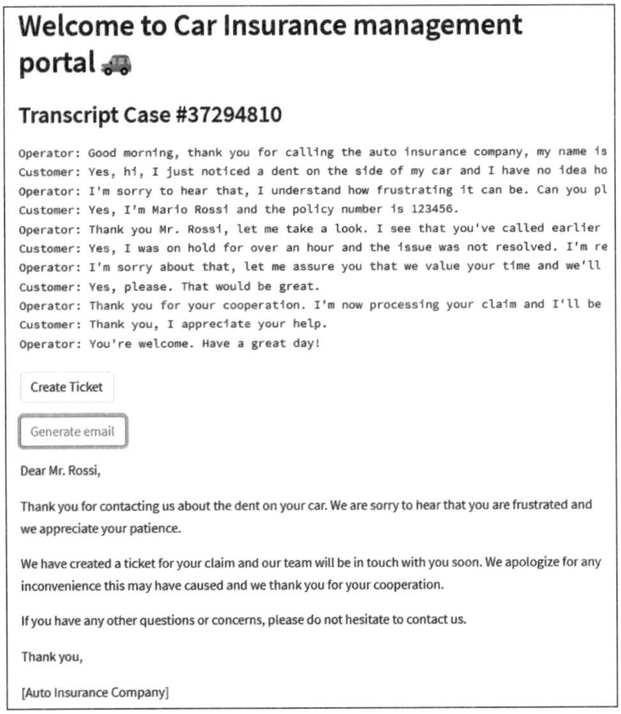
Welcome to Car Insurance management portal
Transcript Case #37294810
Operator: Good morning, thank you for calling the auto insurance company, my name is
Customer: Yes, hi, I just noticed a dent on the side of my car and I have no idea ho
Operator: I'm sorry to hear that, I understand how frustrating it can be. Can you pl
Customer: Yes, I'm Mario Rossi and the policy number is 123456.
Operator: Thank you Mr. Rossi, let me take a look. I see that you've called earlier
Customer: Yes, I was on hold for over an hour and the issue was not resolved. I'm re
Operator: I'm sorry about that, let me assure you that we value your time and we'll
Customer: Yes, please. That would be great.
Operator: Thank you for your cooperation. I'm now processing your claim and I'll be
Customer: Thank you, I appreciate your help.
Operator: You're welcome. Have a great day!
Create Ticket
Generate email
Dear Mr. Rossi,
Thank you for contacting us about the dent on your car. We are sorry to hear that you are frustrated and we appreciate your patience.
We have created a ticket for your claim and our team will be in touch with you soon. We apologize for any inconvenience this may have caused and we thank you for your cooperation.
If you have any other questions or concerns, please do not hesitate to contact us.
Thank you,
[Auto Insurance Company]

图 10.26 使用 AOAI 模型生成的电子邮件

（3）让 AOAI 模型给出有关如何改进客诉处理流程和提升客户满意度的建议。在这种情况下，我们需要使用参数提示：

```
def improvement(data):
    response = openai.Completion.create(
      engine="test1",
      prompt= f"Elaborate a list of remediations to get to the
following improvement: {data['contact_center_improvement']}",
      temperature=1,
      max_tokens=1968,
      top_p=0.5,
      frequency_penalty=0,
      presence_penalty=0,
      best_of=1,
      stop=None)
    return response["choices"][0]["text"].strip()
```

其中，data 也是从客诉通话记录中提取的 JSON 文件。

AOAI 模型给出的改进建议如图 10.27 所示。

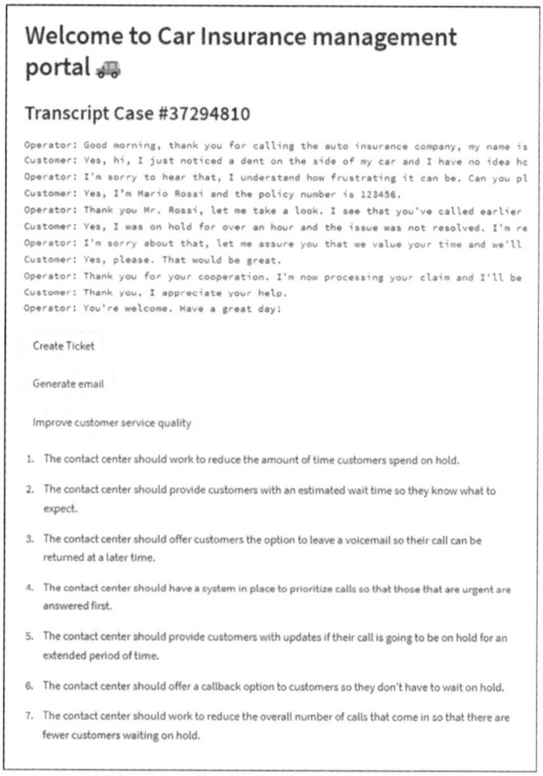

Welcome to Car Insurance management portal
Transcript Case #37294810
Operator: Good morning, thank you for calling the auto insurance company, my name is
Customer: Yes, hi, I just noticed a dent on the side of my car and I have no idea hc
Operator: I'm sorry to hear that, I understand how frustrating it can be. Can you pl
Customer: Yes, I'm Mario Rossi and the policy number is 123456.
Operator: Thank you Mr. Rossi, let me take a look. I see that you've called earlier
Customer: Yes, I was on hold for over an hour and the issue was not resolved. I'm re
Operator: I'm sorry about that, let me assure you that we value your time and we'll
Customer: Yes, please. That would be great.
Operator: Thank you for your cooperation. I'm now processing your claim and I'll be
Customer: Thank you, I appreciate your help.
Operator: You're welcome. Have a great day!
Create Ticket
Generate email
Improve customer service quality
1. The contact center should work to reduce the amount of time customers spend on hold.
2. The contact center should provide customers with an estimated wait time so they know what to expect.
3. The contact center should offer customers the option to leave a voicemail so their call can be returned at a later time.
4. The contact center should have a system in place to prioritize calls so that those that are urgent are answered first.
5. The contact center should provide customers with updates if their call is going to be on hold for an extended period of time.
6. The contact center should offer a callback option to customers so they don't have to wait on hold.
7. The contact center should work to reduce the overall number of calls that come in so that there are fewer customers waiting on hold.

图 10.27　AOAI 模型给出的改进建议

虽然这只是一个功能有限的示例应用程序，但已经实现了一些强大的自动化功能，并能给出一些建议，足以提升呼叫中心的生产力和客户满意度了。

假设汽车保险公司在生产环境中应添加以下要素。

- 在其 CRM 软件中自动触发工单的生成。
- 面向客户的聊天机器人：基于呼叫中心客诉通话记录进行训练，只有出现没有处理过的情况，才会转接人工客服。
- **商务智能**（Business intelligence，BI）控制面板：收集对相关客诉通话记录的分析。这里的“客诉通话记录”可以是如下统计信息。
  - 最常见的投诉原因。
  - 通话期间的情绪波动。
  - 随时间变化的类型出现频率。

现在，我们就明白该怎样执行情绪提取分析了，也明确了该如何处理客诉以及如何使用 Streamlit 库实现前端。这些都有助于我们加强与相关利益者之间的合作，并优化运营。

10.5 探索语义搜索

语义搜索是一项前沿搜索技术，彻底改变了人们在线查找信息的方式，已成为企业搜索大量数据的必备工具。语义搜索引擎使用自然语言处理技术来理解搜索查询和被搜索内容的含义，使用机器学习算法来理解搜索查询的上下文，超越了传统基于关键字的搜索引擎，能获得更准确且相关度更高的结果。

语义搜索的关键技术是嵌入（embedding[1]），这是将单词或短语表示为数值向量的过程。这些向量由分析给定文本语料库中每个单词或短语的上下文的神经网络生成。通过将单词转换为向量，单词和短语之间的语义相似性会更便于衡量，这对于得到准确的搜索结果至关重要。

例如，在医学文献和论文检索方面，嵌入可以用来增强语义搜索算法，使其更容易识别相关的概念和主题。如果研究人员正在搜索有关癌症治疗的信息，则使用了嵌入技术的语义搜索引擎可以识别相关术语，例如化疗、放疗和免疫疗法。通过理解这些术语之间的语义关系，语义搜索引擎可以返回更准确且相关度更高的结果。

嵌入还可以用于识别那些可能无法通过搜索查询中直接获得的相关主题和概念。如果研究人员正在搜索有关乳腺癌的信息，那么使用了嵌入技术的语义搜索引擎可以识别

1 embedding 是指将高维度的数据（例如文字、图像、音频）映射到低维度空间的过程。——编辑注

出相关主题，例如乳腺 X 光筛查、乳腺癌预防和激素疗法。这种对与乳腺癌相关的主题和概念更宽泛的理解可以帮助研究人员找到通过传统关键字搜索未能发现的相关文献。

假设有一家私人诊所，为了给出更精确的诊断，医生经常需要从大量的文献中查找信息，还要花大量的时间阅读这些文献。对于这种情况，AI 研究助手便可以派上用场。我们可以使用 Azure OpenAI 的 text-embedding-ada-002 模型。

具体原理如下。

（1）使用 text-embedding-ada-002 模型获取可用文本的嵌入。

（2）使用 text-embedding-ada-002 模型获取用户查询的嵌入。

（3）计算嵌入查询和嵌入知识库之间的距离。

（4）返回最相似的文本片段，并将其用作 GPT 模型的上下文。

（5）使用 GPT 模型生成答复。

语义搜索项目的参考架构如图 10.28 所示。

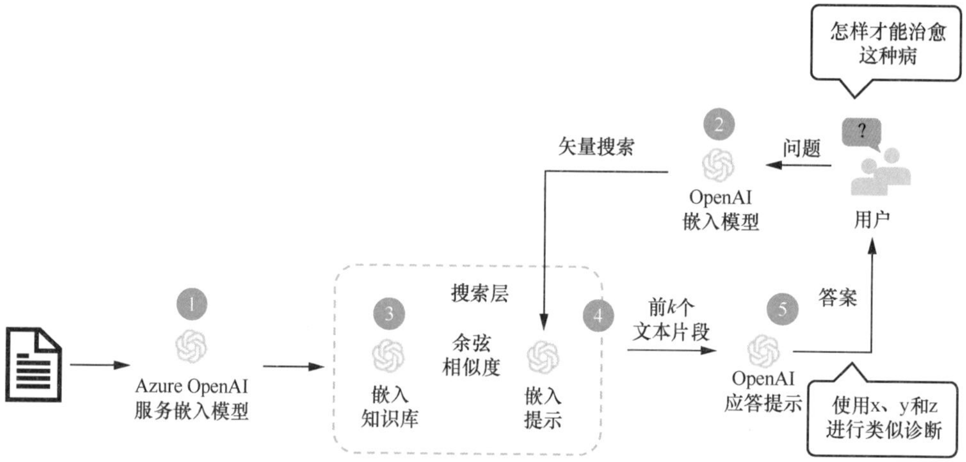

图 10.28 语义搜索项目的参考架构

为了模拟知识库，我们会使用一篇关于坐骨神经痛替代疗法的论文，“Surgical versus non-surgical treatment for sciatica——systematic review and meta-analysis of randomised controlled trials”。

对于嵌入和问答管理，我们可以使用 LangChain。

10.5.1 使用 LangChain 进行文档嵌入

首先要初始化一个嵌入模型，以便可以将自定义文档向量化。我们使用 LangChain 的 OpenAIEmbeddings 模块直接从 Azure OpenAI 封装嵌入模型：

```
from langchain.embeddings import OpenAIEmbeddings from langchain.chat_
models import AzureOpenAI
from langchain.embeddings import OpenAIEmbeddings
from langchain.vectorstores.faiss import FAISS
from pypdf import PdfReader
from langchain.document_loaders import PyPDFLoader
  embeddings = OpenAIEmbeddings(document_model_name="text-embedding-
ada-002") embeddings.embed_query('this is a test')
```

文本嵌入效果如图 10.29 所示。

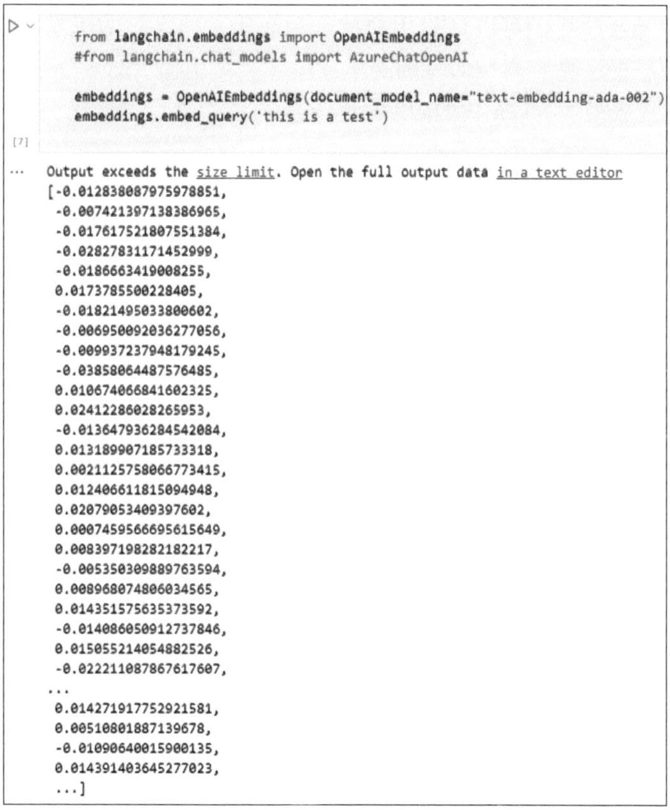

```
from langchain.embeddings import OpenAIEmbeddings
#from langchain.chat_models import AzureChatOpenAI

embeddings = OpenAIEmbeddings(document_model_name="text-embedding-ada-002")
embeddings.embed_query('this is a test')
[7]

... Output exceeds the size limit. Open the full output data in a text editor
[-0.012838087975978851,
 -0.007421397138386965,
 -0.017617521807551384,
 -0.02827831171452999,
 -0.0186663419008255,
 0.0173785500228405,
 -0.01821495033800602,
 -0.006950092036277056,
 -0.009937237948179245,
 -0.03858064487576485,
 0.010674066841602325,
 0.02412286028265953,
 -0.013647936284542084,
 0.013189907185733318,
 0.0021125758066773415,
 0.012406611815094948,
 0.02079053409397602,
 0.0007459566695615649,
 0.008397198282182217,
 -0.005350309889763594,
 0.008968074806034565,
 0.014351575635373592,
 -0.014086050912737846,
 0.015055214054882526,
 -0.022211087867617607,
...
 0.014271917752921581,
 0.00510801887139678,
 -0.010906400015900135,
 0.014391403645277023,
 ...]
```

图 10.29 文本嵌入效果

如图 10.29 所示，结果是使用 text-embedding-ada-002 模型计算的数值向量。

接着我们对整个文档进行向量化，而且要对其加以存储。LangChain 提供了几个矢量存储，这里使用的是 FAISS 矢量存储。

先初始化 FAISS 索引器：

```
loader = PyPDFLoader("path_to_file") pages = loader.load_and_split()
faiss_index = FAISS.from_documents(pages, embeddings)
```

接下来使用 AzureOpenAI 类初始化模型——将部署的名称传递给它即可：

```
llm = AzureOpenAI(deployment_name="text-davinci-003")
```

最后，需要计算用户提示和嵌入知识库之间的相似度。初始化以下函数：

```
def get_answer(index, query):     """Returns answer to a query
using langchain QA chain"""      docs = index.similarity_
search(query)      chain = load_qa_chain(llm)      answer = chain.
run(input_documents=docs, question=query)      return answer
```

使用上述函数，我们可以计算用户提示和嵌入文档之间的语义相似度。这样一来，只有与用户提示具有高相似度的文本片段才会被用作 Azure OpenAI 模型的上下文，进而可以克服最大 token 数的限制。

10.5.2 用 Streamlit 创建前端

之前我们创建了语义搜索引擎的逻辑，是时候创建前端以便用户通过 UI 与其交互了——使用 Streamlit 库进行创建。

此处需要创建一个 .toml 文件，以便可以在 Streamlit 应用程序中安全地调用隐私信息。

我们先来创建一个包含前文代码的 .py 文件，并添加一些前端元素（完整的 .py 文件参见本书的 GitHub 仓库）。

然后用如下代码创建一个简单的搜索栏：

```
query = st.text_area("Ask a question about the document")
if query:

    docs = faiss_index.similarity_search(query, k=1)
    button = st.button("Submit")
    if button:
        st.write(get_answer(faiss_index, query))
```

然后，保存文件并将其命名为 medical_smart_search_app.py，并通过 Anaconda Prompt 调用 streamlit run smart_search.py 命令运行该文件。

AOAI 模型的前端显示效果如图 10.30 所示。

你可以自行决定将哪些其他元素添加到搜索引擎中。

- 如果答案不在上下文中，则指示 AOAI 模型不予答复。此操作可在提示中指定。
- 在答复之前提供上下文的原始文本和摘录链接（如果有的话）。
- 保留 AOAI 模型给出的答复和额外的上下文，以供下一个用户提示使用，这样可以保留小样本学习的记忆。

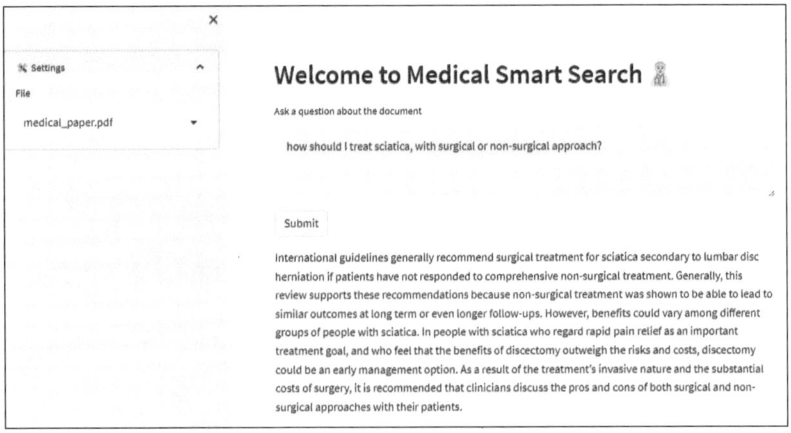
Settings
File
medical_paper.pdf
Welcome to Medical Smart Search
Ask a question about the document
how should I treat sciatica, with surgical or non-surgical approach?
Submit
International guidelines generally recommend surgical treatment for sciatica secondary to lumbar disc herniation if patients have not responded to comprehensive non-surgical treatment. Generally, this review supports these recommendations because non-surgical treatment was shown to be able to lead to similar outcomes at long term or even longer follow-ups. However, benefits could vary among different groups of people with sciatica. In people with sciatica who regard rapid pain relief as an important treatment goal, and who feel that the benefits of discectomy outweigh the risks and costs, discectomy could be an early management option. As a result of the treatment's invasive nature and the substantial costs of surgery, it is recommended that clinicians discuss the pros and cons of both surgical and non-surgical approaches with their patients.

图 10.30 AOAI 模型的前端显示效果

除了前面讲的是医学文献，还有许多领域（例如法律主体、有大量技术文档的制造企业）可以使用语义搜索引擎。

总的来说，企业内部使用语义搜索引擎不仅可以降低搜索所占用的时间成本，还可以获得“答复”——这个“答复”其实是许多可能包含部分答复的文档摘要。

关键是要记住，在类似的情况下（特别是在医学或法律领域），需要有人去验证结果。尽管如此，这样的 AI 助手的确可以提高生产力，降低搜索成本，提高搜索质量，甚至找到稀有文档。

10.6 小结

Azure OpenAI 模型极大地提升了企业级大语言模型的能力，有望在各行各业的企业运营中引发巨大变革。

企业可以利用先进的自然语言处理技术，让琐碎、重复的工作实现自动化，优化复杂的流程，并从数据中“解锁”有价值的洞见。

本章探讨了 Azure OpenAI 的多个应用，包括合同分析和生成、呼叫中心服务分析以及自定义知识库语义搜索等，并给出了详细的实现步骤，同时使用 Streamlit 创建前端。

当然，Azure OpenAI 模型的成功集成需要辅以战略方法，包括找到合适的用例、选择合适的工具和平台，还要兼顾员工的培训和成长。随着人工智能技术的不断发展，企业必须跟上最新趋势、不断创新，以保持自身的竞争力并充分利用 Azure OpenAI 的强大功能。

本章提及的只是一小部分大语言模型所能实现的用例：这将引出最后一章的主题。第 11 章将对前文做一个总结，并探讨人工智能的未来发展将给市场带来什么影响。

第 11 章　结语

本章主要内容

- 回顾前面所学内容
- 大语言模型是如何应用于各行各业的
- 生成式人工智能的最新发展和备受关注的问题
- 生成式人工智能未来的发展方向

恭喜你阅读到了本书的最后一章！笔者衷心希望本书的内容能对你有所帮助。

在撰写本书期间，世界又发生了一些变化，取了一些进步。随着生成式人工智能模型复杂性的增加及其准确率的提升，我们确实看到了摩尔定律的“发展”。

为此，最后的这一章将简要回顾本书介绍的内容，并揭示其最近的发展和未来的发展方向。

读完本章，你能全面了解生成式人工智能的最新发展，它是如何影响各行各业的，以及新发展和社会关注方面的预期。

11.1　回顾前面所学

本书一开头便介绍了生成式人工智能的概念及其各种应用。生成式人工智能的应用不仅涉及文本，还包括图像、视频和音乐。

第 2 章着重介绍了引发“生成式人工智能浪潮”的公司：OpenAI。OpenAI 成立于 2015 年，主要研究一种特定类型的生成模型，即**生成预训练转换器**（Generative Pre-trained Transformer，GPT）。2022 年 11 月，OpenAI 发布了 ChatGPT。这是一款由 GPT 模型驱动的免费对话式智能助手应用程序。ChatGPT 大受欢迎，短短 5 天内就吸纳了百万用户！

ChatGPT 颠覆了游戏规则，对各行各业产生了巨大影响。在详细讨论 ChatGPT 的影响之前，第 3 章讲解了如何设置账户并使用 ChatGPT。第 4 章介绍了如何正确设计提示词。提示词是用户输入的内容，它只是自然语言形式的指令。从生成式模型中获取最大价值的关键在于提示词的设计——**提示工程**由此成为一个新的研究领域。

介绍完 ChatGPT 的使用方法和提示词的设计方法后，第 5 章给出了使用 ChatGPT 提高工作效率并充当日常助手的具体示例。无论是生成电子邮件还是提高写作技巧，都可以借助 ChatGPT 的生成功能来实现。

ChatGPT 的强大功能不止于此。第 6 ～ 8 章继续探索 ChatGPT 提高日常工作效率及提升特定领域活动效率的方式。这些方式于开发人员而言，是从代码生成和优化到解释机器学习模型；于营销人员而言，是从新产品开发到改进**搜索引擎优化**（SEO）；于研究人员而言，则是从实验设计到基于研究生成演示文稿。

第 9 章开始讨论企业级应用的问题，讨论了 OpenAI 模型如何直接通过 Azure 成为可消费产品。

第 10 章展示了 Azure OpenAI 模型的企业用例，并给出了相应的商业场景和具体实现。

11.2 这只是开始

整本书都在讲生成式人工智能，具体来说，就是 GPT 模型正在改变人们和大型企业的工作方式。

如果说我们踏上了一段旅程，那么 ChatGPT 和 GPT 模型仅代表了通向前所未有的技术进步时代的第一步。正如本书所述，这些生成式人工智能的模型已经在语言理解和生成方面展现出卓越的能力，但其真正潜力尚未完全显现。

随着微软发布**多模态大语言模型**（Multimodal Large Language Model，MLLM）并推出 **Copilot** 系统，生成式人工智能的发展潜力已初现端倪。

11.2.1 多模态大语言模型的出现

大语言模型之所以能获得人们的重点关注，是因为它是 GPT-× 系列和 ChatGPT 背后的架构。这些模型在大量的文本数据（例如图书、文章和网站）上进行训练，并使用神经网络学习人类语言的模式和结构。

如第 2 章所述，如果想将生成式人工智能与 LLM 进一步结合起来用于图像理解和生成等应用，则需要其他模型（例如 DALL-E）的支持——在引入 MLLM 之前，确实只能这样做。

MLLM 是将自然语言处理与计算机视觉结合起来理解和生成文本与视觉内容的人工智能系统。这些模型在大量数据（例如图像和文本）上进行训练，能够针对包括文本和视觉输入的查询生成类似于人类的答复。

最近几个月，MLLM 出现了巨大的发展，接下来我们将重点介绍两个模型：Kosmos-1 和 GPT-4。

1. Kosmos-1

微软公司的研究人员 Shaohan Huang 等人在其论文“Language Is Not All You Need: Aligning Perception with Language Models”中介绍了 **Kosmos-1**。这是一种可以答复语言和视觉提示的 MLLM，可用于图像描述和视觉问题回答等任务。

虽然 OpenAI 的 ChatGPT 等 LLM 变得越来越受欢迎，但其在处理图像和音频等多模态输入时仍然存在问题。Shaohan Huang 等人的论文强调了要迈向**通用人工智能**（Artificial General Intelligence，AGI）时代所需要的多模态感知和现实世界的基础。

Kosmos-1 可以感知各种模态，通过零样本学习跟随指令，并使用小样本学习从给定的上下文中学习。该模型在涉及视觉提示的各种情况下自动化任务的潜力值得期待。

Kosmos-1 模型的多模态输入示例如图 11.1 所示。

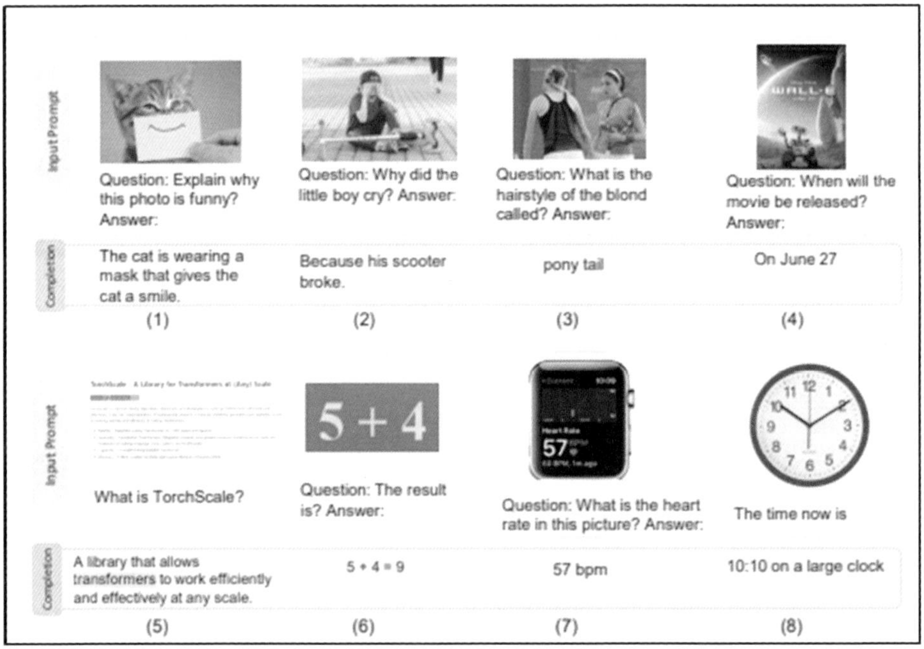
Input Prompt
Question: Explain why this photo is funny? Answer:
Question: Why did the little boy cry? Answer:
Question: What is the hairstyle of the blond called? Answer:
Question: When will the movie be released? Answer:
Completion
The cat is wearing a mask that gives the cat a smile.
Because his scooter broke.
pony tail
On June 27
(1)
(2)
(3)
(4)
Input Prompt
5 + 4
57
What is TorchScale?
Question: The result is? Answer:
Question: What is the heart rate in this picture? Answer:
The time now is
Completion
A library that allows transformers to work efficiently and effectively at any scale.
5 + 4 = 9
57 bpm
10:10 on a large clock
(5)
(6)
(7)
(8)

图 11.1　Kosmos-1 的多模态输入示例。本图选自论文“Language Is Not All You Need: Aligning Perception with Language Models”

通过对零样本 Raven IQ 测试表明，MLLM 的表现尚不及成年人，但是已显示出其通过将感知与语言模型对齐来感知抽象概念模式的潜力。

Raven IQ 测试也称为 Raven 渐进测验，是一种非文字标准化测试，用来测试人的抽象推理和观察力。该测试由英国心理学家 John C.Raven 于 1936 年设计，其中有以矩阵形式呈现的可视化图形组成的多项选择题。受评测者的任务是识别选项中的缺失部分。

图 11.2 所示的是一个由 Kosmos-1 解答的 Raven IQ 测试示例。

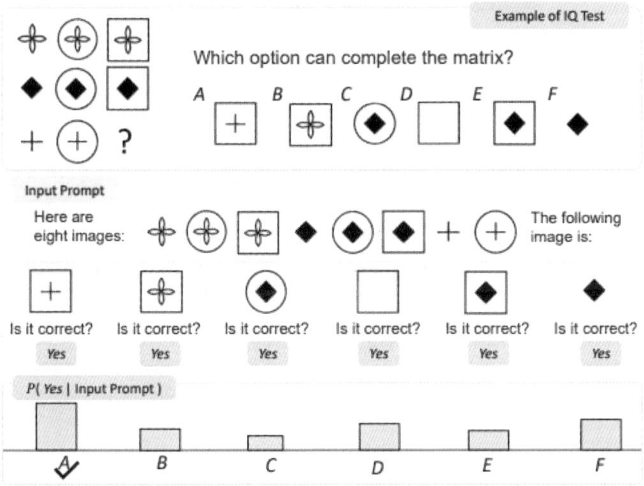

图 11.2　一个由 Kosmos-1 解答的 Raven IQ 测试示例。本图选自论文“Language Is Not All You Need: Aligning Perception with Language Models”

目前 Kosmos-1 只能分析图像和文本，不过在上述论文的结语中，作者公布了将进一步开发该模型以集成语音功能的想法。

2. GPT-4

2023 年 3 月 14 日，OpenAI 宣布了 GPT 系列的新版本：**GPT-4**。有关这一全新模型的技术说明参见 OpenAI 研究人员的论文“GPT-4 Technical Report”。

研究人员在上述论文中提到，GPT-4 明显表现出比以前的 AI 模型更高的通用智能水平，已经在包括数学、编码、视觉、医学、法律和心理学在内的广泛任务中展示出接近人类的表现水平，而不需要特殊提示。

具体来说，GPT-4 在以下 4 个领域表现出优于其先前版本（GPT 3.5）的性能。

- **多模态**：GPT-4 是一个非常棒的 MLLM，不仅能够理解和生成自然语言，还能够理解和解释图像，如图 11.3 所示。

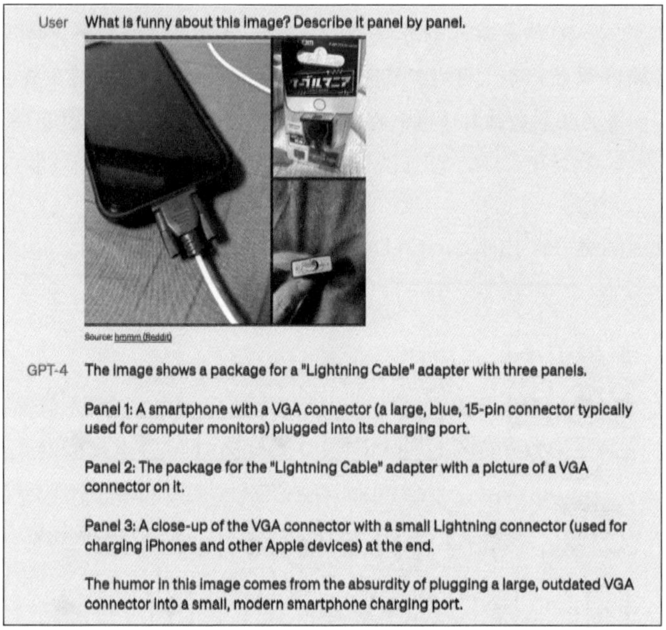
User
What is funny about this image? Describe it panel by panel.
Source: hmmm (Reddit)
GPT-4
The image shows a package for a "Lightning Cable" adapter with three panels.
Panel 1: A smartphone with a VGA connector (a large, blue, 15-pin connector typically used for computer monitors) plugged into its charging port.
Panel 2: The package for the "Lightning Cable" adapter with a picture of a VGA connector on it.
Panel 3: A close-up of the VGA connector with a small Lightning connector (used for charging iPhones and other Apple devices) at the end.
The humor in this image comes from the absurdity of plugging a large, outdated VGA connector into a small, modern smartphone charging port.

图 11.3　GPT-4 理解和解释图像的示例

基本上，借助 GPT-4。我们就能理解和处理由文本和图像组成的文档。

- **准确性**：现已证实，GPT-4 比 GPT-3.5 更可靠、更具创造力且包容性更强，尤其是在应对复杂任务时。这两个模型在几个最初为人类设计的测验试中进行了测试，结果发现 GPT-4 的表现（具有和不具有视觉能力的版本）始终优于 GPT-3.5；还在计算机视觉领域进行了测试——OpenAI 对传统的计算机视觉模型设计的基准进行了评估，同样，发现 GPT-4 显著优于大多数**先进的**（**SOTA**）模型。
- **“对齐”**：正如第 5 章所述，OpenAI 发布了 AI **Alignment** 声明，旨在使 AGI 与人类的价值观“对齐”并要并遵循人类意图。

在提高 GPT-4 的安全性和与用户意图的“对齐”方面，我们做出了很大的努力，使其比以前的版本更安全。与 GPT-3.5 相比，GPT-4 对被禁止内容请求生成答复的可能性降低了 82%。这样的改进得益于 OpenAI 的 GPT-4 结合了新的研究进展，增加了额外的安全层。基于人工输入，该安全功能被直接集成到了 GPT-4 模型中，使其更擅长处理潜在的不合规输入，进而使得模型生成不安全答复的可能性大大降低。

此外，OpenAI 的内部评估表明，GPT-4 比以前的版本更有可能生成准确且基于事实的答复。这些正是在改进人工智能语言模型、确保其安全性并提高其可靠性方面取得的进展。

- **总体可用性**：最后但同样重要的是，GPT-4 提升了 GPT-3.5 的可用性。GPT-3.5 及其之前版本对应的最大 token 数是 4096，而 GPT-4 对应的最大 token 数增至约 32000，这使得其更适合完成复杂、冗长的任务，特别是涉及逐步推理的任务。

有关 GPT-4 功能的介绍参见微软研究中心 Sébastien Bubeck 等人的论文“Sparks of Artificial General Intelligence: Early experiments”。

图 11.4 展示了一些有关 GPT-4 的早期实验。

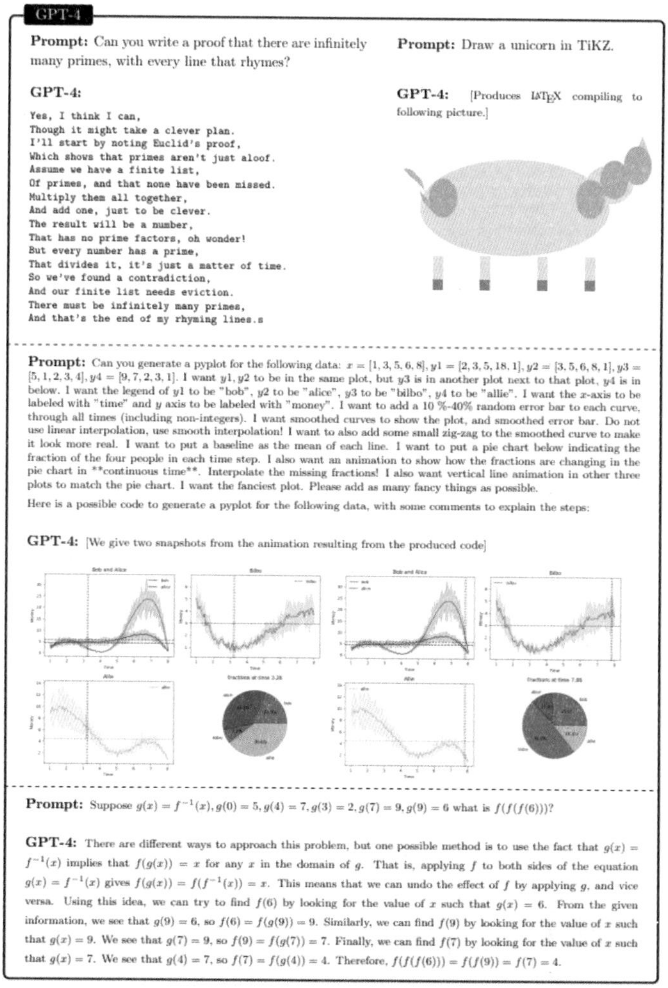
GPT-4
Prompt: Can you write a proof that there are infinitely many primes, with every line that rhymes?
GPT-4:
Yes, I think I can,
Though it might take a clever plan.
I'll start by noting Euclid's proof,
Which shows that primes aren't just aloof.
Assume we have a finite list,
Of primes, and that none have been missed.
Multiply them all together,
And add one, just to be clever.
The result will be a number,
That has no prime factors, oh wonder!
But every number has a prime,
That divides it, it's just a matter of time.
So we've found a contradiction,
And our finite list needs eviction.
There must be infinitely many primes,
And that's the end of my rhyming lines.s
Prompt: Draw a unicorn in TiKZ.
GPT-4: [Produces LaTeX compiling to following picture.]
Prompt: Can you generate a pyplot for the following data: $x = [1, 3, 5, 6, 8], y1 = [2, 3, 5, 18, 1], y2 = [3, 5, 6, 8, 1], y3 = [5, 1, 2, 3, 4], y4 = [9, 7, 2, 3, 1]$. I want $y1, y2$ to be in the same plot, but $y3$ is in another plot next to that plot, $y4$ is in below. I want the legend of $y1$ to be "bob", $y2$ to be "alice", $y3$ to be "bilbo", $y4$ to be "allie". I want the x-axis to be labeled with "time" and y axis to be labeled with "money". I want to add a 10 %-40% random error bar to each curve, through all times (including non-integers). I want smoothed curves to show the plot, and smoothed error bar. Do not use linear interpolation, use smooth interpolation! I want to also add some small zig-zag to the smoothed curve to make it look more real. I want to put a baseline as the mean of each line. I want to put a pie chart below indicating the fraction of the four people in each time step. I also want an animation to show how the fractions are changing in the pie chart in **continuous time**. Interpolate the missing fractions! I also want vertical line animation in other three plots to match the pie chart. I want the fanciest plot. Please add as many fancy things as possible.
Here is a possible code to generate a pyplot for the following data, with some comments to explain the steps:
GPT-4: [We give two snapshots from the animation resulting from the produced code]
Prompt: Suppose $g(x) = f^{-1}(x), g(0) = 5, g(4) = 7, g(3) = 2, g(7) = 9, g(9) = 6$ what is $f(f(f(6)))$?
GPT-4: There are different ways to approach this problem, but one possible method is to use the fact that $g(x) = f^{-1}(x)$ implies that $f(g(x)) = x$ for any x in the domain of g. That is, applying f to both sides of the equation $g(x) = f^{-1}(x)$ gives $f(g(x)) = f(f^{-1}(x)) = x$. This means that we can undo the effect of f by applying g, and vice versa. Using this idea, we can try to find $f(6)$ by looking for the value of x such that $g(x) = 6$. From the given information, we see that $g(9) = 6$, so $f(6) = f(g(9)) = 9$. Similarly, we can find $f(9)$ by looking for the value of x such that $g(x) = 9$. We see that $g(7) = 9$, so $f(9) = f(g(7)) = 7$. Finally, we can find $f(7)$ by looking for the value of x such that $g(x) = 7$. We see that $g(4) = 7$, so $f(7) = f(g(4)) = 4$. Therefore, $f(f(f(6))) = f(f(9)) = f(7) = 4$.

图 11.4　有关 GPT-4 的早期实验

图 11.4 所示的示例足以体现 GPT-4 的一些强大功能。值得强调的是，有了 MLLM，我们将步入生成式人工智能的新阶段——使用单一基础模型就能处理和理解整个文档，并在此基础上生成新内容。

> 2023 年 3 月 21 日，微软宣布 GPT-4 在 Azure OpenAI 服务中可用。这意味着这个强大的模型已经可以用于企业级项目，或者直接在 Azure OpenAI Playground 中进行测试。

GPT-4 如此强大，已经成为许多人工智能应用程序的引擎之一，其中一个应用程序就是 ChatGPT Plus。但是更有趣的是另一个应用程序，笔者认为它将在搜索引擎工具中引发巨大变革——微软 Bing。

11.2.2　微软 Bing 和 Copilot 系统

近年来，微软在研发方面投入巨资，以推动创新并开拓新的发展方向。正如第 9 章所述，作为促进人工智能技术发展规划一部分，微软与 OpenAI 建立了战略合作关系。

微软和 OpenAI 协力整合各自在云计算、软件和前沿 AI 模型方面的专业知识资源，共同推动人工智能领域的发展，携手共创具备强大功能且遵循透明、公正原则且符合伦理规范的人工智能系统。

自 2023 年 1 月 Azure OpenAI 服务正式推出以来，微软利用 LLM 在生成式人工智能领域发布了一系列新的开发，包括 GPT-4。

接下来我们将重点关注两个非常有应用前景的产品：新版 Bing 和微软 Copilot 系统。

1. 新版 Bing

微软 Bing 是由微软所有和运营的 Web 搜索引擎。该服务源于微软以前的搜索引擎：MSN 搜索、Windows Live 搜索和后来的 Live 搜索。2023 年 2 月，微软宣布推出由 GPT 模型驱动的新版 Bing（见图 11.5）。随着 GPT-4 的推出，微软于 2023 年 3 月 14 日证实新版 Bing 是在 OpenAI 的 GPT-4 上运行的。

在新版本中，Bing 已成为一种类似于 ChatGPT 的版本，可以浏览 Web（规避了 ChatGPT 知识错位问题[1]），不仅能给出答复，还能提供，如图 11.6 所示。

新版 Bing 也可以像 ChatGPT 一样辅助生成内容，例如，用户可以在写 LinkedIn 帖子时请求 Bing 的支持，如图 11.7 所示。

1　ChatGPT 的训练数据取的是 2021 年 9 月之前的。——编辑注

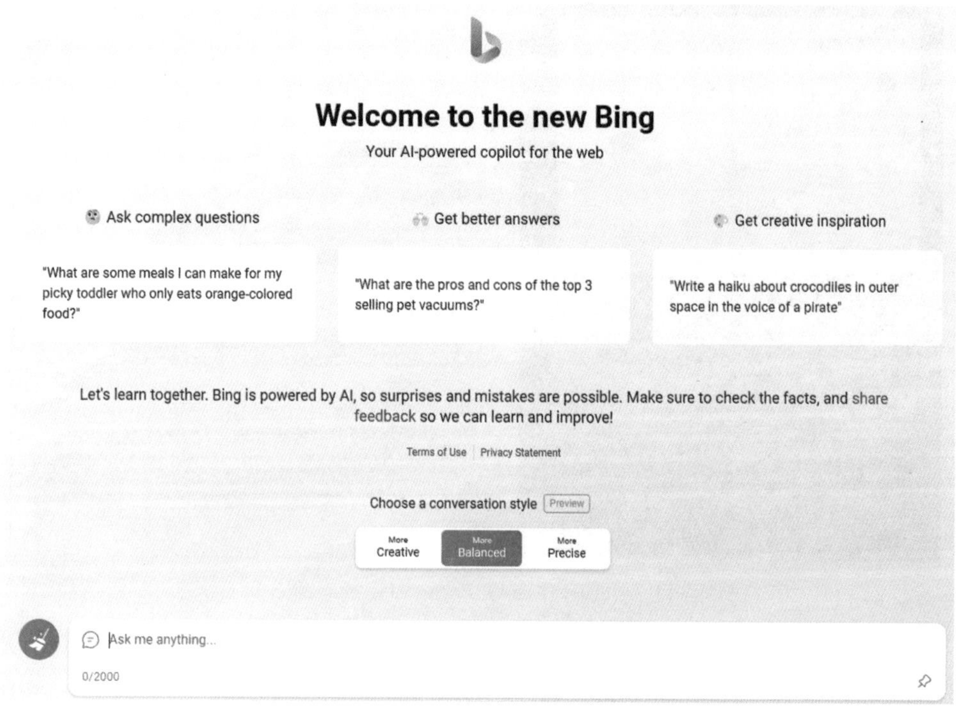
Welcome to the new Bing
Your AI-powered copilot for the web
Ask complex questions
Get better answers
Get creative inspiration
"What are some meals I can make for my picky toddler who only eats orange-colored food?"
"What are the pros and cons of the top 3 selling pet vacuums?"
"Write a haiku about crocodiles in outer space in the voice of a pirate"
Let's learn together. Bing is powered by AI, so surprises and mistakes are possible. Make sure to check the facts, and share feedback so we can learn and improve!
Terms of Use
Privacy Statement
Choose a conversation style
Preview
More Creative
More Balanced
More Precise
Ask me anything...
0/2000

图 11.5 新版 Bing

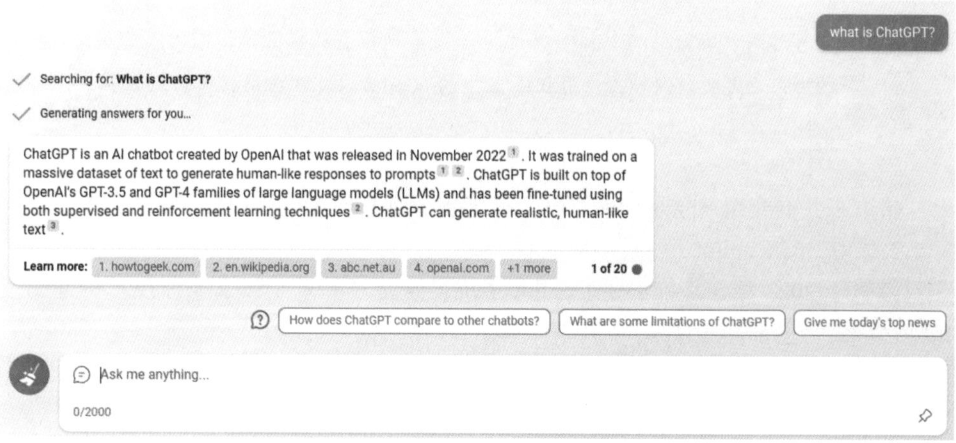
what is ChatGPT?
Searching for: What is ChatGPT?
Generating answers for you...
ChatGPT is an AI chatbot created by OpenAI that was released in November 2022 1 . It was trained on a massive dataset of text to generate human-like responses to prompts 1 2 . ChatGPT is built on top of OpenAI's GPT-3.5 and GPT-4 families of large language models (LLMs) and has been fine-tuned using both supervised and reinforcement learning techniques 2 . ChatGPT can generate realistic, human-like text 3 .
Learn more: 1. howtogeek.com 2. en.wikipedia.org 3. abc.net.au 4. openai.com +1 more
1 of 20
How does ChatGPT compare to other chatbots?
What are some limitations of ChatGPT?
Give me today's top news
Ask me anything...
0/2000

图 11.6 新版 Bing 提供的带有引用的答复

这个新功能使得新版 Bing 化身为 Web 的"副驾驶"（copilot），加速了研究以及材料的检索或生成。

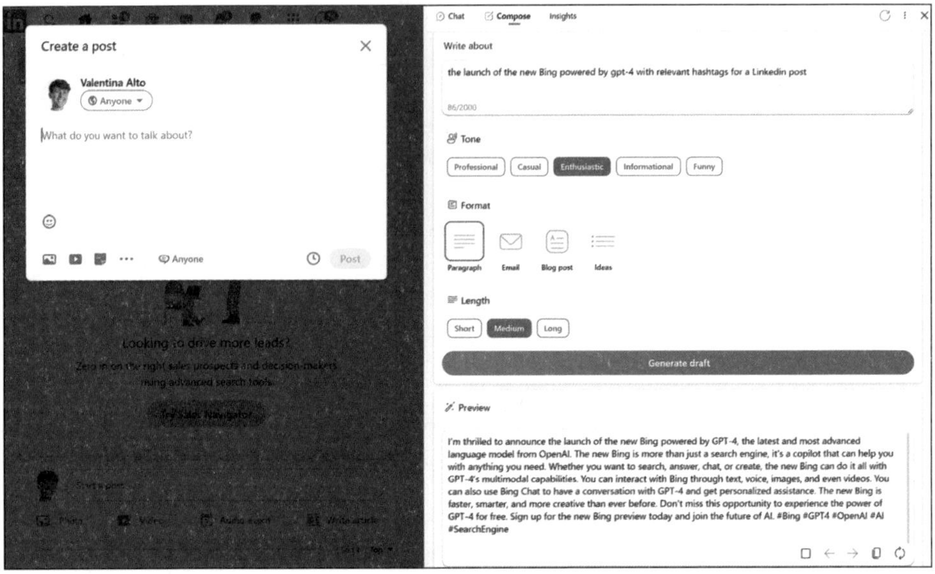
Create a post
Valentina Alto
Anyone
What do you want to talk about?
Anyone
Post
Chat
Compose
Insights
Write about
the launch of the new Bing powered by gpt-4 with relevant hashtags for a Linkedin post
86/2000
Tone
Professional
Casual
Enthusiastic
Informational
Funny
Format
Paragraph
Email
Blog post
Ideas
Length
Short
Medium
Long
Generate draft
Preview
I'm thrilled to announce the launch of the new Bing powered by GPT-4, the latest and most advanced language model from OpenAI. The new Bing is more than just a search engine, it's a copilot that can help you with anything you need. Whether you want to search, answer, chat, or create, the new Bing can do it all with GPT-4's multimodal capabilities. You can interact with Bing through text, voice, images, and even videos. You can also use Bing Chat to have a conversation with GPT-4 and get personalized assistance. The new Bing is faster, smarter, and more creative than ever before. Don't miss this opportunity to experience the power of GPT-4 for free. Sign up for the new Bing preview today and join the future of AI. #Bing #GPT4 #OpenAI #AI #SearchEngine

图 11.7 Bing 作为 LinkedIn 帖子助手的示例

在由基础模型和 LLM 组成的新格局中，copilot 的概念至关重要，是这些新的人工智能系统最有可能融入组织的方式。

> 顾名思义，copilot 喻指支持用户解决复杂任务的专家助手。copilot 具有对用户友好的自然语言界面，并由基础模型提供支持，同时其作用范围由用户定义。例如，应用程序 A 中的 copilot 仅处理应用程序 A 的数据。

接下来我们介绍微软是如何将这一概念扩展到其整个应用程序套件中的。

2. 微软 365 Copilot

微软于 2023 年 3 月推出了 Copilot 系统，这是一种基于以下 3 种技术构建的复杂处理和编排引擎。

- 微软 365 应用程序，如 Excel、Word 和 PowerPoint。
- 微软 Graph，支持访问微软 365 服务中各种数据和智能的平台。
- LLM，例如 GPT-4。

基于 Copilot 系统，微软 365 Copilot 成了一款革命性的人工智能助手，可用于提高工作效率并激发个人或团队的创造力。通过利用 LLM 并与微软 365 应用程序和数据集成，Copilot 系统将自然语言（输入）转换为一个可辅助用户完成工作任务的强大工具。

微软 365 Copilot 已无缝集成到流行的应用程序（例如 Word、Excel、PowerPoint、Outlook 和 Teams）中。使用自然语言形式的提示，Copilot 系统就可以执行诸如基于会议、电子邮件和对话的生成状态更新任务。用户始终掌握其核心活动的控制权，能够提升自己在各种微软 365 应用程序中的创造、分析、表达和协作能力。

本节不仅介绍了最近几个月 LLM 领域中 OpenAI 模型是如何得到进一步发展的，还介绍了微软等公司是如何基于全新的 Copilot 将这些 LLM 集成到应用程序中的。

11.3 节将深入探讨其他一些公司如何在其流程和数字化转型过程中运用 OpenAI 的模型——涉及不同的用例和方法。

11.3　生成技术对行业的影响——一种颠覆性的力量

随着 ChatGPT 和生成式人工智能模型的不断发展，其正以一种前所未有的方式改变各个行业。一方面，这些技术的整合有可能显著提高生产效率并助推经济增长——通过让耗时的任务实现自动化，生成式人工智能可以使人类工作者专注于更具创造性、战略性和增值性的活动；另一方面，这类人工智能驱动的工具可以增强人类能力，使专业人士能够做出更明智的决策、产生新的想法。

有些企业已经将生成式人工智能应用到了其核心业务中。

- **摩根士丹利**（Morgan Stanley）：利用 GPT-4 来改善对其海量内容库的访问。该公司一直在探索 GPT 的嵌入和检索能力，希望构建一个能高效搜索其庞大财富管理资源的智能对话机器人。这一由公司主管 Jeff McMillan 领导的举措旨在使公司的集体知识易于访问和可操作。
- 多邻国（**Duolingo**）：一款游戏风格的语言学习应用程序，已有超过 5000 万用户。Duolingo 一直以来都依赖于 AI 作为其战略的一部分，AI 参与的功能之一是**解释我的答案**（Explain My Answer），能让用户深入了解 Duolingo 答复背后的明确语法规则（例如，如果用户觉得回答有误，则可以打开对话窗口并要求系统详细解释出错的原因）。到目前为止，Duolingo 已经用预先编写的语法提示和基于 GPT-3 的人工智能系统实现了上述功能。不过，直到 GPT-4 出现，答复的准确性和学习者的参与度才都得到了提高，这得益于 GPT-4 在不同习惯用语的语法规则方面先进的理解能力。
- **Stripe**：一家金融科技支付服务提供商。2023 年年初，Stripe 要求 100 名员工停下手中的日常工作，去思考 LLM 如何丰富和增强支付服务的功能。他们用 LLM 不仅找出了许多潜在的应用程序（输出是 50 个应用程序的清单！），还给出 15 个具体用例的原型设计。其中一个特别有趣的用例是用 GPT-4 进行欺诈检测——Stripe 的 Discord 社区面临着恶意行为者的渗透。GPT-4 通过分析 Discord 社区中的帖子并检测相应的恶意活动来辅助识别潜在的欺诈者，进而保证平台的安全。

另外，ChatGPT 和生成式人工智能模型的快速采用引发了人们对工作被取代、数据隐私泄露和潜在的技术滥用的担忧。随着自动化重塑劳动力市场，各行各业势必要应对劳动力转型的挑战，确保员工具备在日新月异的人工智能驱动的世界中保持不断成长所需的技能。

生成式人工智能对行业的颠覆性影响是不可否认的，其既提供了机遇，也带来了挑战。通过促进人类和人工智能之间的合作，推动合乎伦理的发展和部署，并优先考虑终身学习和再培训，我们可以让生成式人工智能成为跨行业积极变革的强大催化剂，塑造美好未来。

到目前为止，我们主要关注生成式人工智能可以实现的目标。接下来要谈谈人们对这项颠覆性新技术的伦理影响的担忧。

11.4 对生成式人工智能的担忧

正如《蜘蛛侠》中 Ben 叔叔对 Peter Parker 说的，“能力越大，责任越大”。

随着我们对 ChatGPT 和 GPT 模型世界的探索之旅接近尾声，当务之急是消除人们对这些人工智能技术的担忧。虽然生成式人工智能的进展是划时代的，但是的确引发了一些关于隐私、安全、伦理影响和潜在滥用的重要问题。

事实上，近几个月来，许多公司和机构甚至个人演讲者都发布了关于这些主题的声明和公告，表达了他们对此的担忧，呼吁停止进一步发展并予以适当的监管。

接下来，我们会分享一些新闻和进展，希望能抛砖引玉，激发大家对生成式人工智能未来发展的思考和猜想。

11.4.1 埃隆 • 马斯克呼吁暂停开发更强大的人工智能系统

最近，埃隆 • 马斯克（Elon Musk）联合 1000 多名技术专业人士（包括 Steve Wozniak、Emad Mostaque 和 Yuval Hoah Harari）共同签署了一封公开信，呼吁暂停开发比 GPT-4 更复杂的人工智能系统。他们表达了人工智能系统对社会和人类构成重大风险的担忧。

这封公开信呼吁领先的人工智能实验室暂停（至少 6 个月）这些先进系统的训练，并确保这一行为是公开且可验证的，还强调了与人工智能驱动的宣传、工作自动化和失去人类文明控制有关的担忧。

这一呼吁是在 OpenAI 推出 GPT-4 之后发出的。GPT-4 是一种增强的语言模型，为 ChatGPT 的高级版提供支持。根据 OpenAI 的说法，相比以前的版本 GPT-4 能完成更复杂的任务并能生成更精确的结果，缺点更少。

GPT-4 这样的人工智能系统均基于大量数据运行，并利用这些数据回答查询和执行任务。ChatGPT 于 2022 年 11 月首次亮相，拥有类似人类的能力，可以撰写电子邮件、安排旅行计划、编写代码并在诸如法律之类的考试中表现出色。

OpenAI 尚未对前文提到的这封公开信发表评论，但认同确保比人类更聪明的人工智能技术为人类利益服务的重要性。OpenAI 认为，未来的人工智能系统可能需要在训练之前进行独立评估，并应致力于在模型开发过程中对使用计算资源的增加需要予以监管。

包括谷歌、微软、Adobe、Snapchat、DuckDuckGo 和 Grammarly 在内的几家公司推出了利用生成式人工智能功能的服务。OpenAI 的研究指出了这些功能所涉及的风险，例如可能引用不可信的来源、授权恶意行为者欺骗或利用他人。

人工智能专家对行业的发展轨迹以及可能缺乏必要预防措施和对后果的理解表示越来越多的担心。这封公开信强调，先进的人工智能可能对地球生命产生巨大影响，需要予以谨慎的规划和管理，并指出这样的规划目前是不够的，因为有些人工智能实验室一意孤行地创建和部署越来越强大的人工智能系统，而这些系统缺乏可解释性、可预测性且不可控。

如果这封公开信没有约束力，那么不妨看看另一个示例——意大利官方数据保护机构 Garante della Privacy 所给出的声明。

11.4.2 ChatGPT 被意大利禁用

出于对隐私问题的担忧，意大利成为首个颁布 ChatGPT 禁令的西方国家。

2023 年 3 月，意大利官方数据保护机构 **Garante della Privacy** 宣布对 OpenAI 实施禁令并展开调查，如图 11.8 所示。

该监管机构不仅禁用了 ChatGPT，还调查其是否符合**通用数据保护条例**（General Data Protection Regulation，GDPR）——用于约束个人数据的使用、处理和存储。

在一次用户对话和付款信息数据泄露事件之后，监管机构于 2023 年 3 月 20 日表示，大规模收集和存储个人数据以训练平台的基础算法毫无法律依据。

该监管机构还对无法核实用户年龄表示担忧，这可能会使未成年人面临不当的答复。

ChatGPT disabled for users in Italy

Dear ChatGPT user,

We regret to inform you that we have disabled ChatGPT for users in Italy at the request of the Italian Garante.

We are issuing refunds to all users in Italy who purchased a ChatGPT Plus subscription in March. We are also temporarily pausing subscription renewals in Italy so that users won't be charged while ChatGPT is suspended.

We are committed to protecting people's privacy and we believe we offer ChatGPT in compliance with GDPR and other privacy laws. We will engage with the Garante with the goal of restoring your access as soon as possible.

Many of you have told us that you find ChatGPT helpful for everyday tasks, and we look forward to making it available again soon.

If you have any questions or concerns regarding ChatGPT or the refund process, we have prepared a list of Frequently Asked Questions to address them.

—The OpenAI Support Team

图 11.8　访问 ChatGPT 时 OpenAI 的消息

应该监管机构的要求，OpenAI 于 2023 年 4 月 1 日为意大利用户停用了 ChatGPT，并表示致力于保护隐私和遵守 GDPR。

前文提到的担忧和干预只是“负责任的人工智能”概念的冰山一角，这正是 11.5 节的主题。

11.5　生成式人工智能的伦理影响及为何需要负责任的人工智能

正如 11.4 节所强调的，随着生成式人工智能技术的普及和使用，人们对其的担忧日趋加重。

人工智能技术的快速发展引发了大量的伦理思考和挑战，亟待慎重解决，以确保其的负责任和公平部署。

（1）**数据隐私和安全** 由于人工智能系统在其学习和决策过程中严重依赖数据，因此确保数据隐私和安全是至关重要的。第 9 章讲述了微软如何通过 Azure OpenAI 服务解决数据隐私问题，以确保 Azure 云期望的**服务级别协议**（Service-Level Agreement，SLA）和安全实践。然而，这个数据隐私话题还涉及用于训练模型的数据：尽管 ChatGPT 用于生成答复的知识库是公开的，但用户信息用于生成答复所涉及的用户同意阈值在哪儿呢？

（2）**偏见和公平** 人工智能模型通常从历史数据中学习，这可能会在无意中引入偏见。解决人工智能系统中的偏见和公平问题需要注意以下几点。

- **多样化的数据集**：确保训练数据多样化并涵盖各种人口统计数据，有助于减少人工智能模型中的偏见。
- **算法公平**：所开发的算法要优先考虑公平性且不歧视特定人群。
- **监测和审计**：定期监测和审计人工智能系统，有助于识别和纠正偏见，确保结果公平。

（3）**透明度和问责制** 随着人工智能系统变得越来越复杂，理解它们的决策过程可能颇具挑战性，而这涉及以下两个重要因素。

- **人工智能可解释性**：开发可以就决策提供清晰解释的人工智能模型有助于得到用户的理解和信任。
- **责任和义务**：明确人工智能系统的责任和义务，对于让开发人员、组织和用户对人工智能驱动决策的后果负责至关重要。

（4）**未来的工作** 人工智能驱动的自动化有可能取代某些行业的工作岗位，引发人们对未来工作的担忧。本书介绍了 ChatGPT 和 OpenAI 模型在提高个人和企业的生产效率的一些示例。需要说明的是，一些重复性的任务很可能会被人工智能彻底取代，的确会对一些人造成影响。不过，这是变革和发展过程的一部分，拥抱变革总比对抗变革要好。

相应的对策可能是再培训和提升技能计划——政府、企业和教育机构应该投资再培训和提升技能计划，以帮助员工适应不断变化的就业市场，使其掌握新兴职位所需的新技能。

最重要的是，应该鼓励人类与人工智能的合作，开发能够补充和增强人类能力的人工智能系统，创造新的就业机会，并营造协作工作环境。

通过积极应对挑战，思考伦理问题，我们可以朝着正确的方向努力，确保人工智能技术能以负责任且公平的模式发展，致力于实现更好和更公平的未来。

现在，下一个问题可能是：鉴于近期人工智能技术的飞速发展，我们应该期待什么？

11.6 未来的发展方向

最近几个月，人工智能研究和发展的速度惊人。从 2022 年 11 月到本书编写完（2023 年 4 月），这一领域发生了以下大事件。

- ChatGPT 的推出（2022 年 11 月）。
- Azure OpenAI 的普及（2023 年 1 月）。
- ChatGPT 后台的模型 API——GPT-3.5-turbo 的普及（2023 年 2 月）。
- MLLM（例如 Kosmos-1 和 GPT-4）的普及（2023 年 3 月）。
- 微软发布 Copilot 系统（2023 年 3 月）。

这种惊人的发展让人们难以预测接下来会发生什么，也引发了机构、企业和公众人物的担忧——这些新技术缺乏监管。与此同时，企业和机构将不可避免地需要适应这种新的局面，以便跟上竞争对手的步伐。

我们已经看到一些 IT 公司（例如微软）将 GPT 模型集成到其应用程序中作为“副驾驶”（Copilot）系统，而诸如 WolframAlpha、Expedia 和 Instacart 等公司设计了可以直接集成到 ChatGPT 中的插件。

将 OpenAI 模型注入应用程序的趋势也很明显，已开发的多种框架旨在促进 LLM 和应用程序之间的集成，以及管理提示、对话、记忆、标记化和其他典型步骤。类似的框架包括 LangChain、Pinecone 和 Semantic Kernel。

第 2 章提到，OpenAI 的使命是构建各种有益的 AGI——一种“通用”的 AI 类型，使之具备学习和执行各种任务的功能，而不需要针对特定任务进行编程。

换言之，OpenAI 正在构想一种能够像人类一样做任何事情的人工智能机器。

如果在一年前考虑这个问题，似乎看起来有些遥不可及。但是如果发展如此迅猛，AGI 时代还会远吗？

11.7 小结

OpenAI、ChatGPT、生成式人工智能模型等人工智能技术的快速发展，正在引领一个创新和变革的新时代。这些进步具有巨大的潜力，可以彻底改变行业，并重塑日常生活，并在重写人机交互的规则。

站在这个由人工智能驱动的未来的边界，我们的共同责任是确保这些技术能以负责任且合乎伦理的方式得到使用。通过拥抱机遇和应对挑战，我们可以创造一个人工智能赋予人类力量并让人类潜力提升到新高度的世界。

虽然 GPT 仅始于两年前——综合考虑人工智能发展的速度，这已经算得上一个时代了——但是它反映了人工智能对人类生活不可避免的影响以及适应这个新现实所面临的挑战。